智能配用电技术及应用

李天友 徐丙垠 编著

清华大学出版社
北 京

内容简介

本书系统介绍智能配用电技术及应用的相关知识，共分10章。首先介绍配电系统的基本概念、现代供电质量和配电网架结构及装置等基础知识，然后对分布式电源与微电网技术、智能配电网保护与自动化、智能用电、智能配用电通信技术、配电物联网、综合能源服务、电力市场逐一进行系统介绍。本书在介绍一般知识的基础上，融入当今配用电领域的新理论、新发展，注重介绍新技术、新概念和新应用，突出实际案例的介绍。每章附有思考题与习题，方便读者重点复习。

本书可作为高等院校电力技术相关专业的教材，也可作为从事配用电技术及管理的人员的业务培训书和工作参考书。

图书在版编目(CIP)数据

智能配用电技术及应用/李天友，徐丙垠编著. —北京：清华大学出版社，2022.9
ISBN 978-7-302-61824-9

Ⅰ. ①智… Ⅱ. ①李… ②徐… Ⅲ. ①智能控制—配电系统 Ⅳ. ①TM727

中国版本图书馆CIP数据核字(2022)第164877号

责任编辑： 贾 斌
封面设计： 何凤霞
责任校对： 徐俊伟
责任印制： 沈 露

出版发行： 清华大学出版社
网 址： http://www.tup.com.cn，http://www.wqbook.com
地 址： 北京清华大学学研大厦A座 **邮 编：** 100084
社 总 机： 010-83470000 **邮 购：** 010-62786544
投稿与读者服务： 010-62776969，c-service@tup.tsinghua.edu.cn
质量反馈： 010-62772015，zhiliang@tup.tsinghua.edu.cn
课件下载： http://www.tup.com.cn，010-83470236
印 装 者： 三河市龙大印装有限公司
经 销： 全国新华书店
开 本： 185mm×260mm **印 张：** 14 **字 数：** 353千字
版 次： 2022年10月第1版 **印 次：** 2022年10月第1次印刷
印 数： 1～1500
定 价： 49.00元

产品编号：093036-01

PREFACE <<<<<<<<< 前言

2021年我国明确提出实现“碳达峰、碳中和”的基本思路和主要举措，强调要构建以新能源为主体的新型电力系统。配用电系统是接纳可再生能源的关键环节，新型电力系统构建的重点是配用电系统，即新型配用电系统的构建。新型配用电系统的明显特征是：分布式电源高度渗透；大量使用电力电子的配用电设备；用户侧普遍安装分布式发电与储能系统，由纯粹的用电单元转变为发用电单元等。本书系统介绍智能配用电技术及应用的相关知识，力求成为新型配用电系统构建的理论和实践的基础和准备。

本书共分10章。第1章概论，除了介绍电力系统、配电系统和电力负荷等基本概念外，重点介绍现代配电系统，即有源配电网、智能配电网、主动配电网、微电网以及能源互联网等基本概念和技术特征，展望未来新型电力系统的特征与形态；第2章现代供电质量，在介绍供电质量基本概念和标准指标的基础上，重点介绍在现代社会经济的发展、高科技数字设备大量应用的情况下，供电短时中断和动态电能质量扰动给社会造成的经济损失和不良影响，介绍电能质量的监管以及供电质量损失的估算方法；第3章配电网架结构及装置，分别介绍中低压配电网的接线方式和接地形式，介绍主要的配电设备与装置以及现代配电系统中应用的柔性配电设备，本章内容是智能配用电的基础知识，同时在插图中配有大量的实物照片，方便读者阅读理解；第4章分布式电源与微电网技术，介绍分布式发电技术、分布式储能及其在智能配用电系统中的应用，分析分布式电源并网及其对配电网的影响，介绍微电网技术和虚拟电厂概念及关键技术，并且分别介绍微电网和虚拟电厂的工程实际案例，以便读者加深对这些方面知识的理解；第5章智能配电网保护与自动化，分析智能配电网的故障特征及分布式电源并网对继电保护的影响，介绍配电自动化技术和智能配电台区，并列举了国内外的相关实践案例；第6章智能用电，介绍智能用电的内涵、特征及发展需求，用电信息采集系统，需求侧响应及管理，并以生活小区、楼宇的智能用电案例帮助读者更深刻理解智能用电方面的相关知识；第7章智能配用电通信技术，介绍光纤通信和配电线路载波等有线通信技术，无线专网、无线公网、5G等无线通信技术，以及通信协议、IEC 61850标准及相关应用，最后以实际应用案例帮助读者更好地理解本章内容；第8章配电物联网，介绍物联网、配电物联网的基本概念及关键技术，通过电动汽车充换电运营管理系统和配电网断线故障识别与定位系统两个配电物联网的典型应用案例，以便读者更好地理解这方面的知识；第9章综合能源服务，这是近年来大力发展的新兴项目，涉及技术经济问题，首先概念性地介绍综合能源服务的主要业务、对象及发展前景，然后重点介绍综合能源服务平台的相关内容，再以两个实际案例来阐述综合能源服务的实际应用；第10章电力市场，首先讲解电力市场的基本概念，介绍欧美国家的典型电力市场，在此基础上介绍我国的电力体制改革、电力市场运营及市场化售电的相关内容，使读者对电力市场及相关知识有基本的了解。本书在介绍一般知识的基础上，融入当今配用电领域的新理论、新发展，注重介绍新技术、新概念和新应用，突出实际案例的介绍。每章附有思考题与习题，方便重点复习。

本书主要由厦门理工学院李天友博士完成，山东理工大学徐丙垠博士参与全书的筹划与审查修改，山东理工大学张新慧博士参与第5章内容的写作，厦门理工学院苏俊博士参与第9章内容的写作，厦门理工学院电气工程与自动化学院硕士研究生刘贵、刘威帮助搜集整理部分资料，陈银树、郑开焰、郭伯森、吴迪参与了书稿的课件制作。本书的出版得到厦门理工学院立项资助，借此表示衷心感谢！

由于当前新型配用电系统的技术创新日新月异，加之编者的水平有限，书中不妥之处在所难免，恳请广大读者批评指正！

编　者

2022年1月

CONTENTS <<<<<<<<<< 目 录

第 1 章　概论 ······ 1
1.1　配电系统基本概念 ······ 1
1.1.1　电力系统 ······ 1
1.1.2　配电系统 ······ 3
1.2　用户与电力负荷 ······ 5
1.2.1　用户及其分类 ······ 5
1.2.2　电力负荷及其分类 ······ 6
1.2.3　现代电力负荷 ······ 7
1.3　现代配电系统 ······ 8
1.3.1　有源配电网 ······ 8
1.3.2　智能配电网 ······ 9
1.3.3　主动配电网 ······ 11
1.3.4　微电网 ······ 13
1.4　能源互联网 ······ 14
1.4.1　能源互联网的基本概念 ······ 14
1.4.2　能源互联网的主要技术特征 ······ 15
1.4.3　能源路由器 ······ 16
1.4.4　能源互联网与智能电网 ······ 16
思考题与习题 ······ 17
第 2 章　现代供电质量 ······ 18
2.1　供电可靠性 ······ 18
2.1.1　常用供电可靠性指标 ······ 18
2.1.2　短时停电 ······ 19
2.1.3　供电可靠性监管 ······ 20
2.2　电能质量 ······ 22
2.2.1　电压偏差 ······ 22
2.2.2　频率偏差 ······ 23
2.2.3　电压波动与闪变 ······ 23
2.2.4　谐波 ······ 24
2.2.5　三相电压不平衡 ······ 24
2.2.6　电压暂降 ······ 25

2.3 供电质量损失…… 26
2.3.1 停电损失 …… 26
2.3.2 电能质量损失 …… 31
思考题与习题 …… 32
第3章 配电网架结构及装置 …… 33
3.1 中压配电系统网架结构…… 33
3.1.1 接线方式 …… 33
3.1.2 中性点接地方式 …… 38
3.1.3 典型城市配电网架介绍 …… 41
3.2 低压配电系统网架结构…… 44
3.2.1 低压配电系统接线方式 …… 44
3.2.2 低压配电系统接地形式 …… 45
3.2.3 低压配电系统剩余电流保护 …… 49
3.3 配电装置…… 51
3.3.1 配电变压器 …… 51
3.3.2 柱上开关设备 …… 53
3.3.3 跌落式熔断器与隔离开关 …… 55
3.3.4 中低压开关柜 …… 56
3.3.5 开闭所与配电站 …… 60
3.3.6 户外箱式配电装置 …… 62
3.3.7 柔性配电设备 …… 63
思考题与习题 …… 66
第4章 分布式电源与微电网技术 …… 67
4.1 分布式发电…… 67
4.1.1 太阳能光伏发电 …… 68
4.1.2 风力发电 …… 69
4.1.3 燃料电池 …… 71
4.1.4 热电联产 …… 72
4.2 分布式储能…… 74
4.2.1 压缩空气储能 …… 74
4.2.2 飞轮储能 …… 74
4.2.3 超级电容器储能 …… 75
4.2.4 电化学储能系统 …… 75
4.2.5 储能在智能配用电中的应用 …… 78
4.3 分布式电源并网…… 80
4.3.1 并网方式及技术要求 …… 80
4.3.2 接入点的选择 …… 81
4.3.3 分布式电源并网的相关影响 …… 82
4.4 微电网技术…… 86

4.4.1 微电网的基本功能 …… 86
4.4.2 微电网的运行控制 …… 87
4.4.3 微电网保护技术 …… 88
4.5 虚拟电厂技术 …… 89
4.5.1 基本概念 …… 89
4.5.2 虚拟电厂的作用 …… 90
4.5.3 虚拟电厂关键技术 …… 91
4.6 工程实际案例 …… 92
4.6.1 海岛并网型微电网系统 …… 92
4.6.2 跨空间自主调度型虚拟电厂 …… 93
思考题与习题 …… 94
第 5 章 智能配电网保护与自动化 …… 95
5.1 智能配电网保护 …… 95
5.1.1 故障电流特征分析 …… 95
5.1.2 分布式电源对配电网保护的影响 …… 99
5.1.3 电流差动保护 …… 101
5.1.4 方向比较保护 …… 106
5.1.5 分布式电源并网保护 …… 107
5.2 配电自动化 …… 111
5.2.1 配电自动化系统 …… 111
5.2.2 馈线自动化 …… 118
5.2.3 配电自动化终端 …… 122
5.2.4 高级配电自动化 …… 125
5.3 智能配电台区 …… 127
5.3.1 系统功能 …… 127
5.3.2 建设方案 …… 129
5.4 工程实际案例 …… 130
5.4.1 国外案例 …… 130
5.4.2 国内案例 …… 132
思考题与习题 …… 133
第 6 章 智能用电 …… 134
6.1 智能用电概述 …… 134
6.1.1 智能用电的内涵和特征 …… 134
6.1.2 智能用电的发展需求 …… 136
6.2 用电信息采集 …… 138
6.2.1 智能电能表 …… 138
6.2.2 用电信息采集系统 …… 140
6.2.3 高级量测体系 …… 142
6.3 需求侧响应及管理 …… 143

6.3.1 需求响应的概念与内涵…… 143
6.3.2 电力用户用能管理…… 143
6.4 智能用电实践案例 …… 144
6.4.1 居民小区的智能用电…… 144
6.4.2 智能楼宇…… 147
思考题与习题…… 148
第7章 智能配用电通信技术…… 149
7.1 光纤通信技术 …… 149
7.1.1 光纤专线通道…… 149
7.1.2 光纤工业以太网…… 150
7.1.3 以太网无源光网络…… 151
7.2 配电线路载波技术 …… 153
7.2.1 中压电缆载波…… 154
7.2.2 低压载波…… 155
7.3 无线通信技术 …… 157
7.3.1 无线公网…… 157
7.3.2 无线专网…… 159
7.4 通信协议 …… 160
7.4.1 基本概念…… 160
7.4.2 远动通信协议…… 161
7.5 IEC 61850 标准 …… 165
7.5.1 主要技术内容…… 165
7.5.2 IEC 61850 在配电网自动化中的应用 …… 167
7.6 实际案例 …… 171
7.6.1 城市小区配电网载波通信案例…… 171
7.6.2 基于5G技术的配电网差动保护 …… 172
思考题与习题…… 173
第8章 配电物联网…… 174
8.1 配电物联网的基本概念 …… 174
8.1.1 物联网及其体系架构…… 174
8.1.2 电力物联网…… 175
8.1.3 配电物联网…… 176
8.2 配电物联网的关键技术 …… 178
8.2.1 感知层关键技术…… 178
8.2.2 网络层关键技术…… 178
8.2.3 应用层关键技术…… 178
8.3 配电物联网的典型应用 …… 179
8.3.1 电动汽车充换电运营管理系统…… 179
8.3.2 配电网断线故障识别与定位系统…… 180

思考题与习题…… 184
第 9 章 综合能源服务…… 185
9.1 综合能源服务概述 …… 185
9.1.1 综合能源服务业务…… 186
9.1.2 综合能源服务对象…… 188
9.1.3 综合能源服务发展前景…… 189
9.2 综合能源服务平台 …… 190
9.2.1 平台的架构…… 190
9.2.2 平台的主要功能…… 192
9.2.3 平台的业务场景…… 193
9.2.4 平台的发展路径…… 194
9.3 综合能源服务项目的实际案例 …… 195
9.3.1 福建某金属制品公司光储项目…… 195
9.3.2 某大学的综合能源服务项目…… 198
思考题与习题…… 199
第 10 章 电力市场 …… 200
10.1 电力市场概述 …… 200
10.1.1 电力市场的基本概念 …… 200
10.1.2 电力市场的参与实体 …… 201
10.1.3 电力市场的结构 …… 202
10.2 典型国家和地区的电力市场 …… 203
10.2.1 英国的电力改革 …… 203
10.2.2 北欧区域的电力市场 …… 204
10.2.3 美国区域的电力市场 …… 205
10.3 国内的电力市场及运营 …… 206
10.3.1 电力市场化改革 …… 206
10.3.2 市场化售电 …… 206
10.3.3 售电公司 …… 209
思考题与习题 …… 211
参考文献…… 212

第1章

概　论

本章介绍配用电系统的基本概念，讲解电力用户与用电负荷等方面的基础知识，介绍有源配电网、智能配电网、主动配电网等现代配电系统和能源互联网的概念，以便读者学习后续章节。

1.1　配电系统基本概念

1.1.1　电力系统

电力系统是由发电、输送、分配和消费电能环节的发电机、变压器、电力线路和电力用户组成的整体，是将一次能源转换成电能并输送和分配到用户的一个统一系统，如图 1-1 所示。电力系统还包括保证其安全可靠运行的继电保护装置、安全自动装置、调度自动化系统和电力通信等相应的辅助系统（一般称为二次系统），以及通过电或机械的方式联入电力系统中的设备（如发电机的励磁调节器、调速器）。

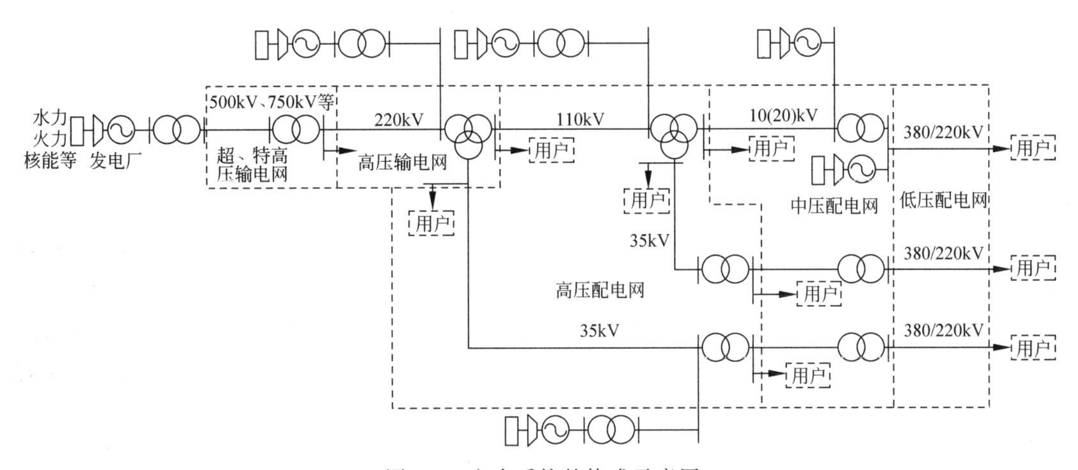

图 1-1　电力系统的构成示意图

电力网络是电力系统中输送、变换和分配电能的部分，包含输电网络和配电网络。输电和配电主要是按照它们各自的性质以及在电力系统中的作用和功能来划分。输电网络一般是电力系统中主要承担电能输送的电压等级较高的电网，是电力系统的主干网络。输电网络可以采用直流电或交流电方式实现大容量长距离输送，输电设施包括输电线路、变电所(或换流站，直流输电方式使用，包括整流站和逆变站)等。配电网络是指从输电网或地区发电厂或分布式电源接收电能，通过配电设施就地或逐级分配给各类用户的电力网。配电设施包括配电线路、配电变电所、配电变压器、开闭所等。

电力系统电压等级由国家规定，即为额定电压标准。电力系统中的发电机、变压器、电力线路等电力设备都是按规定的额定电压设计并制造的，以使它们在技术经济上能够合理地匹配。由于历史等方面的原因，世界各国采用的电压等级标准不尽相同。我国通用的电压等级及应用场合如表 1-1 所示。

表 1-1 额定电压等级及应用场合

额定线电压/kV	应用场合	说明
0.38/0.22	低压配电网	中小容量动力、电力电子用电设备、照明家电等
3	工业企业内部使用	大、中容量动力及低压用电设备，多数为用户内部电压变换后应用
6	发电机、工矿企业内中压配电网	大容量动力及中压配电网用户，多数为用户内部电压变换后应用
10(20)	发电机、中压配电网	大容量动力及中压用户
35	高压配电网	部分城市及县电网大量采用
66	高压配电网	我国东北地区使用
110	高压配电网	普遍采用为城市(或大部分区)供配电网络
220	高压输电网	作为各省或城市供电网架(网络)
330	超高压输电网	作为我国西北地区作为跨省及省内供电网架
500	超高压输电网	作为全国跨省及省电网网架
750	超高压输电网	作为我国西北地区跨省及省电网网架
1000	特高压输电网	作为全国跨省网架及区域网架
+/−550	超高压直流输电	作为跨省输电
+/−800	特高压直流输电	作为跨省远距离输电
+/−1100	特高压直流输电	作为跨省远距离输电

电力系统的运行管理应满足以下基本要求：

(1) 供电安全、可靠。用户供电中断，会使生产停顿、生活混乱，甚至危及人身和设备的安全，造成很大的经济损失和社会影响。停电给国民经济造成的间接损失远大于电力系统少售电造成的直接损失。因此，电力系统运行的首要任务是满足用户对供电安全、可靠的要求。

(2) 供电质量合格。供电电压、频率以及波形符合国家规定，为用户提供合格的电能。

(3) 经济运行。电能生产的规模很大，消耗大量一次能源，在电能生产与输送、分配过程中应力求节约，减小消耗，最大限度地降低电能成本。

(4) 降低对环境的负面影响。在电能生产、输送、分配、消费过程中，总是会伴生出大量的排放物，如废气、废水、废渣和噪声及电磁污染。因此电力企业应遵照环保要求对“三废”进行无害化处理、抑制噪声和电磁污染，最大限度地降低对环境的负面影响。电力设施的建设要尽量减少对土地的占用，且要做到与周围环境相协调。

随着我国碳达峰与碳中和目标的提出，新能源在一次能源消费中的比重不断增加，加速替代化石能源。国家提出要建设以新能源为主体的新型电力系统，新型电力系统需要解决高比例新能源接入下系统强不确定性（即随机性与波动性）与脆弱性问题，充分发挥电网大范围资源配置的能力。未来电网将呈现出交直流、区域电网互联，主网与微电网互动等新形态。总的来说，未来新型电力系统的核心特征是新能源占主体地位，同时围绕着满足人民对美好生活的向往，电动汽车、清洁供暖、屋顶光伏、家用储能、智能家居以及电能替代等的广泛应用，使得用电负荷朝着多元化方向发展。面对源荷两端重大变化，电网功能与形态也需要进行深刻的变革，构建形成新型电力系统。

1.1.2 配电系统

连接并从输电网或本地区发电厂或者分布式电源接收电力，就地或逐级向各类用户供给和配送电能的电力网称为配电网。配电网设施（又称配电元件）主要包括变电站、开闭所、配电所（室）、配电线路、断路器、负荷开关、配电变压器等。配电网与配电网二次系统（包括保护、控制与自动化以及计量设备等）组成的整体系统称为配电系统。

对配电系统的基本要求是：安全性好、供电可靠性与电能质量满足用户要求、资产利用效率高、电能损耗小、运行维护成本低、配电设施与周围环境相协调等。

根据所在地域或服务对象的不同，配电网可分为城市配电网与农村配电网；根据配电线路类型的不同，可分为架空配电网络、电缆配电网络与架空线和电缆混合配电网络；根据电压等级的不同，可分为高压配电网、中压配电网、低压配电网。随着分布式发电、分布式储能以及用户侧直流负荷的增多，以直流配电形式形成的直流配电网。

国际上许多国家（美国、欧洲国家等）把高压配电线路叫作次输电线路，而把 HV/MV 变电站、中压配电网和低压配电网这 3 个部分称为配电网。在美国，将中压配电网称为一次配电网，低压配电网称为二次配电网。在中国供电企业中，高压配电网与中低压配电网一般分属不同的部门、机构管理，习惯上把包括 HV/MV 变电站在内的高压配电网部分划至变电环节，而所谓的配电网实际上是指中低压配电网。本书中，除特殊说明外，配电网均是指中低压配电网。

1. 高压配电网

高压配电网是指高压配电线路和相应等级的变配电电气设备系统组成的配电网。高压配电网的功能是从上一级电源接收电能后，可以直接向高压用户供电，也可以通过变压器降压后为下一级中压配电网提供电源。高压配电网电压为 110kV、66kV、35kV 三种电压等级，城市的配电网一般采用 110kV 作为高压配电电压，东北地区采用 66kV 电压等级，上海、天津、青岛等城市采用 35kV 电压等级。

2. 中压配电网

中压配电网是指由中压配电线路和变配电电气设备组成的配电网。中压配电网的功能是从输电网或高压配电网接收电能，向中压用户供电，或向各用户小区的配电所供电，再经过配电变压器降压后向下一级低压配电网提供电源。

中压配电网电压主要有 20kV、10kV、6kV 三种电压等级。在我国，大多数中压配电网采用 10kV 电压等级，部分负荷密度高的地区应用了 20kV 电压等级，少量工厂用电系统的中压采用6kV电压等级。

20kV电压与10kV电压比较，在同等导线截面及电流密度的情况下，配电容量提高1倍，保证相同的电压质量其合理送电距离可增加1倍；在输送相同的距离和相同功率的前提下，电压损失降低50%，电能损失降低75%，可减少变电站配电出线回路数近一半，对负荷密集地区可避免出线过多带来的配电通道路径困难等问题，同时在同一地区可使设置降压变电站的数量减少一半。

3. 低压配电网

低压配电网是指由低压配电线路及其附属电气设备组成的向用户提供电能的配电网。低压配电网的功能是以中压配电网的配电变压器为电源，将电能通过低压配电线路直接送给用户。低压电源点较多，一台配电变压器就可作为一个低压配电网的电源，供电半径通常不超过几百米。低压配电线路供电容量不大，但分布面广，除一些集中用电的用户外，大量是供给城乡居民生活用电及分散的街道照明用电等。

低压配电网主要采用三相四线制。我国采用单相220V、三相380V的低压额定电压。

4. 配电网二次系统

配电网二次系统是配电系统重要的组成部分，完成配电网的保护、测量、调节、控制功能。配电网二次系统与配电网一次设备配合，使配电网安全、可靠、经济地运行，保证对用户的供电质量。

配电网二次系统主要包括继电保护系统、控制系统、配电网自动化系统等。

(1) 继电保护系统。其作用是在配电网中的电力元件(如线路、配电变压器等)发生故障或出现异常运行状态时，向相关的断路器发出跳闸命令或者发出告警信号，切除故障元件或消除异常运行状态的自动化措施与装备，以保证配电网安全运行、避免或减少故障引起的停电。

(2) 控制系统。主要指电压无功与电能质量控制系统。利用有载调压变压器、无功补偿设备以及有源滤波器、静止同步补偿发生器(STATCOM)、动态电压恢复器(DVR)等柔性配电设备(DFACTS)对电能质量进行控制，保证配电网电压幅值与波形符合要求。

(3) 配电网自动化系统。指配电网运行自动化系统，由安装在现场的终端装置、通信系统与位于控制中心的主站3部分构成，完成配电网数据采集与监控(DSCADA)、自动故障定位、隔离与恢复供电等功能，以提高供电质量。

5. 配电系统的特点

配电系统直接面向用户，是保证供电质量与用户服务质量、提高供电系统运行效率的关键环节，主要体现在以下几个方面：

(1) 配电系统对供电可靠性水平有着决定性的影响。配电网一般采用放射式或开环供电方式，一旦出现故障就会引起用户供电中断，而配电网的故障率又比较高。目前的用户停电绝大部分是配电网原因引起的。国内外统计数据均表明，用户经历的停电，大部分是由中低压配电网引起的，约占用户总停电时间的90%。

(2) 电能质量问题主要是由配电系统原因造成的。配电网供电电压受负荷变化影响大，特别是一些距离比较长的配电线路，电压质量得不到保证，用电高峰时刻末端用户往往电压偏低，而在下半夜时靠近变电站侧的用户往往电压偏高。配电网故障多发，每一次故障都会导致一定范围的用户遭受电压暂降。此外，随着分布式光伏电站的大量接入、非线性负荷的大量应用，造成配电系统电压波动问题突出，同时还有谐波的注入。

(3) 在电力系统整体电能损耗中，大部分产生在配电系统。根据相关的网损统计结果，配电网(包括高压配电网)的损耗占系统总网损的近70%，中低压配电网的损耗占系统总网损的近50%。

配电系统服务于一个地区，不像输电系统那样跨区域甚至跨国界互联，结构相对比较简单。输电网故障有可能影响整个电力系统的安全稳定运行，而配电网发生故障时一般仅造成所供负荷的停电。通常情况下，配电网保护、控制装置的配置相对简单，对其功能、性能的要求也相对较低，例如，允许继电保护装置延时动作切除配电线路末端的故障。另外，配电系统的作用、系统构成、运行环境都与输电系统有很大区别，因此，配电系统及其管理与输电系统相比有着其独特的复杂性与管理难度：

(1) 配电系统元件众多，星罗棋布。一个城市的配电元件数量达数十万甚至上百万个，是同地区输变电元件的数十倍，设备的标准化程度比较低，管理维护工作量巨大。

(2) 配电网络接线形式种类多，运行方式多变。

(3) 受城乡市政建设、发展的影响，配电系统元件与网络结构变动频繁，异动率高。

(4) 配电系统是城乡市政设施的组成部分，分布在人类活动频繁的区域，易受外界干扰、人为破坏，故障率高，是输电线路故障率的数十倍甚至上百倍。

(5) 配电系统管理业务综合性很强，不像输电系统管理那样有着很细的专业分工。

随着分布式电源的大量接入，传统上只是被动地接受主网电力的配电网，将转变为功率双向流动的有源网络，带来一系列需要解决的新问题。而智能电网的提出，对配电系统的安全性、供电质量、运行效率以及与用户的互动水平提出了更高的要求，配电技术的发展面临着重大的机遇与挑战，配电系统的功能特征、技术内容、系统构成以及保护控制与运行管理方式正在发生根本性的改变。

1.2 用户与电力负荷

1.2.1 用户及其分类

用户是电力用户的简称，传统的电力用户是指与供电企业建立供用电关系，并签订供用电合同的电能消费者。现代的电力用户，既是用电用户，同时也可能是发电户，具有分布式电源(发电、储能)自用为主，余额上网，甚至是用户独立的微电网供电，自发自用。

为便于统计与管理，需要将用户进行分类。我国早期工业统计，按照电力用户的社会经济属性，分为工业用户、农业用户、交通运输用户、市政照明及居民用户四种类型。早期电力系统的用电构成中，以照明为主的居民和商业用户用电占很大比重。后来电能在工业等社会经济领域广泛应用，工业用户用电逐步上升并占有很大的比重。我国电力工业统计把用户用电设备及其用电量具体划分为八类，即城乡居民、农林牧渔水利业、工业、地质勘察、建筑业、交通邮电通信、商业饮食物资供销仓储及其他事业。随着社会经济和市场化的发展，电力工业统计采用国际惯用口径，按国民经济产值性质分类，将用电分为四大类，即第一产业、第二产业、第三产业、居民生活。经济发达国家的第三产业和居民生活用电的比重很大(占70%以上)，而工业用电比重相应下降。目前，在我国的用电构成中，工业用电的比重仍然是最大的，同时，第三产业和居民生活用电的比重在逐年上升。

按照传统的供用电关系，电力用户可分为直供用户、趸售用户与转供电用户。直供用户指与供电企业建立直接抄表收费关系的用户。趸售用户指向供电企业趸购电能，再次将电能转售给消费者的企业。趸售用户对趸出电能的供电企业来说是直供用户，而对趸售营业区的用户来说，又是供电企业。受供电企业委托，向公用供电设施尚未到达或供电能力不足的地区的电力消费者供电，称为转供电用户。由转供电用户供电的其他电力消费者称为被转供电用户。被转供电用户与直供用户享有同样的用电权利，但承担供电义务的是转供电用户。

按照配电电源的特征，电力用户可分为高压用户、低压用户、双电源用户、专线用户等。高压用户是以 6kV 及以上电压供电的用户。高压用户一般自备一台或多台变压器。大型工矿企业用户一定是高压用户。低压用户是以 400V 及以下电压供电的用户。低压用户由公用配电变压器或转供用户变压器供电。双电源用户由两个以上的独立电源供电。专线用户由一条或两条以上供电线路专线供电。

1.2.2 电力负荷及其分类

电力负荷又称用电负荷，指用电设备工作时从电力系统吸取的电力功率。在用电管理工作中也把这些用电对象统称为用电负荷，或电力负荷，即包括各种容量的电动机、电热电炉、电力电子设备、照明设备、家用电器等用电设备（器具）。不同的电力负荷对供电可靠性与电能质量的要求是不同的，或者说供电中断或电能质量波动时对用电对象的损害及其严重程度是不同的；同时，不同性质电力负荷对电力系统的影响也是不同的。因此，需要对电力负荷进行分类，以便在供用电工程建设时，通过技术经济比较，确定合理的供电方式和供电方案，采取相应的安全保障措施。

根据供电突然中断造成的影响或者说对可靠性要求的不同，将电力负荷分为三个级别：

（1）一级负荷，是指突然停止供电时，将造成巨大的经济损失或社会影响的负荷，如造成人身伤亡，重大设备损坏，产品出现大量报废，有害物质溢出污染环境，重要交通枢纽、干线受阻，城市供水、通信、广播电视中断，重大的社会活动场所秩序混乱等。

（2）二级负荷，是指供电突然中断时，将造成较大的经济损失或社会影响的负荷，如造成严重减产、停工，生产设备局部破坏，局部交通阻塞，部分城市居民正常生活被打乱，人员集中的公共场所秩序混乱等。

（3）三级负荷，是指以上两级负荷之外的所有负荷。这一级负荷在供电突然中断时，造成的损失较小。

近年来，随着高科技设备的广泛应用，有些用户对电能质量的要求越来越高。根据电能质量波动（不合格）对用电对象的影响严重程度，也可将电力负荷分为三类：

（1）普通负荷，是指基本不受电能质量波动的影响或者造成的损失较小的电力负荷。如一般照明设备与家用电器、电加热器、通风机等。

（2）敏感负荷，是指对电能质量有一定要求的用电对象。电能质量波动时可能会对这类负荷造成一定的影响和危害，如电动机控制器、UPS 电源、变频调速器。

（3）严格负荷，是指对电能质量要求非常严格的用电对象。电能质量出现问题时会对严格负荷造成严重的后果，如造成设备损坏、生产过程中断、产品大量报废、计算机数据遭到破坏等。这类负荷诸如集成电路芯片制造流水线、微电子产品的智能化流水线、银行与证券中心的计算机系统等，还有重要集会场合照明用电对象。

此外，不同电力负荷的特性也有很大差异，部分电力负荷会对配电网以及整个电力系统带来负面影响。这些负荷具体可分为冲击性负荷、不对称负荷、非线性负荷三大类。冲击性负荷会引起供电电压瞬间波动或过载；不对称负荷会引起不平衡电流，造成供电电压不对称；而非线性负荷会引起谐波电流，造成供电电压畸变。对这三类负荷，在进行供用电工程建设时，需要采取技术措施，避免或减少其对供电系统的不良影响。

1.2.3　现代电力负荷

1. 数据中心

数据中心是一整套复杂的设施，不仅包括计算机系统和其他与之配套的设备(例如数据中心通信和存储系统)，还包含冗余的数据通信连接、环境控制设备、监控设备以及各种安全装置。谷歌在其发布的 *The Datacenter as a Computer* 一书中，将数据中心解释为"多功能的建筑物，能容纳多个服务器以及通信设备。这些设备被放置在一起是因为它们具有相同的对环境的要求以及物理安全上的需求，并且这样放置便于维护"，而"不仅仅是一些服务器的集合"，如图 1-2 所示。

图 1-2　数据中心照片

数据中心用电具有如下特点：一是大部分硬件都是由低压直流电源供电的；二是用电量特别大。据绿色和平组织与华北电力大学联合发布的《点亮绿色云端：中国数据中心能耗与可再生能源使用潜力研究》报告(以下简称《报告》)，2018 年，全国的数据中心"吃"掉了 1 608.89 亿千瓦时的电量，比上海市 2018 年全社会用电量(1 567 亿千瓦时)还多，占中国全社会用电量的 2.35%(未含港澳台数据)。《报告》还预计，未来五年数据中心机架数及其能耗呈现不断增长的趋势，预计全国数据中心的总机架数将在 2022 年突破 400 万。同时，随着机架数的快速增长，全国数据中心总能耗突破 2 000 亿千瓦时，并在其后的年份快速增长，在 2023 年突破 2 500 亿千瓦时。

2. 电动汽车充电站(桩)

电动汽车充电站(桩)不仅是能源变现的渠道，也是能源数据流量的导入端口。国家在"十三五"时期明确规划了充电基础设施的发展目标：到 2020 年，新增集中充换电站 1.2 万座，分散充电桩超 480 万个，以满足全国 500 万辆电动汽车充电需求，原则上按照车桩比 1∶1 的比例规划。从地区分布来看，目前中国已建成的电动汽车充电站主要集中在华东、华北、华南等东部省市，其中，北京、上海、青岛等都是中国电动汽车充电站建设规模较大的城市，如图 1-3 所示。

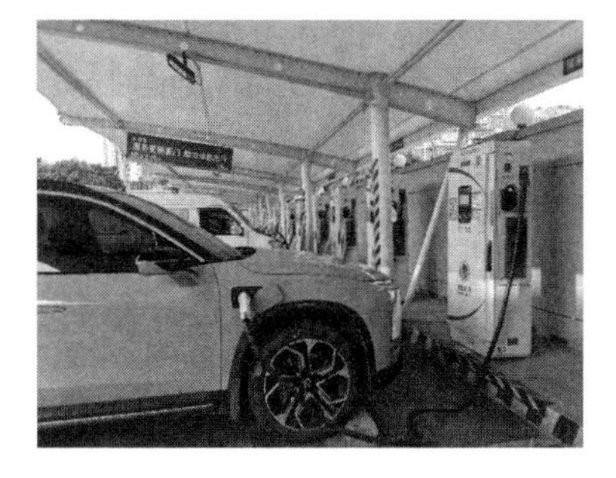

图 1-3　电动汽车充电站(桩)

充电桩一般可分为交流充电桩与直流充电桩两种类型，交流充电桩俗称"慢充"装置，输出功率通常为

5kW(220V，AC)/20kW(380V，AC)。直流充电桩俗称“快充”装置，通常充电功率在120kW左右甚至更大。

3. 直流负荷

近年来，用电负荷的结构正在发生重大变化，交流系统中不断出现大量直流负荷，如前面介绍的数据中心、电动汽车，变频调速技术在工业电机以及空调、冰箱等家用电器中广泛应用，是一种重要的节能技术，其主流应用方式也是直流，个人电脑、大量电子产品、LED照明灯具等都是直流负荷，目前都是通过AC/DC变换来供电的。相关研究表明，在未来20年之内将有50%的负荷需要直流供电。

1.3 现代配电系统

分布式电源的发展以及现代社会对供电质量与电网运行经济性要求的提高，使配电技术面临新的机遇与挑战，传统无源的配电网正向有源的配电网发展，“智能配电网”“主动配电网”等应运而生，引起了电力业界以及社会的广泛关注，成为电力技术研究的热点。

1.3.1 有源配电网

近年来，分布式电源在世界范围内迅速发展，正在给电力技术带来一场深刻的变革。分布式电源的大量接入、高度渗透，使配电网正在由传统的功率单向流动的电力分配网络转变成为一个功率双向流动的电力交换与分配网络，配电网的规划设计、分析计算、保护控制以及运行管理面临历史性的发展机遇与挑战。为把这种接有分布式电源的配电网与传统的没有分布式电源的配电网相区别，将其称为有源配电网。

有源配电网技术主要研究分布式电源接入后的配电网安全运行与电能质量问题以及如何最大程度地接入分布式电源并充分发挥其作用。其关键技术主要包括配电网规划、分布式电源并网、潮流与故障分析计算、电压无功控制技术、保护及自动化、分布式电源运行调度技术等，下面简要介绍四项关键技术。

1. 有源配电网规划技术

传统的配电网规划不考虑分布式电源的影响，无法适应分布式电源大量接入的需要。有源配电网的规划，从一次网架设计、设备选型、保护控制方案等方面都要充分考虑分布式电源接入的需要，最大程度地接纳分布式电源并发挥其作用。分布式电源容量可以替代一部分系统容量，从而减少对发、输、配电系统的投资。因此，研究分布式电源容量的置信度即对系统容量的替代作用，也是有源配电网规划的一个重要研究内容。

2. 有源配电网潮流与故障分析计算

重点研究分布式电源，特别是逆变器类分布式电源的潮流分析与故障分析等效电路及其数字仿真模型、有源配电网潮流与故障计算方法。开发有源配电网数字仿真软件，提供实时仿真分析与辅助决策工具，更有效地支持各种高级应用软件(如潮流计算、网络重构、电压无功优化等)。

3. 电压无功控制技术

在分布式电源接入的情况下，变压器调压方法要进行适当的调整。常规的调压方法是将母线电压维持在103%～106%额定电压的范围内，考虑到分布式电源的接入会抬高并网点电压，因此，应根据分布式电源的渗透率及其功率输出情况适当降低母线电压。例如，配电网中有大量的光伏发电接入，在阳光条件比较好的白天，应把母线电压比没有分布式电源接入时的目标值降低1%～2%。

有源配电网有时会向系统倒送反向功率，这种情况下，会出现线路电压大于母线电压的情况，如果仍然按照常规的做法调整母线电压，则有可能导致线路电压超标。为避免出现这种现象，可在变电站安装监测变压器功率方向的装置，在检测到反向功率时，适当调低母线电压，例如降低至额定值。

如果同一母线上的配电线路接入分布式电源的情况不均匀，即有的线路分布式电源渗透率较高，而有的线路几乎没有分布式电源接入。在这种情况下，仅靠调整母线电压难以保证所有的线路电压都合格。解决方案是安装线路调压器，根据本线路分布式电源出力与负荷情况调整输出电压。

利用现代通信与测控技术，通过获取母线、分布式电源并网点以及线路分段开关处的电压测量信息，优化决策，可以合理调整变电站母线电压、线路调压器的输出电压、无功补偿功率以及分布式电源的有功和无功功率输出，保证配电网电压合格并降低线路损耗。

4. 分布式电源运行调度技术

常规配电网运行管理，把分布式电源作为一个"负的"负荷对待，不对其进行调度。随着分布式电源的大量接入，其对配电网运行与功率平衡的影响不能忽略，因此应将其纳入配电网的调度管理，不仅要保证配电网的安全稳定运行，也可以充分发挥分布式电源的作用，实现配电网的优化运行。

目前，国际上对分布式电源调度研究的一个重要内容是虚拟发电厂(Virtual Power Plant，VPP，详见第4章)技术，是将配电网中分散安装的分布式电源通过技术支撑平台实现统一调度并将其等效为一个发电区，实现分布式电源大量并网，达到优化分布式电源的利用、降低电网峰值负荷、减少损耗、提高供电可靠性的目的。

1.3.2 智能配电网

1. 智能配电网的特征

智能配电网(Smart Distribution Grid，SDG)应用现代通信、计算机测控与电力电子技术，实现配电网运行状态及其负荷的灵活调节与协调控制，提高供电质量与运行效率、支持分布式电源的大量接入与电动汽车的广泛应用。智能配电网是配电网发展的目标。与传统的配电网相比，智能配电网具有以下功能特征。

(1) 更高的安全性。能够很好地抵御战争攻击、恐怖袭击与自然灾害的破坏，避免出现大面积停电；能够将外部破坏限制在一定范围内，保障重要用户的正常供电。

(2) 更高的可靠性。智能配电网具有高度的自愈能力，能够及时检测出已发生或正在发生的故障并进行相应的纠正性操作，使其不影响用户的正常供电或将其影响降至最小。

(3) 更高的电能质量。智能配电网实时监测并控制电能质量，使电压有效值和波形符合用户的要求，既能够保证用户设备的正常运行又不影响其使用寿命。提高电能质量，特别要注意解决好传统配电网存在的大量的电压暂降，保证高科技数字化设备等敏感负荷的安全可靠运行。

(4) 更高的运行效率。智能配电网实时监测配电设备温度、绝缘水平、安全裕度等，在保证安全的前提下增加传输功率，提高配电网容量利用率；通过对潮流分布的优化，减少线损，进一步提高运行效率；在线监测并诊断设备运行状态，实施状态检修，延长设备使用寿命。

(5) 支持分布式电源的大量接入。这是智能配电网区别于传统配电网的重要特征。满足可再生能源发电与分布式电源并网的需要，是智能电网提出并获得迅速发展的重要原因。在智能配电网中，不再像传统电网里那样，被动地限制分布式电源接入的容量，而是从有利于发挥分布式电源的作用、节省整体投资出发，最大程度地接纳分布式电源，采用主动的保护控制技术，充分发挥分布式电源的作用，实现配电网的优化经济运行。

(6) 支持与用户互动。支持与用户的互动也是智能配电网区别于传统配电网的重要特征之一。一是采用现代通信与信息技术，实现用电信息在供电企业与用户之间的即时交换；二是支持需求响应(Demand Response，DR)，使用户能够根据电价信息或奖励措施调整用电行为及其分布式电源运行方式，达到平滑负荷曲线、提高电网负荷率、减少电网投资以及优化电能利用、节省用户电费支出的目的。

(7) 支持电动汽车的大量应用。适应电动汽车的发展，满足电动汽车充电需要并充分发挥其在需求响应中的作用，也是智能电网发展的重要驱动力。利用电动汽车的充电时间可以调整并能够向电网倒送电的特点，充分发挥其在需求响应方面的作用，能够显著地减少峰谷负荷差，补偿可再生能源发电的间歇性。

2. 智能配电网的主要技术内容

智能配电网技术为建设智能配电网提供支撑，是配电技术的发展方向。智能配电网的主要技术内容有：

(1) 先进的传感测量技术。先进的传感测量技术主要有适用于配电网的光学与电子互感器技术以及配电网广域测量、配电设备运行状态在线监测、电能质量测量等先进测量技术等。传感测量技术是智能配电网的基础技术。在配电网中使用光学或电子互感器，可以解决传统电压与电流互感器存在的笨重、安装不方便、原副边之间电磁隔离效果差、易引起铁磁谐振、损耗大等问题；而应用先进的测量技术，能够为运行人员提供全景信息，实现配电网及其设备运行状态的可视化。

(2) 先进的通信技术。建设覆盖配电网中所有节点(控制中心、变电站、分段开关、用户端口等)的 IP 通信网，支持各种自动化设备与系统“上网”。解决实时测控数据的快速传输问题，支持基于智能终端对等交换数据的分布式智能控制。采用标准的通信接口与通信协议以及基于 IEC 61850 的信息模型、信息交换模型，实现自动化设备与系统的互通互联、即插即用。

(3) 高级配电自动化技术。高级配电自动化实现配电网的全面协调控制与自动化，使其性能得到优化，是传统配电自动化的继承与发展。它支持分布式电源的大量接入并将其与配电网进行有机地集成，满足分布式电源高度渗透的配电网的监控要求。高级配电自动化系统的分布式智能控制功能可以解决基于本地测量信息的就地控制技术存在的利用的信息有限、性能不完善以及基于主站的集中控制技术存在的涉及环节多、响应速度慢等问题，为智能配电网保护控制应用提供了一种新的实现手段，是智能配电网保护控制技术研究的重点。

(4) 分布式电源并网与集成技术。分布式电源并网与集成技术包括配电网接纳分布式电源能力的评估、分布式电源并网控制以及含分布式电源的配电网的规划、潮流与故障分析、保护控制与运行管理技术等。

(5) 配电网自愈技术。配电网自愈技术包括配电网隐患与故障监测、故障隔离以及供电恢复技术、计划孤岛与微网运行技术、电能质量控制技术等。

(6) 高级量测体系(Advanced Metering Infrastructure,AMI)。AMI 是一个使用智能电表通过多种通信介质,按需或以设定的方式测量、收集并分析用户用电数据的系统。AMI 是支持用户互动的关键技术,是传统自动化读表(Automatic Meter Reading,AMR)技术的新发展。

(7) 需求响应技术。需求响应是指用户根据电价信息或奖励措施调整用电时间与用电方式并应用自备分布式电源的市场参与行为(详见第 6 章)。

(8) 柔性交流配电技术。柔性交流配电(Distribution FACTS,DFACTS)技术是柔性交流输电(FACTS)技术在配电网的延伸。DFACTS 设备包括静止无功发生器(SVC)、静止同步补偿器(STATCOM)、有源电力滤波器(APF)、动态不间断电源(DUPS)、动态电压恢复器(DVR)、固态断路器(SSCB)等(详见第 3 章)。可以预计,将来 DFACTS 设备将像变压器、开关设备一样,遍布配电网的各个环节。

(9) 故障电流限制技术。故障电流限制技术指利用电力电子技术与高温超导等技术限制短路电流的技术。故障限流技术对于提高供电质量、减少配电网造价与分布式电源并网投资具有十分重要的意义。展望未来的智能配电网,故障限流器将获得普遍应用,短路电流可限制至 2 倍的额定电流以下,配电网摆脱了短路电流的危害,传统的用以遮断大电流的断路器或许会从电力系统中消失,配电网的面貌、性能与保护控制方式将发生根本性的变化。

1.3.3 主动配电网

1. 主动配电网的基本概念

传统的配电网是一个被动地从主网接收功率的供电网络,不包含分布式电源(分布式发电与储能装置);除无功补偿电容器外,不使用其他的有功、无功调节以及电压控制设备;没有远程运行监视与控制手段。其潮流根据负荷的需求自然分布,不能够根据主网以及负荷的变化自动地调整运行方式与潮流,无法对异常运行状态与故障进行有效的控制,难以保证供电质量、实现最优经济运行。

由于在调节、控制措施上的被动,限制了传统配电网接纳分布式电源的能力。分布式电源并网的实践使人们认识到,要提高配电网接纳分布式电源的能力、充分发挥其作用,必须转变传统的配电网规划设计、保护、控制与管理方式,要让它“主动”起来。进入 21 世纪,针对分布式电源大量接入、高度渗透带来的问题,英国、意大利等国的学者开始探讨配电网的主动控制与调节技术。在 2004 年 IEEE 年会上,英国曼切斯特大学的学者发表了名为“Active Management and Protection of Distribution Networks with Distributed Generation”的论文[37],是世界上最早公开发表的研究主动配电网技术的论文,其中“Active Management and Protection”是指“主动管理和保护”。在 2005 年的第 18 届国际供电会议(CIRED)上,该校学者发表了名为“Control of Active Networks”的论文,根据论文的内容,其中“Active

Networks”意为含分布式电源的配电网。2008年国际大电网会议(CIGRE)C6.11工作组发布的研究报告，使用了“Active Distribution Networks (ADN)”的术语，国内电力学者根据其报告的内容，将其翻译为“主动配电网”。工作组报告的发布标志着国际电力业界在主动配电网问题上取得了一定的共识，推动了国际上对主动配电网的研究。报告对主动配电网的定义是：主动配电网具有对包括发电机、负载和储能装置在内的分布式资源组合进行控制的系统；配电运行人员能够应用灵活的网络拓扑，调整潮流的分布；分布式资源可以根据适当的监管政策以及用户接入协议，向系统提供一定程度的辅助服务支撑。C6.11工作组的后续报告使用主动配电系统(Active Distribution System)这一术语代替主动配电网，以使其含义更加全面。

2. 主动配电网的特征

顾名思义，主动配电网的特征是“主动”。那么主动配电网到底在哪些方面要“主动”起来呢?

(1) 分布式电源要进行主动地调节与控制。在传统配电网规划设计中，分布式电源采用“即接即忘”的并网原则，即不把分布式电源作为一个常规的电源对待，而是把它看成一个被动的“负的”负荷，因此，可以忽略其对配电网运行状态的影响。为此，要求分布式电源工作在功率因数接近于1的状态，不允许其主动地参与系统调频与电压无功控制，不向系统提供辅助服务。显然，这种被动的做法无法充分发挥分布式电源的作用。而主动配电网利用先进的计算机控制与通信技术手段，使分布式电源与配电网有效地集成，积极、主动地参与系统调频与电压无功控制，实现配电网乃至整个电力系统的优化运行，提高电力系统运行的安全性与供电可靠性，降低整体投资。

(2) 要让负荷主动起来。配电系统的一部分负荷，如电动车、电热水器、洗衣机、照明设备等，是功率可调或用电时间可平移的负荷，称为可调负荷。从系统运行角度，这些可调负荷是重要的功率平衡资源。鉴于此，国际上往往把分布式发电、储能装置以及可调负荷统称为分布式资源(Distributed Resource，DR)。主动配电网具有完善的需求侧响应技术措施与机制，能够充分发挥可调负荷系统功率平衡控制以及平滑电力系统负荷曲线的作用。

(3) 要具备主动的条件。主要体现在两方面，一是拥有可调资源，除了上面提到的分布式电源与可调负荷外，还安装一些有功与电压无功调节设备，如静止无功补偿装置(SVC)、静止同步发生器(STATCOM)、统一潮流控制器(UPFC)等；二是具备完善的调节、控制手段，即建有基于现代计算机与通信技术的测量、控制与保护系统。

(4) 能够不依赖主网主动地给全部或部分负荷供电，具有可信容量。所谓可信容量，是指配电网能够利用接入的分布式发电与储能装置供电，并且满足供电可靠性要求的可用容量。按照常规的配电网规划设计方法，尽管其中接入了分布式电源，但仍然主要依赖主网提供备用容量、保证电压的稳定。主动配电网具有丰富的可调资源与完善的调节、控制手段，为获得可信容量、使其成为一个真正意义上的微电网创造了条件。有了可信容量，就可以减少配电网对主网的容量需求，这对于提高电力系统设备的利用率、降低系统的整体投资具有十分重要的意义。

(5) 针对主动的特点，进行配电网的规划设计。主动配电网的规划，不再仅仅考虑一个简单的配电网运行状态断面，而是要全面地考虑分布式电源与负荷的时变特征，识别出功率变化的“日模式”，采用随机分析方法，解决配电网规划中的不确定问题，制订最佳解决方案。

3. 主动配电网、智能配电网和有源配电网

从实现的目标、特征以及主要技术内容来看，主动配电网与智能配电网是基本一致的。“主动”与“智能”是分不开的，只有“智能化”，才能使配电网“主动”起来。因此，智能配电网与主动配电网并没有本质上的不同，很大程度上是从不同的角度描述分布式电源大量接入的先进配电网。前者强调的是利用现代计算机、通信与电力电子技术，让配电网智能、灵活起来；而后者则是强调配电网具有主动的调节与控制能力。作为未来配电网的发展愿景，智能配电网的内涵更为丰富、广泛，而主动配电网的内容则较为具体，主要落脚在“主动”这一特征上。

需要指出，与主动配电网类似，智能配电网也不是仅限于分布式电源接入的配电网。就“智能配电网”“主动配电网”“有源配电网”这三个术语来说，“智能配电网”与“主动配电网”的含义比较接近，一些情况下甚至说是可以互相替代的；而“有源配电网”用于描述配电网包含分布式电源的物理特征，具有独特的含义，不能与前两个术语等同使用。

分布式电源的大量接入、高度渗透，使配电网成为一个电力分配与交换网络，给其规划设计、保护控制与运行管理带来一系列挑战。实现智能化，让配电网主动起来，是解决分布式电源与配电网的集成问题，提高配电网供电质量与运行效率的必由之路。

而“主动配电网”和“有源配电网”这两个概念既有联系又有区别。首先，它们反映了现代或未来配电网的两个基本特征：一是“有源”，功率与故障电流双向流动；再就是“主动”，即采用积极、主动的控制、管理方法。主动配电网强调配电网具有主动的调节与控制能力的属性，而有源配电网则反映了配电网接有分布式电源的物理特征。有源配电网只有采取主动的控制与管理手段，才能有效地集成分布式电源，提高供电质量，实现优化运行；而主动配电网只有有源，才能充分发挥出自身的优势。因此，实际工作中，应该根据所描述的具体问题，决定是使用“主动配电网”还是“有源配电网”。

1.3.4 微电网

分布式电源尽管优点突出，但大规模发展也存在诸多问题，例如，分布式电源单机接入成本高、控制困难等。同时，由于分布式电源的不可控性及随机波动性，其渗透率的提高也增加了对电力系统稳定性的负面影响。为协调大电网与分布式电源间的矛盾，最大程度地发掘分布式发电技术在经济、能源和环境中的优势，21 世纪初学者们提出了微电网(Micro Grid)的概念。

微电网简称微网，是指由分布式发电、分布式储能装置与监控和保护装置汇集而成的为相应区域供电的小型发配用电系统，能够不依赖大电网实现自身正常运行，实现区域内部供需平衡。一般来说，微电网通过一个公共连接点(Public Connection Point，PCC)与大电网连接，形成并网型微网；或者不并网独立运行，形成离网型微网。微电网还可分为直流型微电网、交流型微电网和混合型微电网。图 1-4 是美国电力可靠性技术解决方案协会(CERTS)提出的微电网基本结构示意图。

按照常规的做法，分布式电源必须配备孤岛保护，在大电网停电时自动与主网断开。而微电网可以在与大电网脱离后独立运行，由分布式电源维持区域内所有或部分重要负荷的供电，能够发挥出分布式电源在提高供电可靠性方面的作用。

微电网仅在 PCC 点与大电网连接，避免了多个分布式电源与大电网直接连接。通过合

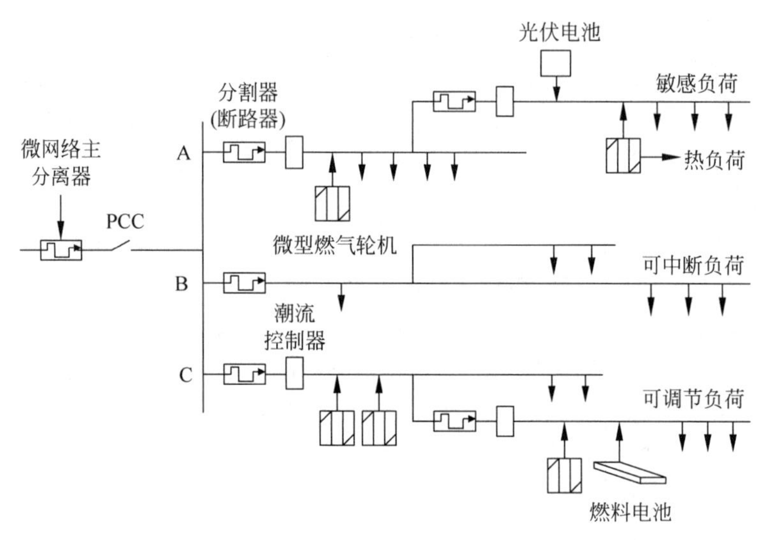

图 1-4 CERTS 提出的微电网结构示意图

理的设计,可使微电网中分布式电源主要用于区域内部负荷的供电,做到不向外输送或输送很小的功率,使得大电网可以不考虑其功率输出的影响,继续采用"即接即忘"的并网方法。这样,既可以使分布式电源大量接入,又可以不改变配电网现有的保护控制方式。

就微电网本身来说,它是一个有源网络,需要解决功率平衡、稳定控制、电压调整、继电保护等一系列问题。

1.4 能源互联网

在传统能源基础设施架构中,不同类型的能源之间具有明显的供需界限,能源的调控和利用效率相对低下,而且无法大规模接纳风能、太阳能等分布式发电以及电动汽车等柔性负荷。能源互联网的提出,打破了传统能源产业之间的供需界限,最大程度地促进煤、石油、天然气、热、电等一、二次能源类型的互联、互通和互补;在用户侧支持各种新能源、分布式能源的大规模接入,实现用电设备的即插即用;通过局域自治消纳和广域对等互联,实现能量流的优化调控和高效利用,构建开放灵活的产业和商业形态。能源互联网是能源和互联网深度融合的产物,受到了学术界和产业界的广泛关注。

1.4.1 能源互联网的基本概念

能源互联网是以电力系统为中心,智能电网为骨干,互联网、大数据、云计算及其他前沿信息通信技术为纽带,综合运用先进的电力电子技术和智能管理技术,能够实现横向多源互补、纵向源-网-荷-储协调的能源与信息高度融合的新一代能源体系,同时具有扁平化,面向社会的平台、商业和用户服务属性。具体讲,是在骨干电网的基础上,以大量分布式能量采集和储存装置所构成的新型电力网络为连接枢纽,将电力、石油、天然气及交通运输网络等能源节点进行互联,形成多层耦合的网络架构,通过虚拟电厂和电网实现个性化、定制化的能量生产与应用,实现能量流的全面调控、优化、交互和共享。目前关于能源互联网还没有统一的定义,其概念也还在发展之中。能源互联网示意图如图 1-5 所示。

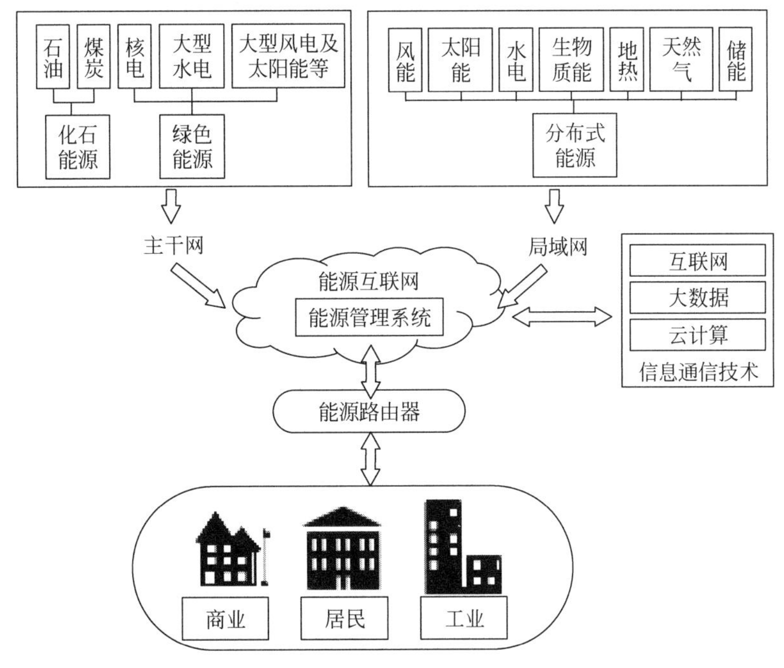

图 1-5 能源互联网示意图

能源互联网在以下两方面具有显著的理念创新：

(1) 范围和时空上更广域。能源互联网支持各种能源类型，并从源头到终端用户实现全方位、全时段的覆盖。随着信息互联网进入平台化发展的成熟期，"互联网＋能源"将呈现出多元化、平台化、综合性的服务业态。

(2) 理念上更创新。提高效率、优化资源配置是能源互联网最显著的特征，其本质是网络互联、信息对称、数据驱动。能源与信息网的深度融合将催化广泛的技术和商业模式创新。

1.4.2 能源互联网的主要技术特征

(1) 可再生能源在广域范围内的优化利用。能源互联网将各种一次能源，特别是可再生能源转化成二次电力能源，通过分布式能源采集和储能装置管理能量流，并在用户侧实现能源的互联和共享。

(2) 灵活性和可控性极高的电力网络。能源互联网依靠先进的柔性控制技术，实现灵活高效的电能变换，优化能量传输路径，并提供多种兼容性的电能输出接口。

(3) 分布式能量自治单元。就地收集、存储和使用能源的微单元，可作为一个可调度负荷，与电网进行快速交互、响应电网调度指令。该单元单一规模小，然而分布数量大、范围广。

(4) 新型信息与能源融合的广域网。能源互联网以大电网为主干网，以微网、能量自治单元为局域网，以开放对等的信息-能源一体化架构实现能量流的双向按需传输和动态平衡。

(5) 储能装置的广泛应用。蓄电(机械转换、化学转化等)、蓄热(水/冰蓄冷、热化学存储）等储能技术和设备，具备不同的存储容量和响应速度，以确保能源动态流动的实时平衡。

(6) 全面智能化的管控方式。大数据分析、机器学习等智能算法将成为能源互联网重要的技术支撑，能源从生产到使用的整个过程将具备“自我学习、自我进化”的生命体智能化特征。

1.4.3 能源路由器

能源路由器是通过信息流获取能量流的运行状态，进而及时对能量流进行调度、控制，实现各类具体的管控功能。在能源互联网体系中，实现可靠控制的一种有效方式是采用能源路由器，它具有融合信息流和能量流的特征。就基本功能而言，能源路由器主要包括如下四项基本功能。

(1) 对能量流实现动态控制。传统的分布式发电单元、储能以及柔性负荷具有不同的静态、动态响应特征，能源路由器需要适应并统筹传统能源和这些多元、复杂、非线性的能量单元，确保能量流的动态平衡，保证电网在稳态运行时以及发生扰动时的安全稳定，并且保证电能质量要求。在扰动方面，特别当电网发生故障时，能源路由器应具备故障定位、隔离和恢复功能。若电网处于孤网运行状态，能源路由器应能够由并网控制模式转为离网控制模式。上述功能的实现，要求能源路由器融合储能、电力电子、保护与控制等相关技术和装置，具备调整电网运行方式、调控电能质量、操作开关及其他控制设备等功能。

(2) 对信息流实时接收、处理和共享。为对能量流的调控提供支持，信息流必须快速、精准接收，并准确、及时处理。这就需要在通信协议、模式和传输通道上设置冗余，借助物联网领域的先进技术，在数据处理方面应用云计算、大数据、机器学习等先进技术，实现智能化信息处理。此外，还需要配置容错机制，防止信息传输失真甚至错误而造成决策的失误。

(3) 提供高级能源服务，支持多种个性化、定制化的能源应用策略。如当用户设置的策略为能源使用价格最低时，能源路由器将结合各类发、输、配电资源的使用运行信息和实时电价信息，搜寻价格最低的供能方式，并安排相应的能源供应、输送、存储和消费方式。

(4) 实现运维信息记录和人机交互。常规功能上，包括网络拓扑和元件的可视化、故障录播、异常事件记录、维护检修记录等日志文件管理，辅助技术改进和升级。互动方面，包括友好互动的人机界面、灵活方便的功能选项等。

1.4.4 能源互联网与智能电网

在能源互联网体系中，智能电网是承载不同能源转化与利用的枢纽，涵盖了传统电源的接入及输电、变电、配电、用电等各个环节，同时可兼容分布式电源和各类储能装置。在技术层面利用信息通信技术、自动控制技术、电力电子技术等，实现电能管理与应用的信息化和自动化。在用户侧，智能电网提供了灵活且具备高度兼容性的接口，实现即插即用的电能应用方式。

能源互联网从体量到架构均产生了变化，在概念、技术和方法上的内涵和外延则更为全面和深入。能源互联网打破封闭的“电力生产与电力消费”体系，将电力系统与其他能源系统进行融合，实现多能源系统之间的协同优化管控。在架构层面，能源互联网的一种典型架构包含了物理层、通信层、数据层、应用层、业务层五个部分，层次分明、结构清晰，实现能源流和信息流的自由交换和共享。在应用场景方面，能源互联网延伸至智慧社区、智能能源管理等领域，实现用户利用能量的便捷化、一体化、互动化，能够形成灵活多样的技术管理和商业运作模式，具有更大的发展空间和更多的商业形态。

思考题与习题

（1）简述配电系统有别于输电系统的特征。

（2）简述现代配电系统与传统配电系统的区别。

（3）根据电能质量波动对用电设备影响程度的电力负荷分类？

（4）简述能源互联网的主要技术特征。

第2章

\>>>>>>>>>>

现代供电质量

供电质量(Service Quality)是指供电系统满足用户电力需求的质量,包括反映供电连续性的供电可靠性(Reliability)和反映电压波形符合性的电能质量(Power Quality)两个方面。为了更好地满足用户需求,也有一些国家(如欧盟的国家)把对用户的服务质量也列为供电质量的内容之一。随着社会经济的发展、高科技数字设备的大量应用,供电质量扰动即供电短时中断和动态电能质量扰动,给社会造成的经济损失和不良影响也越来越大,成为现代供电质量的主要问题。本章介绍供电质量的相关概念与指标,以及供电质量损失的相关内容。

2.1 供电可靠性

供电系统用户供电可靠性(简称供电可靠性)是指供电系统对用户连续供电的能力,反映了供电系统对用户电力需求的满足程度。供电可靠性由一系列可靠性指标来量度。

2.1.1 常用供电可靠性指标

供电可靠性指标用于研究评估供电系统的运行性能和对用户连续供电的程度。由于供电系统与用户负荷的复杂性,实际工作中,往往不是固定使用一个固定的指标,而是根据问题的性质,选择其中的一个或几个指标分析。根据国家能源局2012年颁布的DL/T—836-2012《供电系统用户供电可靠性评价规程》,实际工作中常用的有用户平均停电时间、供电可靠率、用户平均停电次数这3个指标。

1. 用户平均停电时间(Average Interruption Hours of Customer,AIHC)

由系统供电的用户在统计期内(通常是1年)的平均停电小时数,记作AIHC-1,即

$$\text{AIHC-1}=\frac{\sum(\text{每户每次停电时间})}{\text{总用户数}}=\frac{\sum(\text{每次停电用户数}\times\text{每次停电持续时间})}{\text{总用户数}}(\text{h/户}) \tag{2-1}$$

若不计用户受外部影响停电时间,用户平均停电时间记作AIHC-2(h/户);若不计系统电源不足限电的影响,记作AIHC-3(h/户)。

2. 供电可靠率(Reliability on Service,RS)

在统计期内,对用户有效供电时间总小时数与统计期内小时数的比值,记作 RS-1,即

$$\text{RS-1}=\left(1-\frac{\text{用户平均停电时间}}{\text{统计期间时间}}\right)\times 100\% \tag{2-2}$$

若不计外部影响,供电可靠率则记作 RS-2;若不计系统电源不足影响,则记作 RS-3。

3. 用户平均停电次数(Average Interruption Times of Customer,AITC)

由系统供电的用户在统计期内的平均停电次数,记作 AITC-1,即

$$\text{AITC-1}=\frac{\sum(\text{每次停电用户数})}{\text{总用户数}} \tag{2-3}$$

若不计外部影响,用户平均停电次数记作 AITC-2;若不计系统电源不足影响,则记作 AITC-3。

在以上 3 个指标中,AIHC 与 RS 反映的都是用户经历的停电时间,只是表达的形式有所不同,而 AITC 反映的则是停电事件的频率。AIHC 与 AITC 之间有一定的相关性,但并没有必然的联系。例如,一个系统的故障停电次数较多,但由于故障修复速度比较快,最后的 AIHC 值不一定高。对于同样的 AIHC 值,如 AITC 不同,所反映的系统性能与对用户的影响也不同。一般来说,AITC 越大,用户损失越大,其不满意程度也就越高。

3 个常用的指标都进一步划分为"-1""-2""-3"3 类。"-1"类指标反映的是用户实际感受到的停电经历。"-2"类指标扣除了地震、洪灾等不可抗拒的外部影响,以更好地反映正常情况下供电系统供电能力。"-3"类指标扣除了缺电因素的影响,反映的是电网本身的供电能力。

供电可靠性指标是采用统计方法计算的。在进行供电可靠性统计时,关于"一个电力用户"的含义,不同的国家、不同的区域有不同的理解。我国现在是以中压配电线路上的公用变压器作为用户统计单位来进行统计的(35～110kV 高压大用户另作一类统计分析),而国际上发达国家大多是以每个装有电能表的终端受电用户作为统计单位。

4. 目前的供电可靠性

我国自 20 世纪 80 年代中期开始进行供电可靠性统计工作。2019 年我国全国平均供电可靠率达到 99.843%,即用户年平均停电时间 13.72h/户,其中城市地区 4.50h/户,农村地区 17.03h/户。全国用户平均停电次数 2.99 次/户,其中城市地区 1.08 次/户,农村地区 3.67 次/户。2019 年全国 50 个主要城市供电平均供电可靠率为 99.931%,用户平均停电时间 6.04h/户,用户平均停电次数 1.49 次/户,其中上海、深圳、厦门的用户平均停电时间低于 1h/户。而东京、新加坡用户年平均停电时间均低于 5min,供电可靠率达到"5 个 9"的水平。可见,我国供电可靠性与国际先进水平相比还有很大的差距。考虑我国供电可靠性统计只是以中压用户(公用配电变压器每台为 1 户)作为一个"用户"统计单位,统计过程中还可能存在人为因素,实际的供电可靠性比统计的指标可能还要低些。

2.1.2 短时停电

以上讨论的供电可靠性指标反映的只是历时比较长的持续停电,并不考虑历时在数秒或数分钟之内的短时停电。而随着供电可靠性的不断提升,实际发生的停电大部分是这类

短时停电,如瞬时性故障、小电流接地系统单相故障拉路选线引起的短时供电中断等。随着技术与经济的发展,高科技数字化设备(如计算机、变频调速设备、可编程控制器等)的应用越来越广泛,这些数字化设备对供电质量十分敏感,即使历时几个周波的短时停电,也会造成数据丢失、产品报废、停工停产等事故,带来严重的经济损失与不良社会影响。因此,短时停电问题引起了人们的高度关注。欧美一些国家已将短时停电纳入供电可靠性管理的范畴。中国国家能源局 2012 年颁布的《供电系统用户供电可靠性评价规程》也将短时停电纳入供电可靠性统计指标范围。

造成短时停电的主要原因是电网故障。架空配电线路发生瞬时性故障跳闸后重合成功、通过拉合馈线选择小电流接地故障、变电站及开闭所母线失压后母联备自投装置动作等,会导致秒级至分钟级的短时停电。

界定短时停电事件的一个重要参数是停电历时或持续时间。美国电气电子工程师学会(IEEE)2003 年发布的供电可靠性标准,将历时低于 5min 的供电中断作为一次短时停电,否则记为一次长时停电。欧洲国家有的规定为 3min,也有的采用 1min 的标准。中国国家能源局 2012 年颁布的《供电系统用户供电可靠性评价规程》将短时停电的历时标准定为 3min。

供电系统的短时停电采用用户平均短时停电次数(Average Temporary Interruption Times of Customer,ATITC),即用户在统计期内的平均短时停电次数来量度

$$\text{ATITC}=\frac{\sum \text{每次短时停电用户数}}{\text{用户总户数}}(\text{户}/\text{次}) \tag{2-4}$$

其中,一次短时停电指的是一次历时在规定时间内的供电中断事件。

中国某沿海城市通过对 109 个重要用户进行调研,他们在 3 年间所遭受到的停电事件共有 205 次,其中停电持续时间小于 3min 的共有 131 次,占 63.9%;而持续时间超过 1h 的停电事件次数仅为 4 次。可见,短时停电在停电事故中的比例是很高的。

2.1.3 供电可靠性监管

长期以来,供电系统作为公共服务事业由政府投资运营。政府根据使供电企业投资具有合理的收益率的原则制定电价,而供电企业在进行电网设计与运行管理时,自觉满足社会对供电质量的要求。

20 世纪 90 年代开始,世界各国纷纷放松对电力工业的管制,进行市场化改革。由政府垂直垄断经营的电力工业按照政企分开、厂网分开、配售分开的原则被拆分,实行商业化、公司化运营,并对社会资本开放;同时成立电力监管机构,对电价、市场竞争行为、服务质量等进行监管。改革之后,有些供电企业所有权属于民营资本、上市公司、跨国公司等,在股东追求利益最大化的压力下,不可避免地出现一味地削减成本、追求利润的行为,从而导致供电质量恶化,损害用户利益。由于电网具有自然垄断的特点,用户不可能根据供电质量的优劣选择不同的供应商,因此,需要电力监管机构综合平衡供电企业与用户的利益,采取法律强制与经济激励措施,促使供电企业提高供电质量。

供电可靠性是衡量供电系统性能的根本指标且停电会给用户带来严重的经济损失,因此是各国对供电质量监管的重点。制定合理的供电可靠性目标,是供电可靠性监管的基础工作。电网是一种具有区域独占、自然垄断特点的商业资源,因此,电力监管机构需要在授

予供电企业特许经营权的同时要求其满足规定的供电可靠性要求。

理论上讲，应该根据社会供电总成本(供电系统投资加停电损失)最低的原则确定供电可靠性目标。事实上，所谓最佳的供电可靠性目标随着负荷性质、经济发展水平等因素而变化，且不同国家与地区的电网实际状况与运行管理水平差异较大，难以为所有供电企业制定一个统一的指标标准。因此，电力监管机构通常根据各个供电企业已经达到的供电可靠性水平，本着不断改进的原则，设定供电可靠性目标。如果一个供电企业供电可靠性已经达到较高的水平，为其设定的目标将接近现有水平；而对于供电可靠性相对较差的企业，则为其设定的目标要逐年有明显的改进。为了能更好地体现供电企业自身的作为，达到促进其改进供电可靠性的目的，在设定目标与进行考核时，要扣除灾害天气等不可控因素的影响；对供电企业难以控制的停电，如输电网事故造成的停电，要缩小其在考核中所占的权重。

英国是最早进行系统的电力市场化改革的国家。英国电监会自 2001 年起开始制定供电可靠性考核目标。在 2008/09 财政年度为伦敦供电公司制定的用户平均停电时间(Customer Minutes Lost，CML，等效于 AIHC)与每百个用户平均停电次数(Customer Interruptions，CI，等效于 AITC)考核目标分别为 40.1min 与 36.2 次；而为中东部网络公司制定的 CML 与 CI 考核目标分别为 70min 与 76.7 次。在考核指标的统计方面，规定扣除强风暴等灾害天气造成的停电；鉴于计划停电对用户的影响小，纳入统计时按一半折算；考虑到配电网的运营商无法控制输电系统的事故但可采取措施减少其影响，因此由输电系统原因引起的停电不计入 CI 的考核。

在设定供电可靠性目标后，监管机构一般还出台配套的经济激励措施，以充分调动供电企业提高供电可靠性的积极性。下面介绍部分国家实行的供电可靠性经济激励措施，供读者参考。

1. 和停电时间与停电次数挂钩

监管机构根据用户平均停电时间(AIHC)与平均停电次数(AITC)对供电企业进行奖励或罚款。在实际考核指标优于目标值时，将对供电企业进行奖励，奖金额度随减少的指标值线性增加，直至指标达到一个下限值时封顶；与之类似，如果实际 AIHC 与 AITC 指标比目标值差时，将对供电企业进行罚款，罚款额度与高出的指标值线性增加，直至指标达到一个上限值时截止。有的监管办法则是设定了一个奖罚“盲区”，当实际的供电可靠性位于这个盲区时，供电企业既不被罚款，也不获得奖励。以 AIHC 指标为例，图 2-1 给出了这种奖惩办法的罚款与奖金随指标变化的情况。

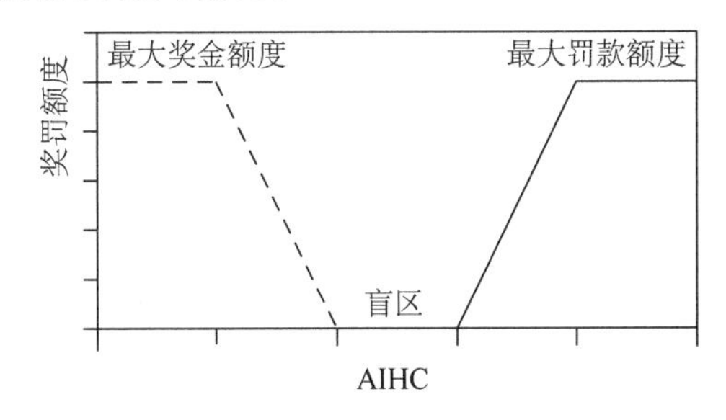

图 2-1 供电可靠性罚款与奖金随 AIHC 指标变化示意图

英国采取了和停电时间(称为 CML)与停电次数(称为 CI)挂钩的激励方案。英国电监会在 2005 年开始实施供电可靠性奖惩办法规定,对 CML 的奖励与罚款的区间分别是目标值两侧的 30%,对 CI 的奖励与罚款的区间分别是目标值上下的 25%。例如,2008/09 财政年度为伦敦供电公司制定的 CML 与 CI 奖惩费率分别为 33 万英镑/分钟与 29 万英镑/次。伦敦供电公司 2008/09 财政年度实际 CML 高于目标值 4.1min,被罚款 172 万英镑;CI 值低于目标值 7.5 次,获得 279 万英镑的奖励(实际奖罚款数额计算考虑恶劣天气影响等诸多因素,与根据实际完成的指标和奖罚费率计算的结果有所差异)。

2. 和停电持续时间挂钩

在单次停电持续时间超过允许的规定时,供电企业向用户支付现金罚款作为停电损失补偿。罚款额度与用户性质有关,商业用户的停电损失一般比较大,所以获得补偿最多;工业用户次之;而居民用户停电损失较小,得到的补偿最少。

英国电监会于 2004 年制定的服务质量标准,要求电网故障恢复供电时间不得超过 18h,否则将向每个居民用户支付 50 英镑的现金罚款,非居民用户支付 100 英镑现金;停电时间每再增加 12h,罚款增加 25 英镑。

3. 与缺供电量挂钩

供电企业根据因停电缺供的电量向用户支付成比例的罚款。罚款费率也是与负荷性质挂钩。缺供电量根据停电时负荷水平和用户平均负荷水平计算。

挪威政府于 2006 年实施的激励政策采取与缺供电量挂钩的方案。规定对商业工业用户停电的罚款是每千瓦时 38 挪威克朗(约 6.5 美元),居民用户是每千瓦时 2 挪威克朗(约 0.35 美元)。

2.2 电能质量

电能质量,指供应到用户受电端电能的品质,通常指供电电压幅值及其波形的质量,由一系列指标来量度。稳态的电能质量指标包含电压偏差、频率偏差、电压波动与闪变、谐波、三相不平衡等 5 个方面的指标内容。在电力走向市场化的今天,要把用户“感受”到的电能质量不合格或是否会给用户带来不良影响,作为考虑电能质量问题的重要方面。动态电能质量即电压暂降等,这极易使一些高科技用电设备出现异常,是现代供电质量问题。

2.2.1 电压偏差

电压偏差指某一时段内,电压幅值(指电压有效值)缓慢变化而偏离额定值的程度,以电压实际值与额定值之差或其百分比值来表示,即

$$\Delta U = U - U_N \quad \text{或} \quad \Delta U = \frac{U - U_N}{U_N} \times 100\% \tag{2-5}$$

式中:U 为检(监)测点的电压实际值,单位为 V;U_N 为检(监)测点系统电压额定值,单位为 V。

电压偏差超过一定范围,用电设备会由于过电压或过电流而损坏。电网电压过低或无功功率远距离流动,会使电网线损(有功功率损耗)增加,导致电网运行的经济性降低。我国

规定,供电电压与额定电压的允许偏差:35kV 及以上的供电电压,正负偏差的绝对值之和小于 10%的额定电压;10kV 及以下的用户端三相供电电压,允许偏差为额定电压的 ±7%;220V 单相用户端供电电压,允许偏差为额定电压的+7%~-10%。

2.2.2 频率偏差

频率偏差指电力系统实际频率与额定频率的差值或其差值与额定值的百分比,即

$$\Delta f = f - f_N \quad 或 \quad \Delta f = \frac{f - f_N}{f_N} \times 100\% \tag{2-6}$$

式中:f 为电力系统运行实际频率值,单位为 Hz;f_N 为额定频率,单位为 Hz。

如果频率过高或过低,则动力设备的转速将随频率的高低而改变,因而会影响对速度敏感的工业产品的质量;系统内一些与频率有关的损耗也将升高,影响运行的经济性。我国规定频率允许偏差为±0.2Hz,系统容量较小时,允许偏差为±0.5Hz。中国大区域电力系统实际运行频率偏差都在±0.1Hz 之内。

2.2.3 电压波动与闪变

电压波动指某一段时间内电压急剧变化而偏离额定值的现象。通常电压变化速率大于每秒 1%时,即为电压急剧变化。电压波动以电压急剧变化过程中相继出现的电压最大值与最小值之差或其与额定值的百分比来表示,即

$$\delta U = U_{max} - U_{min} \quad 或 \quad \delta U = \frac{U_{max} - U_{min}}{U_N} \times 100\% \tag{2-7}$$

式中:U_N 为额定电压,单位为 V;U_{max} 与 U_{min} 分别为某段时间内电压波动的最大、最小值,单位为 V。

电压波动与电压偏差概念不一样,电压偏差主要指电压有效值的缓慢变化,而电压波动反映的是电压有效值的快速变化。电压波动通常是由配电网中冲击性大负荷引起的。我国国家标准规定电压波动允许值 $\delta U\%$:10kV 以下系统为 2.5%,35~110kV 为 2%。

如果电压有效值波动呈周期性,并会引起照明灯、电视机闪烁,造成人眼视觉主观感觉不舒适的现象,称为闪变。日光灯和电视机等设备对电压波动的敏感程度远低于白炽灯,因此,一般选白炽灯的工况作为判断电压波动值是否被接受的依据。

一般情况下,电压波动的主要危害是闪变,但电压波动并不等同于闪变,因为闪变是人对照度波动的主观视觉。不同的人的视感是有差异的,因此,需要对观察者的闪变视感进行抽样调查。为了解人的视觉对闪变的反映程度,国际电工委员会(IEC)推荐采用不同的波形、频度、幅值的调幅波和工频电压作为载波向工频 230V、60W 的白炽灯供电,经观察者抽样(>500 人)调查,闪变觉察率 F(%)的统计公式为

$$F = \frac{C + D}{A + B + C + D} \times 100\% \tag{2-8}$$

式中:A 为没有觉察的人数;B 为略有觉察的人数;C 为有明显感觉的人数;D 为不能忍受的人数。

人的主观视觉对电压波动引起照度波动的反应称为瞬时闪变视感度。通常以闪变视觉率 F 为 50%的情况下的瞬时闪变视感度 S 作为 1 个觉察单位来进行衡量。

2.2.4 谐波

在理想情况下，电力系统供电电压波形应是正弦波形，但由于配电系统中存在大量的具有铁芯结构的电力设备、电力电子设备和整流装置或电弧炉等，即存在大量的谐波源，实际供电波形已不再是理想的正弦波，这种现象称为电压正弦波形畸变。根据傅里叶分析原理，一个畸变的正弦波形可以分解为基波和若干个频率是基波频率整数倍的谐波之和。电压正弦畸变程度以电压正弦波形的畸变率 DFU 表示。DFU 为各次谐波电压的均方根值与基波电压有效值之比的百分数，即

$$\mathrm{DFU}=\frac{\sqrt{\sum_{n=2}^{\infty}U_n^2}}{U_1}\times 100\% \tag{2-9}$$

式中：U_n 为第 n 次谐波的电压有效值，单位为 V；U_1 为基波的电压有效值，单位为 V。

谐波的存在将使配电系统中的功率损耗增加，配电设备过热、寿命缩短；会引起系统内某些继电保护误动，造成供电中断；使电动机损耗增加、效率下降，运转发生振动而影响工业产品的质量；此外，还影响电能表（主要是感应式电能表）的准确计量。为避免或减少谐波的不良影响，需要对允许的谐波含量作出规定。我国国家标准规定的公用电网谐波电压（相电压）限值如表 2-1 所示。

表 2-1 公用电网谐波限值

电网额定电压/kV	电压总谐波畸变率/%	各次谐波电压含有率/%	
		奇次	偶次
0.38	5.0	4.0	2.0
6～10	4.0	3.2	1.6
35～66	3.0	2.4	1.2
110	2.0	1.6	0.8

配电系统大部分谐波源产生的谐波电流波形具有对称于横轴的特点，所以电压中所含的谐波分量以奇次谐波为主。

为了控制公用电网的谐波，必须限制每个谐波源注入电力系统的谐波电流，因此，规定了限制用户非线性设备注入电力系统的谐波允许值。

2.2.5 三相电压不平衡

在理想的三相交流系统中，三相电压值应相同，且相位按 A、B、C 相的顺序互成 120°相角，这样的系统称为三相平衡（或对称）系统。但由于故障（如断线）、负荷不对称等因素的影响，实际电力系统并不是完全平衡的。三相电压不平衡意味着存在负序分量，它使电动机产生振动力矩和发热，严重时会引起继电保护误动。

电力系统三相电压不平衡的程度用不平衡度来表示，其值用电压负序分量与正序分量的均方根之百分比 ε_U 表示，即

$$\varepsilon_U=\frac{U_2}{U_1}\times 100\% \tag{2-10}$$

式中：U_1 为三相电压正序分量的均方根值，单位为 V；U_2 为三相电压负序分量的均方根值，单位为 V。

我国标准规定，电力系统公共连接点正常电压不平衡度允许值为 2%，短时不得超过 4%。实际电力系统电压不平衡度指标，在空间和时间上均处于动态变化之中，从整体上表现出统计的特性，因此标准中规定用 95%概率值作为衡量值，也就是说，标准中规定的"正常电压不平衡度允许值为 2%"是在测量时间 95%内的限值，而剩余 5%时间可以超过 2%，但最大不得超过 4%。标准规定了对每个用户电压不平衡度一般限值为 1.3%。

配用电设备一般都是按照额定频率（我国规定是 50Hz）和额定电压的标准正弦波设计的，并且要求三相电压和电流对称，即各相电压、电流幅值相等，相位相差 120°。如果供电电压幅值、波形以及三相对称性出现偏差，将影响用电设备的运行性能和效率，缩短用电设备寿命，同时也会影响由这些设备生产产品的质量和数量，在严重情况下可能造成停工停产、危害人身安全、影响社会秩序等严重后果。

2.2.6　电压暂降

电压暂降指供电电压的有效值短时间暂时下降的现象，又称电压骤降。目前，国际上还没有统一的电压暂降标准。美国电气电子工程师协会推荐标准（IEEE Std 1159—1992）对电压暂降的定义为：供电电压有效值突然降至额定电压的 90%～10%（0.9～0.1p.u.），然后又恢复至正常电压，这一过程的持续时间为 10ms～60s。我国电压电流等级和频率标准化委员会 2012 年发布的《电能质量 电压暂升、暂降与短时中断》标准征求意见稿给出电压暂降的定义为：电力系统中某点工频电压方均根值暂时降低至 0.01～0.9p.u.，并在短暂持续 10ms～1min 后恢复正常的现象。

引起电压暂降的原因主要是电网发生短路故障。一些大容量的用电设备（如大功率电动机）启动或突然加荷，也会造成电网电压短时下降。实际系统中，电压暂降发生的频率非常大，往往数倍于停电事件。与停电相比，电压暂降有发生频度高、经历时间短、事故原因不易觉察的特点，处理起来也比较困难。

电压暂降会引起敏感控制设备跳闸，造成计算机系统失灵、自动化控制装置停顿或误动、变频调速器停顿等；引起接触器跳开或低压保护启动，造成电动机、电梯等停顿；引起金属卤化物类光源（碘钨灯）熄灭，造成公共活动场所失去照明。因此，电压暂降会给工商业带来很大的经济损失，甚至会危害人身及社会安全。

与电压波动等电能质量问题一样，电压暂降并不是一个新问题。但由于以往的绝大多数用电设备对电压的短时突然变化不敏感，该问题没有引起人们的重视。20 世纪 80 年代以来，随着计算机、可编程逻辑控制器、变频调速设备等数字设备应用和工业生产过程自动化程度的提高，对供电质量提出了更高的要求，该问题才引起了有关部门和科研人员的广泛关注。实际上，目前造成用电设备不正常运行的主要电能质量问题是电压暂降引起的。据国外统计，用户电能质量问题投诉中，由于电压暂降原因造成的占 80%以上。因此，电压暂降已成为国际上电能质量研究的首要问题。

用于评估电压暂降的一个基本指标是 SARFI(x)，通过对被评估系统的所有用户在单位时间（一般为 1 年）进行监测，统计各用户感受到电压暂降次数及每一次电压暂降时的电压有效值，从而得出用户平均经受的电压有效值在 x%以下的电压暂降次数，即

$$\mathrm{SARFI}(x)=\frac{\sum N_i}{N_T} \tag{2-11}$$

式中：x 是电压有效值的阈值，取值范围在 90～10；N_i 是经受电压暂降的用户一年中感受到的电压有效值小于 x%的电压暂降次数；N_T 为被评估系统的用户总数。例如用户 1 年中平均经受了 3 次电压有效值低于 70%的电压暂降，则 SARFI(70)＝3。

SARFI(x)与反映用户平均停电次数的指标 SARFI 类似。SARFI 用来评价供电中断的次数，SARFI(x)将电压暂降发生的频次与幅值下降严重程度统一考虑，反映电压暂降到某种电压值以下的频度（概率），能够确切地反映电压暂降对用电设备的影响。

电压暂降对敏感负荷的影响取决于其暂降幅值与历时。为减少危害，要求对电压暂降敏感的用电设备具有一定的耐受能力，即遭受一定幅值与历时的电压暂降时不会出现异常。美国半导体制造行业协会制定的 SEMI F47-0200 标准规定：半导体制程设备耐受的电压暂降历时在电压为 50%标称值时为 0.05～0.2s，电压为 70%标称值时为 0.2～0.5s，电压为 80%标称值时为 0.5～1.0s，如图 2-2 所示。

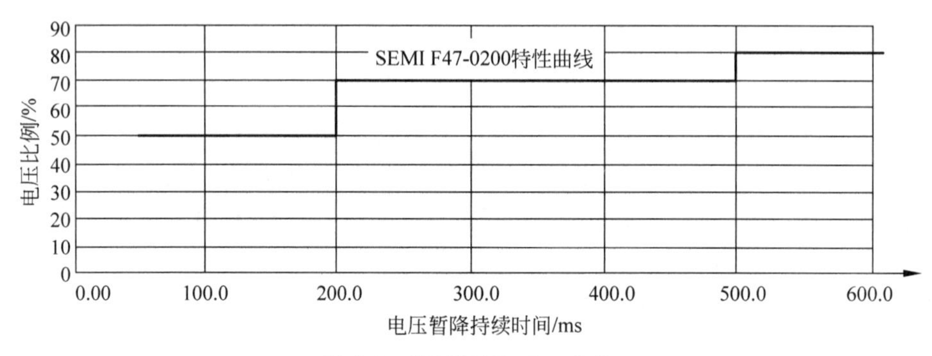

图 2-2　SEMI F47-0200 曲线

2.3　供电质量损失

供电质量损失（Cost of Service Quality），又称供电质量成本，指供电质量扰动给社会造成的经济损失，包括用户的损失和供电企业的损失。供电质量扰动包括供电可靠性扰动与电能质量扰动，因此，供电质量损失又分为供电可靠性损失与电能质量损失。由于供电可靠性反映的是用户停电的情况，因此，一般把供电可靠性损失称为停电损失。国际上对供电质量损失，特别是停电损失方面，做了大量研究工作，取得了一系列研究成果。目前，国内对供电质量损失问题的研究还相对不够，对供电质量损失的严重性还缺少共识，下面介绍国内外科研工作者以及作者对供电质量损失的研究成果。

2.3.1　停电损失

1. 停电损失的特点

停电损失包括用户停电损失与供电企业停电损失。供电企业的停电损失主要包括电能销售利润损失以及恢复供电与故障停电修复费用。与用户的停电损失相比，供电企业停电损失相对较小且较容易计算，因此，停电损失研究的重点是用户停电损失（除特殊说明外，以下提到的停电损失均指用户停电损失)。

停电给用户造成的损失主要有以下几方面:

(1) 停工停产损失,指停电造成服务部门停止营业引起的收入损失,工厂停止生产造成的产值损失。

(2) 产品报废,如工业制品报废、冷冻食物变质等。

(3) 设备损坏,停电造成生产设备的损坏,如炼钢炉液的凝固等。

(4) 生产恢复费用,又称重启费用。对于一些连续流程制造业来说,如大型的联合化工厂,其生产恢复过程十分复杂,费用非常高。

停电损失与负荷性质、停电历时、停电发生的时间、有无预先通知、用户是否配置备用电源、经济发展水平等多种因素有关,但权重最大的还是停电历时。不同类别负荷的停电损失与停电历时的关系差别很大。一些用户,如制衣厂、机器加工厂等,停电损失主要是因停产而损失的收益,与停电历时成正比。对于使用大量数字设备的用户来说,即便是短暂的停电也会造成极大的经济损失,如导致计算机系统数据丢失;联合自动化生产线长时间停产,产品报废、设备损坏。一些场合下,如挤塑设备、电解铝槽等,短暂的停电没有什么影响,但长时间的停电会造成塑化物、电解铝液等凝固,带来巨大的经济损失。对于冷库、冷柜之类的负荷,短暂的停电也不会造成什么损失,但如果停电超过一定的时间,会造成冷冻的食物腐化变质,而在此之后,停电却不会继续给用户带来新的损失。

在遭受短时停电时会造成停电损失的负荷称为对短时停电敏感负荷。同样是敏感负荷,不同类型的负荷对短时停电的耐受能力是不同的。有些负荷可以经受历时为数秒的停电,如瞬时性故障重合闸、母线失压备自投过程中引起的停电,而不会出现异常。美国电科院数字化社会电力基础设施联盟(CEIDS/EPRI)发布的相关调研报告指出:74%的企业可以经受1s的停电而没有损失;50%的用户经受3min停电时没有损失。

对所有类别的用户来说,其平均停电损失与时间的关系,可用一个一阶时间函数($a+bt$)来表示(图2-3),其中a代表初始停电损失,可认为是短时停电带来的损失;b是代表停电损失对时间的变化率。

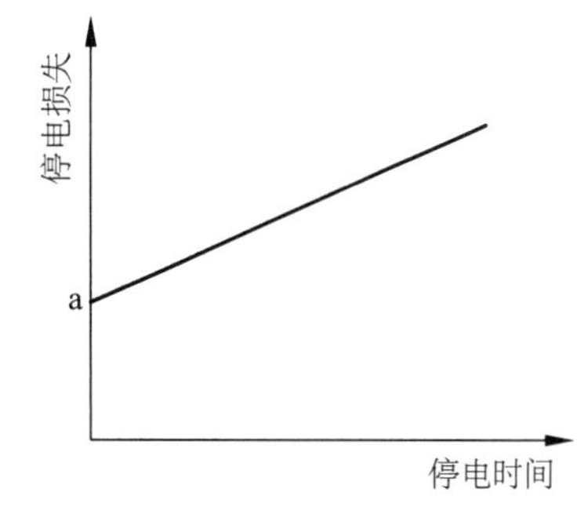

图2-3 停电损失与时间的关系示意图

下面分别介绍长时停电与短时停电的估算方法。

2. 长时停电损失的估算

由于难以应用简单的数学公式对停电损失进行准确的推算,一般是采用用户调查的方法,建立起每类长时用户停电损失(以下简称停电损失)与停电历时的关系,进而对用户停电损失进行估算。

1) 停电损失函数

停电损失函数用于描述用户停电损失与停电历时的关系,包括单类用户平均停电损失函数与综合用户停电损失函数。

单类用户平均停电损失函数(Sector Customer Damage Function,SCDF)描述某一类用户停电损失与停电历时的关系,根据用户停电损失调查结果求出。

首先把用户按行业(一般分为居民、商业、工业等)进行分类,如果某一行业里包含不同性质的负荷(如工业用户类包含钢铁工业、半导体制造业用户等),可进一步分成若干个子类。

针对一个具体类别的用户,调查其在不同停电历时下的停电损失。为便于对不同用户的停电损失进行比较,以用户的峰值功率为标准,将其停电损失进行归算,得出单位功率的停电损失:

$$C_{p,x}(t)=\frac{C_x(t)}{P_x}(\text{元}/\text{kW}) \tag{2-12}$$

式中:$C_x(t)$是用户 x 遭遇历时为t 的停电时的损失,单位为元;P_x 是用户峰值负荷,单位为 kW。

在每一类用户里选多个用户(如 5 个以上)进行调查,将调查结果平均后作为该类用户的平均停电损失,即

$$C_{p,k}(t)=\frac{\sum_{x=1}^{n}C_{p,x}(t)}{n}(\text{元}/\text{kW}) \tag{2-13}$$

式中:k 代表用户的类别;n 是调查的k 类用户的个数。

如果一个用户类别里包含若干个子类,应首先参照以上方法求出每一子类的平均停电损失,然后根据峰值功率对每一子类平均停电损失进行加权归化,求出该类别用户的平均停电损失,即

$$C_{p,k}(t)=\frac{\sum_{y=1}^{n_s}C_{p,y}(t)P_y}{\sum_{y=1}^{n_s}P_y}(\text{元}/\text{kW}) \tag{2-14}$$

式中:n_s 是k 类用户包含的子类个数;$C_{p,y}(t)$是第 y 个子类的平均停电损失;P_y 是第 y 个子类用户的峰值功率。

综合用户停电损失函数反映的是一个具体的供电系统的用户(如同一个变电站母线出线的用户)的平均停电损失与停电历时的关系。根据供电网络内每一类用户的平均停电损失函数以及各类用户的电量比例,求出用户综合停电损失函数(Composite Customer Damage Function,CCDF)为

$$C_{p,c}(t)=\sum_{k=1}^{m}\alpha_k C_{p,k}(t)(\text{元}/\text{kW}) \tag{2-15}$$

式中:m 为该供电区域包含的用户类别数;α_k 为第k 类用户用电量比例。

2) 用户停电损失估算

根据系统停电次数和由用户调查估算出的综合用户停电损失函数,可估算出统计期内(一般为 1 年)所有用户的停电损失(Outage Cost,OC)C_t 为

$$C_t=\sum_{j=1}^{q}C_{p,c}(t_j)P_j(\text{元}) \tag{2-16}$$

式中:t_j 表示第j 次停电持续时间;P_j 表示第j 次停电事故损失的负荷功率;q 表示统计期内的停电次数。

实际工程中,经常使用单位缺供电量损失(简称停电损失率)f_{EN} 以及平均每次的停电损失(简称每次停电损失)f_{PE} 来评价用户停电损失严重程度,其计算公式为

$$f_{EN}=\frac{统计期内停电损失}{统计期内缺供电量}=\frac{\sum_{j=1}^{q}C_{p,c}(t_j)P_j}{\sum_{j=1}^{q}P_jt_j}(元/kWh) \tag{2-17}$$

$$f_{PE}=\frac{统计期内停电损失}{统计期内停电次数}=\frac{\sum_{j=1}^{q}C_{p,c}(t_j)P_j}{q}(元/次) \tag{2-18}$$

3）用户停电损失估算示例

下面介绍我国东部某沿海城市用户停电损失估算研究的例子。

首先对用户的停电损失进行调查，得出各类用户停电损失函数如表2-2所示。

表2-2　某东部沿海城市不同类别用户停电损失函数表

用户类别	停电损失/(元/kW)					
	1min	30min	1h	2h	4h	8h
工业类	0.97	4.81	10.67	22.00	31.43	59.72
商业类	3.93	16.50	37.33	75.00	312.97	637.42
医药卫生类	45.50	75.60	159.98	431.93	826.37	1 300.75
政府机关类	0.00	40.50	85.32	141.41	246.29	434.16
公共事业类	0.00	20.15	42.66	98.12	166.84	275.22

根据式(2-17)与表2-2数据，计算出用户综合停电损失函数如表2-3所示。

表2-3　某沿海城市用户综合停电损失函数表

停电持续时间	1min	30min	1h	2h	4h	8h
综合停电损失/(元/kW)	6.29	23.24	49.63	110.91	282.50	524.45

假定在一年内该地区有10次停电，每次停电的持续时间(min)、损失的负荷(kW)和损失的电量(kWh)如表2-4所示。表2-4中综合停电损失值根据表2-3数据插值获得，每次停电的损失根据综合停电损失函数以及每次停电的持续时间获得。停电损失的总电量为18 095kWh，总停电损失为855 516元。

表2-4　某东部沿海城市年度用户停电损失

停电次数	停电持续时间/min	损失的负荷/kW	损失的电量/kWh	综合停电损失/(元/kW)	停电损失/元
1	50	5 000	4 166.67	41.36	206 800
2	120	2 500	5 000.00	110.91	277 275
3	20	4 000	1 333.33	15.49	61 960
4	123	500	1 025.00	113.68	56 840
5	70	1 000	1 166.67	57.90	57 900
6	55	800	733.33	45.49	36 392
7	90	200	300.00	83.19	16 638
8	24	800	320.00	18.60	14 880

续表

停电次数	停电持续时间/min	损失的负荷/kW	损失的电量/kWh	综合停电损失/(元/kW)	停电损失/元
9	230	500	1 916.67	270.73	115 000
10	128	1 000	2 133.33	118.31	11 831
总计	—	—	18 095.00	—	855 516

根据式(2-17)、式(2-18)，计算出该地区的停电损失率(f_{EN})为 47.28 元/kWh，每次停电损失(f_{PE})为 85 551.6 元。

从以上计算可以看出，该供电企业一年内的停电缺供电量约为 1.81×10^4 kWh，其售电收入减少不到 2 万元，而用户停电损失超过 85 万元，远大于供电企业减少的售电收入。

3. 短时停电损失的估算

可采用上一节介绍的长时停电损失估算方法来估算用户短时停电损失。在进行用户停电损失调查时，把停电时间分为 0.05s、3s、30s、60s、120s、180s 共 6 个档次。

我国某南方沿海城市工业用户平均短时停电损失与综合用户停电损失如表 2-5 所示。

表 2-5 短时停电损失

停电持续时间/s	工业用户停电损失/(元/kW)	综合用户停电损失/(元/kW)
0.05	1.17	1.24
3	4.28	4.25
30	10.89	13.85
60	20.02	31.01
120	28.79	45.39
180	35.27	52.54

工业用户的平均停电损失分布以及拟合曲线，如图 2-4 所示。可见短时停电损失随停电时间的增长而增加的损失会逐渐减少。其中，60s 是一个重要的拐点，在 60s 之前的停电损失边际增长较大，而 60s 之后则趋于平缓。说明对于故障引起的停电，若能在 60s 之内成功隔离故障恢复供电，可以有效地减少敏感工业用户的损失。

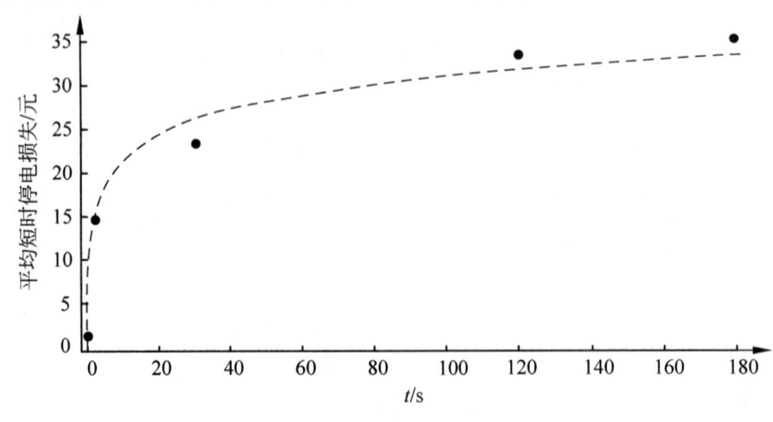

图 2-4 工业用户平均短时停电损失曲线

美国电科院数字化社会电力基础设施联盟(CEIDS/EPRI)报告，给出了不同行业遭受不同历时的停电的单次损失，如表 2-6 所示。

表 2-6　不同行业遭受不同历时的停电的单次损失

停电历时	1s	3min	1h
工业和数字化企业停电损失/美元	1 477	2 107	7 795
连续过程制造业停电损失/美元	12 654	18 476	14.746

2.3.2　电能质量损失

电能质量损失包括电压偏移、频率偏移、电压不平衡、电压波动与闪变、谐波以及电压暂降引起的损失，其中电压暂降与谐波引起的经济损失比较大，也是目前电能质量损失的主要研究内容。

1. 电压暂降损失

电压暂降的危害与短时停电类似，主要是造成用电设备突然停运。从对负荷的影响效果考虑，可将历时小于 1min 的短时停电看做一次深度(电压幅值很低)电压暂降事件。一般来说，电压暂降的危害要小于短时停电。能够耐受短时停电的负荷，很少会受电压暂降的影响，而对短时停电敏感的负荷往往在遭受电压暂降时出现异常。

表 2-7 与表 2-8 分别给出了英国学者与欧洲莱昂纳多电能质量工作组对每次电压暂降损失的调查结果，可供研究电压暂降损失时参考。

表 2-7　英国学者电压暂降损失调查结果

工业类型	电压暂降历时	损　　失
英国钢厂	暂降深度 30%，历时 3.5 周期	250 000 英镑
美国玻璃制造厂	小于 1s	200 000 美元
美国电子数据处理中心	2s	600 000 美元
美国汽车厂	年度电压暂降事件	10 000 000 美元
南非(国家)	年度电压暂降事件	30 000 000 000 美元

表 2-8　莱昂纳多协会电压暂降损失调查结果

工业类型	损失/$\times10^3$ 欧元	工业类型	损失/$\times10^3$ 欧元/分钟
半导体制造	3 800	电信	30
金融贸易	6 000/h	炼钢	350
电子数据处理中心	750	玻璃制造	250

注：损失数量后面有时间的是指该单位时间内电压暂降引起的损失。

据芬兰学者在 21 世纪初对斯堪的纳维亚地区用户的调查结果，单次电压骤降给工业、商业与公共场所用户造成的平均损失分别为 1 060 欧元、170 欧元与 130 欧元。

可见，每次电压暂降的损失是比较大的。考虑到电压暂降发生的频率远大于停电时间，其损失甚至会超过停电损失。

2. 谐波损失

谐波的危害主要有：产生额外的损耗；造成变压器、旋转电机与导线发热，加速设备老化；引起电动机振动，使其性能下降等。

欧洲电力标准化专家组2002年报告介绍了对谐波损失的评估结果如下：

（1）加拿大魁北克水电公司对本地一个拥有750万人口的城市年度谐波损失评估的结果为6.5亿加元。

（2）法国国家电力公司（EDF）计算的HV/MV变电站内采用有源滤波器与额外增加中性线截面面积的成本为250亿欧元的水平。

（3）西班牙治理谐波危害的成本在60亿～70亿欧元。

思考题与习题

（1）常用的供电可靠性指标有哪些？RS_3 是99.99%，则用户平均停电时间是多少？

（2）根据国家标准，供电至低压（380/220V）用户的合格电压范围是多少？

（3）现代供电质量问题主要是指哪些方面？

第3章

>>>>>>>>>>

配电网架结构及装置

本章介绍配电网接线方式和主要配电设备，介绍典型城市的配电网架结构，使读者对配电网及其设备有个基本的认识，这是配用电的技术基础。同时在插图中配有大量的实物照片，方便读者阅读理解。

3.1 中压配电系统网架结构

3.1.1 接线方式

根据供电可靠性和应用场合的不同，中压配电网有多种接线方式。目前，我国中压配电网实际采用的接线方式种类比较多、标准化程度不高。从便于管理的角度出发，在满足供电可靠性要求的前提下，中压配电网的接线方式应尽量简化并标准化。

1. 放射式接线

1）架空线路的放射式接线

在负荷密度不高、用户分布较分散或供电用户属一般用户的地区，例如一般的居民区、小型城市近郊、农村地区，采用单射式接线，如图 3-1(a)所示。为减少故障停电范围，常常在线路中间或分支线上安装分段开关。放射式接线的优点是可根据用户的发展随时扩展，就近接电，但存在供电可靠性和电压质量不高等问题。对重要用户可采用双射式接线以提高供电可靠性，如图 3-1(b)所示。

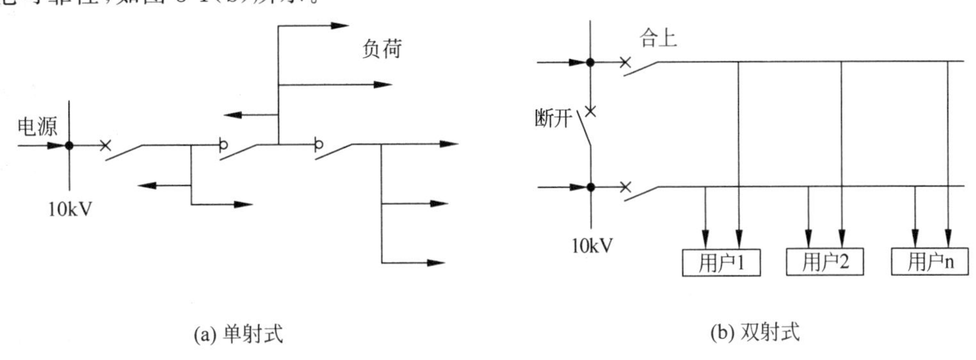

(a) 单射式　　(b) 双射式

图 3-1　放射式中压配电网接线

2）电缆线路的双射式与对射式接线

双射式即双辐射式接线方式，2 条线路的电源分别取自一个变电站的不同母线，如图 3-2 所示。用于负荷密度高、需双电源供电的重要用户多的大城市中心区，不足之处是容量利用率只有 50%。

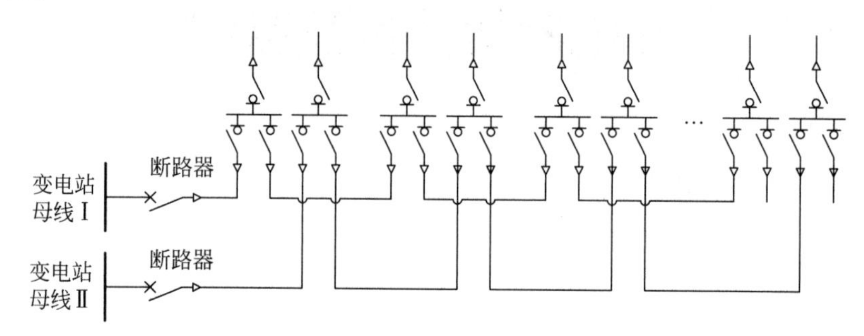

图 3-2　电缆双射式接线

对射式接线与双射式接线类似，不同之处是 2 个电源取自不同的变电站，如图 3-3 所示。它有着更高的供电可靠性。

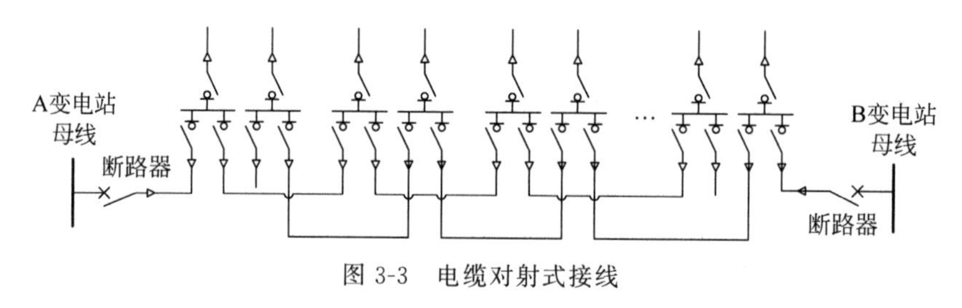

图 3-3　电缆对射式接线

2. 环式接线

1）架空线路的环式接线

由同一变电站的不同母线或不同的变电站母线的 2 条或多条馈线连接形成配电环网，给沿线用户供电，中间采用分段开关将环网分成若干个供电区段。正常运行时，适当选择其中的一个分段开关作为联络开关（正常处于断开状态），环网呈开环运行状态。在环路中某区段发生故障或检修时，利用分段开关将该区段隔离，其他区段可继续供电。环式接线的供电可靠性高，适用于对供电质量要求较高的城市地区。

图 3-4(a)给出一个典型的架空线路“手拉手”单环网接线图，中间采用负荷开关分段。当线路发生故障时，通过人工或遥控操作，打开故障点两侧的开关隔离故障区段，合上联络开关，恢复其他非故障区段的正常供电。

单环网接线方式的电源一般取自不同变电站母线或同一变电站的不同母线。没有条件时，电源亦可取自同一条母线，但这样在母线停运时要造成停电，供电可靠性相应地降低。

单环网接线方式的结构简单清晰、可靠性高，但线路载流量要按能够为环网中所有负荷安全供电进行设计，预留 1/2 的容量为备用容量，容量利用率只有 50%。

为提高线路容量利用率，可采用多联络的接线方式。如图 3-4(b)所示的三分段三联络的接线方式。正常运行时，线路负荷为 3 个线路区段的负荷之和；在其他线路故障时，只需要转供其中一个非故障区段的负荷，因此，线路预留 1/4 的备用容量，容量利用率达 75%。

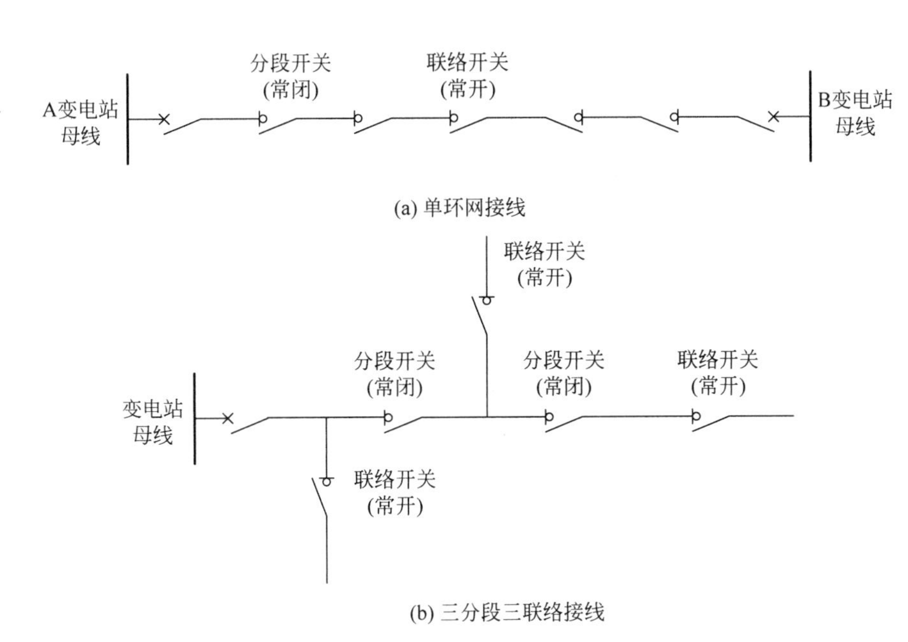

图 3-4　架空线环式中压配电网接线

2）电缆线路的环式接线

电缆线路故障率低、供电可靠性高、不占用地面空间、不影响环境美观，广泛用于城市配电网中。

(1) 单环网。电缆单环网接线图如图 3-5 所示，中间采用环网开关分段。当线路中发生故障时，打开故障点两侧的开关，将带有故障的电缆区段退出运行，而环路上所有的环网柜可继续由非故障电缆正常供电，达到“$N-1$”的供电可靠性效果。

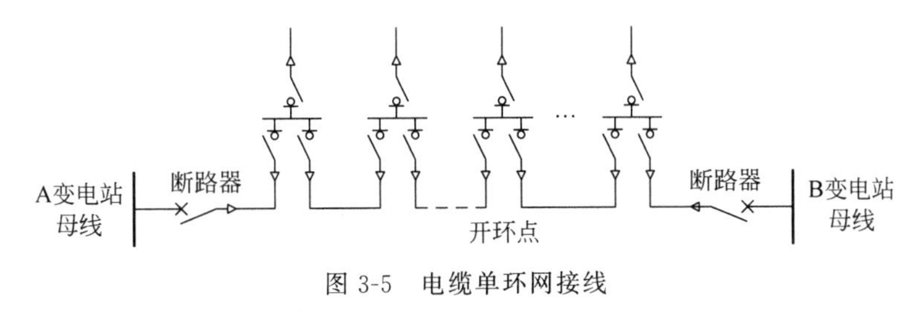

图 3-5　电缆单环网接线

电缆单环网络结构简单，在电缆网络中有着大量的应用；其不足之处是电缆容量利用率较低。

(2) 双环网。电缆双环网结构如图 3-6 所示。它可以为每个用户提供 2 路电源，并且每路电源都有 2 路进线，因此有着更高的供电可靠性；但其设备利用率很低、造价很高。

(3) 多电源环网。对一些要求有双电源或多电源的配电所，可采用“N 供一备”形式的多电源环式接线。图 3-7 给出了一个“三供一备”的环网接线，图中备用电源柜的负荷开关正常运行时为常开状态。

“三供一备”接线方式采用一条线路作为备用线路，电缆容量利用率可达 67%，可靠性也满足“$N-1$”的要求，而且网络结构相对也比较简单，因此应是设计电缆网络时优先考虑的结构。

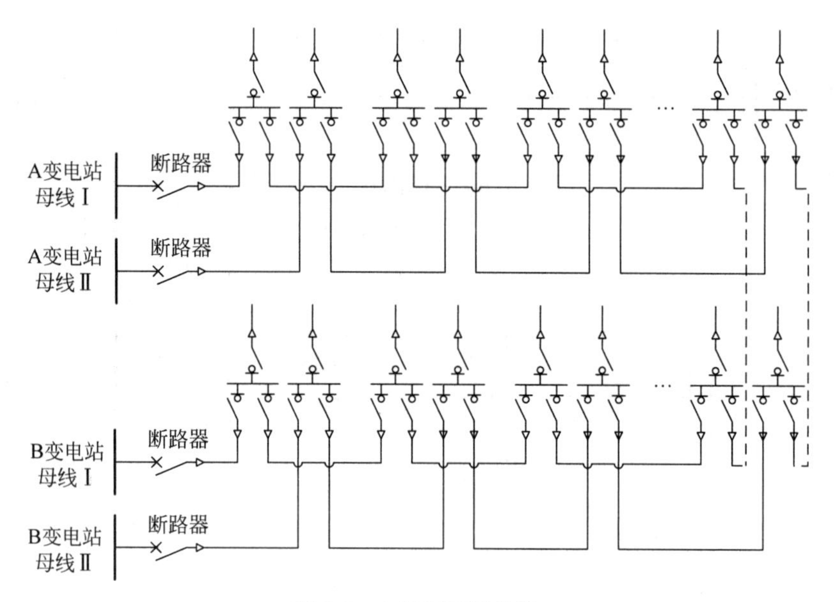

图 3-6 电缆双环网接线

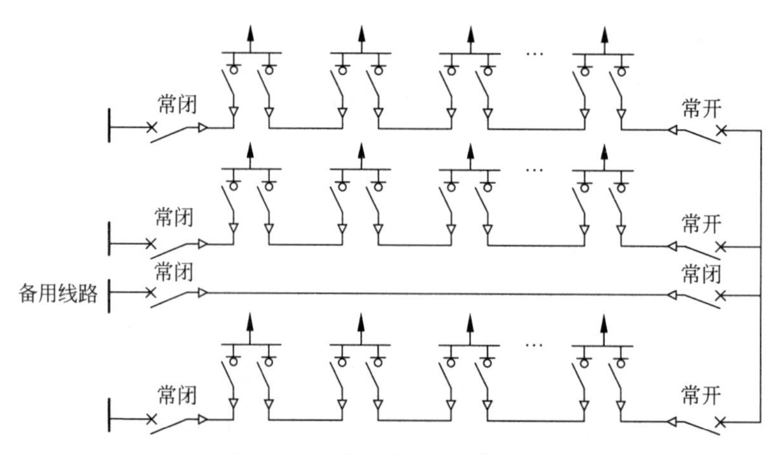

图 3-7 电缆三供一备网络接线

中压配电网也可以接成 1/4 环网接线。1/4 环网的线路负载率可达 75%，而预留线路容量的 1/4 为备用，如图 3-8 所示。这种接线适用于地区负荷比较稳定且接近饱和，最终规模一次建成的配电网。缺点是适应地区负荷变化的能力较差，且调度操作相对复杂。

3. 闭环运行网络

环网接线一般采用开环运行方式，即在正常运行时联络开关处于分位，呈放射式供电运行状态。这样，在线路发生故障时尽管可以通过自动倒闸操作恢复对负荷的供电，但仍然会出现数分钟的短时停电，给敏感负荷带来危害，而采用闭环运行方式则可以解决这一问题。

闭环运行网络简称闭环网络，正常运行时联络开关处于合位，线路开关采用能够遮断故障电流的断路器，配置纵联保护(电流差动保护)，在线路故障时直接跳开故障区段两侧断路器隔离故障，做到非故障区段用户供电不中断。为防止出现环流，环网两侧电源一般取自同

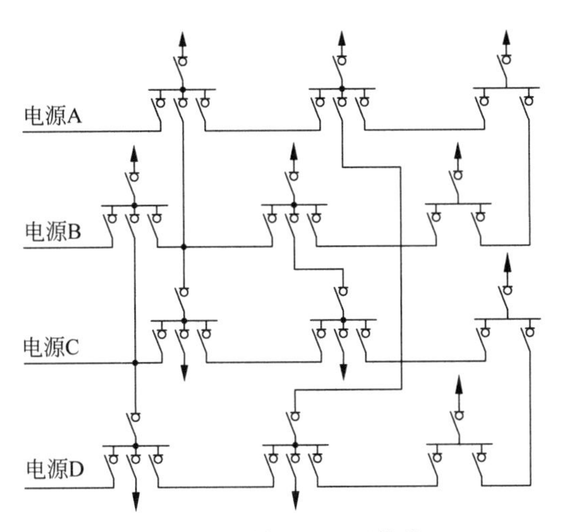

图 3-8　电缆 1/4 环网接线

一变电站的同一段母线。

闭环运行网络在国内还少有应用，在新加坡以及美国的奥兰多等都有应用。图 3-9 给出了新加坡的 22kV 配电网典型接线。66/22kV 每条母线的出线不超过 8 条，与本站另一条母线构成环网，并且通过联络开关与另一变电站的供电环相连，构成如图中所示的花瓣形结构。每一 22kV 供电环上供电开关点不超过 10 个，最大负荷不超过 15MVA。线路开关具有开断故障电流的能力，系统短路水平不超过 25kA，短路切除时间不大于 3s。供电环正常情况下闭环运行，2 个开关点之间采用纵联差动保护，在故障时快速切除故障区段，保证非故障线路的正常供电。

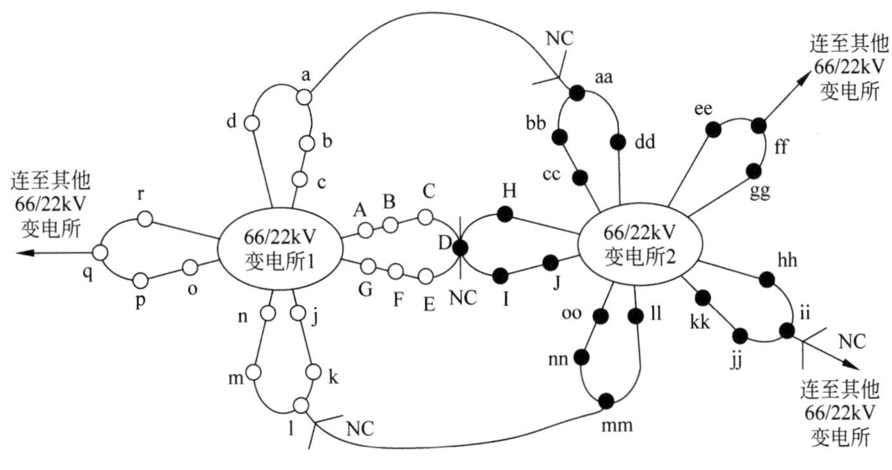

图 3-9　新加坡 22kV 配电网典型接线

NC—常开

图 3-10 给出了香港 11kV 配电网的典型接线图。由 110/11kV 变电站的 11kV 母线上，引出 3～4 回电缆，通过外部的 11/0.4kV 的配电所形成闭环运行环网。每回馈线采用导引线电流差动保护，可快速切除线路故障。

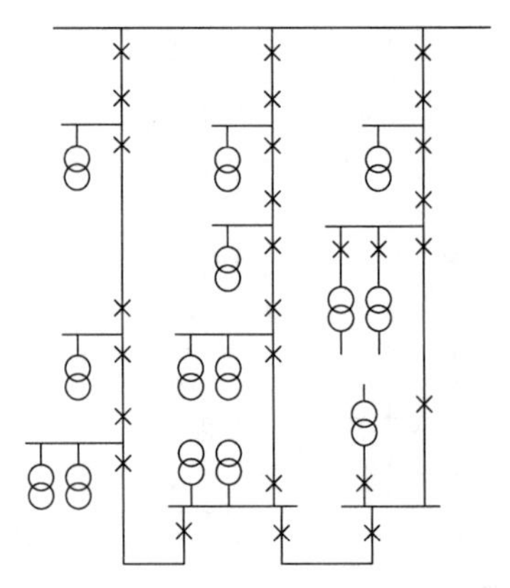

图 3-10　香港 11kV 配电网典型接线

3.1.2　中性点接地方式

配电网中性点接地方式，是指配电网(或配电系统)中性点与大地之间的电气连接方式，又称为配电网中性点运行方式。不同的接地方式均可等效为中性点经一定数值(从 0 到无穷大)阻抗接大地。因不同接地方式系统的零序阻抗不同，使系统单相接地时的故障电流大小不同。我国大陆中压配电网的中性点采用的接地方式主要有不接地、小电阻接地、谐振接地(又称消弧线圈接地)等。

另外一种划分方法将中性点接地方式分为大电流接地方式与小电流接地方式。如果一个系统发生单相接地故障后，故障电流比较大，严重危害配电设备的安全，需要立即用断路器切除故障，则认为该系统中性点采用了大电流接地方式，小电阻接地就是大电流接地方式。不接地、谐振接地就是小电流接地方式。配电网采用小电流接地方式的主要目的，是利用其单相接地故障的电弧能够自行熄灭的特点，减少故障跳闸率，系统可以带接地故障继续运行一段时间，不需要立即切除故障。

1. 小电阻接地方式

中性点经小电阻接地方式，即配电网中性点(一般是母线变压器中性点)经一个电阻与大地连接，如图 3-11 所示。接地电阻的大小应使流经变压器绕组的故障电流不超过每个绕组的额定值。经小电阻接地的配电网发生单相接地故障时，非故障相电压可能达到正常值的 $\sqrt{3}$ 倍，但对配电设备不会造成危害，因为配电网的绝缘水平是根据更高的雷电过电压制定的。

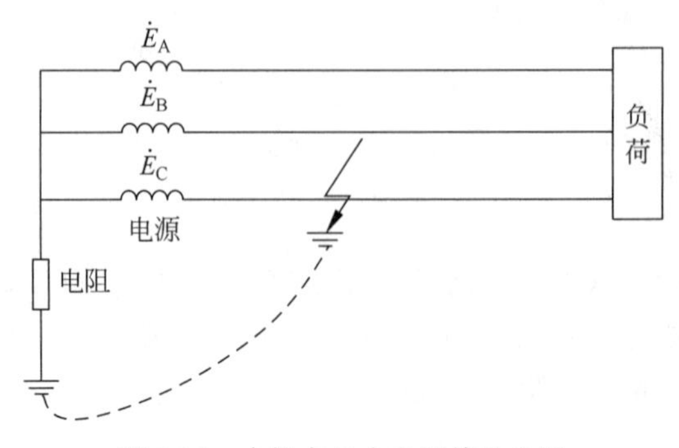

图 3-11　中性点经小电阻接地电网

中性点经小电阻接地的配电网中,接地电阻的选取应参照下列情况:

(1) 以电缆为主的配电网,单相接地时允许阻性接地电流较大。

(2) 以架空线路为主的配电网,单相接地时允许阻性接地电流较小。

(3) 考虑配电网远景规划中可能达到的对地电容电流。

(4) 考虑对电信设备的干扰和影响以及继电保护、人身安全等因素。

我国部分沿海城市和特大型城市的中压电缆网络也采用了小电阻接地方式,其 10kV 系统中性点的接地电阻一般选择 10Ω 左右。

2. 中性点不接地方式

中性点不接地方式,即配电网不存在中性点或所有中性点对地均绝缘(悬空)的接地方式,如图 3-12(a)所示。

图 3-12(b)给出了中性点不接地配电网 C 相接地的电气相量图,流过接地点的电流 $\dot{I}_K$ 数值上等于正常运行状态下三相对地电容电流的算术和。一般情况下,10kV 架空线路每千米的电容电流约为 30mA,而电缆线路每千米的电容电流为 1~2A。

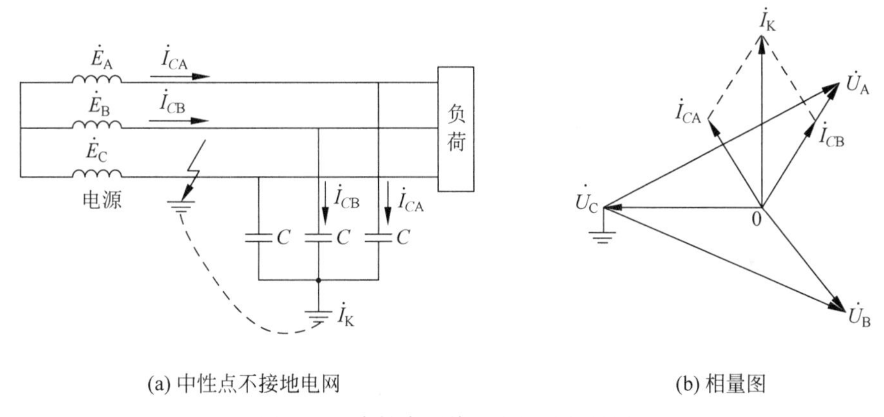

(a) 中性点不接地电网 (b) 相量图

图 3-12 中性点不接地电网及相量图

中性点不接地配电网发生单相接地故障时,虽然三相对地电压会发生变化,但三相之间的线电压基本保持不变,不影响对三相负荷的供电;又由于接地电流数值比较小,对电力设备、通信和人身造成的危害也较小,因此,允许系统在单相接地的情况下继续运行一段时间,运行人员可以在这段时间内采取措施加以处理。可见,配电网采用中性点不接地方式,在发生单相接地故障时不会立即造成停电,能够提高供电可靠性。

配电网中许多单相接地故障是瞬时性的,如雷电过电压引起的绝缘瞬间闪络、大风引起的碰线等。如果配电网中性点不接地,其单相接地故障电流比较小,则接地电弧有可能自行熄灭,使系统恢复正常运行。

配电网采用中性点不接地方式,在发生单相接地故障时,会造成两个非故障相出现过电压现象。由图 3-12 可以看出,对于永久金属性接地故障来说,非故障相对地电压将升至线电压,即升高 1.73 倍;如果接地点出现间歇性拉弧,由于配电网中电感、电容的充放电效应,非故障相电压峰值理论上可能达到额定电压的 3.5 倍。此外,故障电流比较小,也给实现可靠的继电保护、及时检测出故障线路并定位故障点带来了困难。配电网长期带接地点运行,有可能因接地过电压使非故障相绝缘击穿,造成事故扩大,并且会威胁人身安全,干扰通信系统。

3. 谐振接地方式

根据上面的介绍,配电网采用中性点不接地方式的一个重要优点是可能使单相接地电弧自动熄灭,达到故障自愈的效果。理论分析与实测结果表明,当中压配电网接地电弧电流超过 30A 时,难以自动熄灭。中性点不接地配电网单相接地时,故障点电流等于正常运行时三相线路对地分布电容电流的算术和,实际配电网的电容电流在数安培到数百安培,为此,在配电网电容电流较大时,则需要采用谐振接地方式,将接地电弧电流降低至一个有可能使其自行熄灭的数值。谐振接地方式,又称为经消弧线圈接地方式,是一种在中性点与大地之间安装一个电感消弧线圈的方式,如图 3-13 所示。

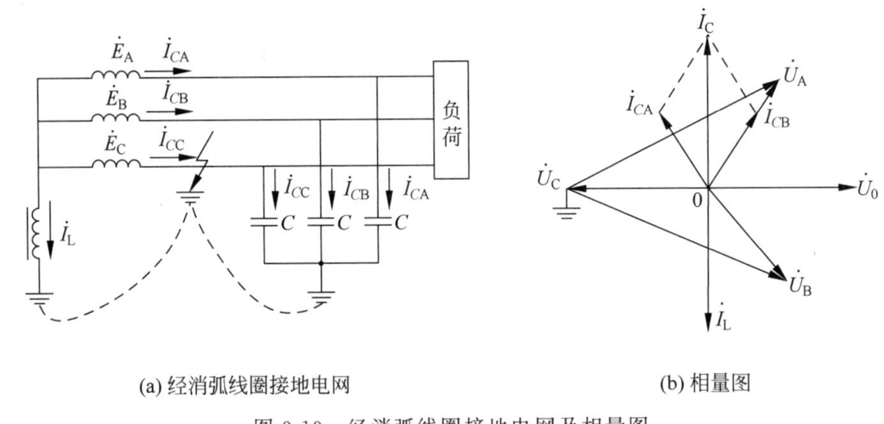

(a) 经消弧线圈接地电网　　(b) 相量图

图 3-13　经消弧线圈接地电网及相量图

在中性点不接地的配电系统中,接地电容电流较大且超过一定值时,如果发生单相接地故障,故障点电弧不能自行熄灭。若在中性点上接一个电感线圈,则在发生单相接地故障时,中性点位移电压将在电感线圈中产生一与接地电容电流 $\dot{I}_C$ 相位相反的电感电流 $\dot{I}_L$,经大地由故障点流回电源中性点。故障点电流是接地电容电流 $\dot{I}_C$ 与电感线圈电流 $\dot{I}_L$ 的相量和。选择电感线圈的电感值使 I_L 等于 I_C,则可使流过故障点的电流等于零,电弧因此熄灭,使电网恢复正常。此外,在电弧熄灭后,电感线圈可以限制故障相电压的恢复速度,给故障点绝缘恢复提供时间,从而减小了电弧重燃的可能性,有利于消除故障。这种在中性点接入电感线圈的接地方式就是谐振接地方式,接入的电感线圈称为消弧线圈,其电感量根据配电系统电容电流的大小调整。谐振接地概念最早是由德国电力专家 Peterson 提出的,因此,消弧线圈又叫作 Peterson 线圈。

由于电网的运行方式在不断变化,在某些情况下,电感补偿电流可能远大于电容电流,使故障点仍可能存在较大的电弧电流,达不到应有的灭弧效果,因此,需要根据系统运行方式的变化,及时地调整消弧线圈,避免电网出现较大幅度的脱谐。

谐振接地方式可以大大降低流过故障点的电流,使电弧易于熄灭,提高了接地故障的自愈率。由于消弧线圈多处于过补偿状态,故障时故障点仍然残余部分感性电流,加上系统固有的有功电流和谐波电流,故障点残余电流仍然较大,在一定程度上会影响故障点的自动熄弧,这是传统消弧线圈的不足之处。

早期消弧线圈采用人工调整方式，即人工估算系统对地电容电流并调节消弧线圈补偿容量，操作起来比较麻烦，并且还难以及时、准确地跟踪电容电流的变化。随着技术的发展，现在一般采用自动跟踪补偿装置，克服了人工调整方式存在的缺点。自动跟踪补偿装置一般由驱动式消弧线圈及配套自动测控单元组成。在电网运行方式变化时，装置便自动跟踪测量系统对地电容电流，并在合适的时机将消弧线圈调至合适的运行状态。

传统消弧线圈仅能补偿工频无功电流，无法补偿有功电流。而故障点除工频无功电流外，残余电流还存在由线路和消弧线圈等产生的工频有功电流；此外，还存在由非线性电源和设备产生的谐波电流。因此，采用基于电力电子器件的有源电流发生装置，接地故障后从配电网中性点注入包括工频无功分量、有功分量以及谐波分量的宽频段电流，实现故障点接地电流全电气量补偿，即中性点有源接地方式。这种有源电流发生装置属于一种柔性配电(DFACTS)设备，又可称为柔性接地方式。为减少电流发生装置的容量，可以采用有源设备与传统消弧线圈配合的接地方式，如图 3-14 所示。

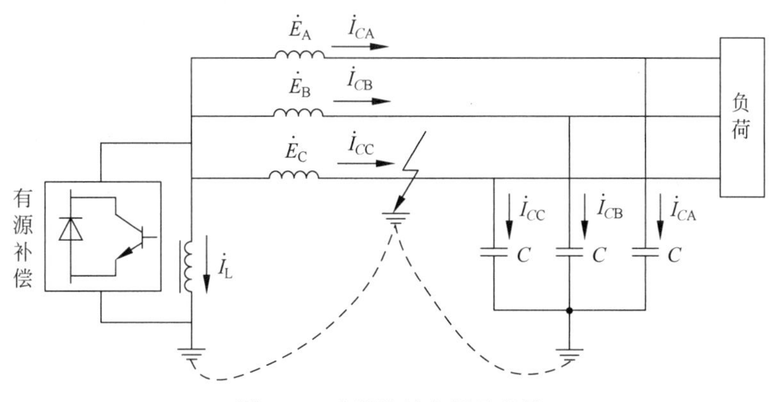

图 3-14 有源接地电网示意图

有源接地技术可以最大限度减少故障点残余电流(使之趋于 0)，使故障电弧更容易自熄灭。此外，可以灵活控制熄弧后系统电压的恢复速度，给故障点绝缘提供更充足的恢复时间，最大限度避免电弧重燃。通过上述 2 个措施，促使更多的接地故障自恢复，实现真正意义上的故障自愈，又可以避免间歇性接地故障的发生，从而减少弧光过电压对系统绝缘的危害。

3.1.3 典型城市配电网架介绍

1. 新加坡城市电网结构

新加坡新能源电网公司采用 22kV 梅花状的环形接线方式，变电站的每两回 22kV 馈线构成环网，即花瓣结构；同时，不同电源变电站的每两个环网中间又相互联络，组成花瓣式相切的形式。通常两个环网之间的联络处为该环网的最重要的负荷，如图 3-9 所示。

新加坡城市中压配电网采用典型闭环设计，馈线一律采用 22kV，300mm^2 铜导体 XLPE 电缆，正常运行时按照 50%负荷设计。新加坡花瓣结构的网络接线图实际上是由变电站间单联络和变电站内单联络组合而成。站间联络部分开环运行，站内联络部分闭环运行。正常情况，每个花瓣有自己的特定供电区域，一旦出现问题，只需合上花瓣间的联络开关，故障花瓣的负荷可以转移到相邻花瓣。新加坡典型花瓣接线关系如图 3-15 所示。

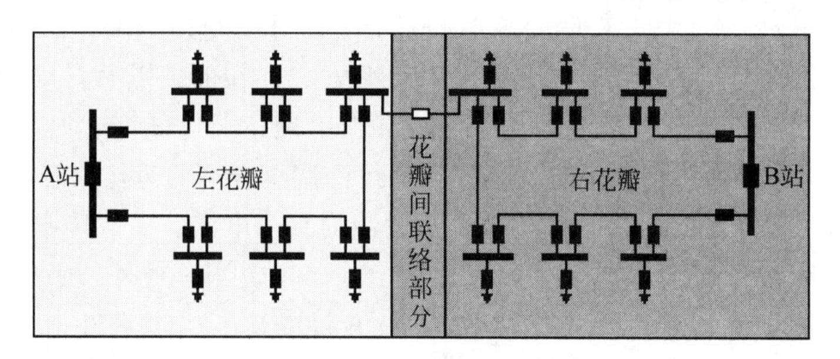

图 3-15　典型花瓣接线关系图

2. 美国部分城市电网结构

在美国，配电系统有 8.3kV、12.7kV、13.6kV、15.5kV、18.8kV、21kV、23kV、25kV、34.5kV 等多种电压等级。若送电距离短、负荷小就采用较低的电压等级，若在地广人少的地区则可采用较高的电压等级。这样就比较灵活地满足了用户的需求，保证电能质量，同时做到经济合理。但电压等级太多，缺乏标准化，不利于配电网建设和运行。

美国的中压配电网广泛采用“4×6”网络，由 4 个节点、6 条线而定名，这是获得美国和加拿大专利的接线方案。其接线图如图 3-16 所示。“4×6”系统是可靠性高、经济效益好的供电网络。正常运行时，每条线的中间断路器断开，每台变压器低压侧分别向 3 条负荷线路送电。如变压器 T1 向 1a，1b 和 1c 三段线路供电，任一条线路故障的影响范围被限制在一个电源供电区内，只占整个网络的 1/12；任一个电源故障时，受其影响的 3 段负荷，可自动闭合线路中间断路器，转由其余 3 台正常变压器供电。此时，每台正常变压器的增加容量为故障变压器容量的 1/3，为全网变压器容量的 1/12。变压器可用率很高，大大减少了系统设备备用容量，节省了建设投资。比如，对 30MVA 负荷，为了保证电源故障时仍 100%供电，按单电源考虑，需要 60MVA 的电源容量，如果采用“4×6”网络供电，变压器容量仅为 4×10MVA。后者是前者容量的 2/3，经济效益显著。这种效益是通过网内各电源之间的相互支援取得的。

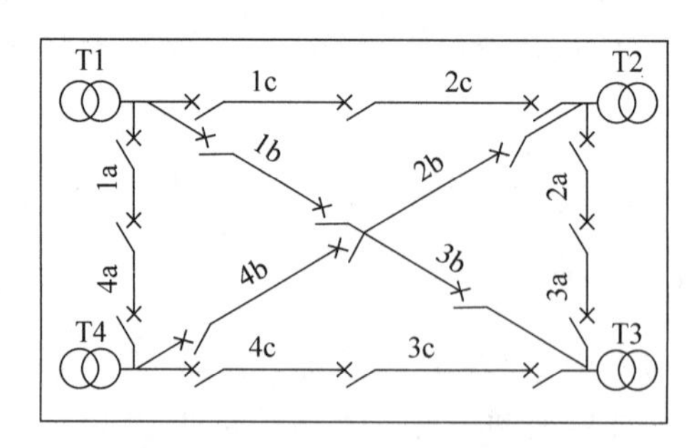

图 3-16　美国“4×6”网络接线

纽约地区中压网络有采用双回线接线模式，每台变压器可以从 2 个独立环取得电源，使供电可靠性更高，且运行灵活，如图 3-17 所示。

3. 法国巴黎城市电网结构

巴黎 225/20kV 变电站形成的外环、中环和内环将巴黎电网分割成 4 个分区，各个变电

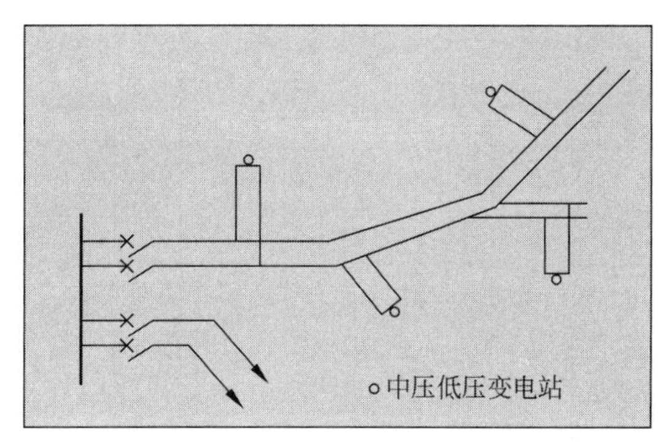

图 3-17　中压双回线接线模式

站就处于分区之间,每个环内的变电站向两侧的分区供电。当负荷增加时,可在分区中增加一 225/20kV 变电站,将分区再一分为二,显示了良好的可扩展结构。巴黎城市电网分区供电的结构如图 3-18 所示。

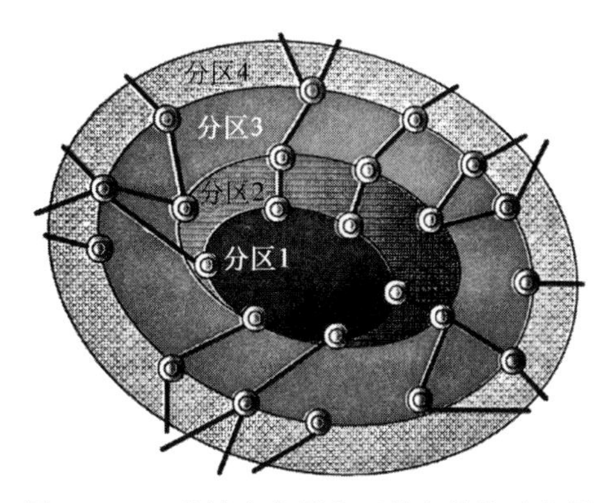

图 3-18　巴黎城市电网分区供电结构示意图

巴黎城区 225/20kV 变电站中压侧均采用单母线分段,每段母线接 1 台变压器,并有 4 条大截面电缆出线,分别向左、右两个方向各出 2 回,每条大截面电缆出线又通过母线和断路器出 6 条馈线和一条大用户专线向外供电,覆盖一条街道,通常在道路两侧人行道各敷设 3 回,分别向道路两边用户供电。因此,一个 225/20kV 变电站 20kV 侧有 8 组干线,其中 4 组与左边的变电站相联,另外 4 组与右边的变电站相联,而一台 225/20kV 变压器有 28 回 20kV 出线,6 条馈线为一组与相邻变电所的另一组出线形成"手拉手"方式,详细接线方式如图 3-19 所示。

4. 德国城市电网结构

德国电网的主网架为 380/220kV 高电压电网,网络采用环网型结构,在城市中心区外围形成了高压环网,由 380/220kV 变电站站点以 110kV 电缆伸入市区中心供电。而城市中压配电网 20kV/10kV 主要采用单、双环网供电的形式、开环运行,开环点设在变电站侧。

德国普遍采用结构简单的标准环式结构,如图 3-20 所示。

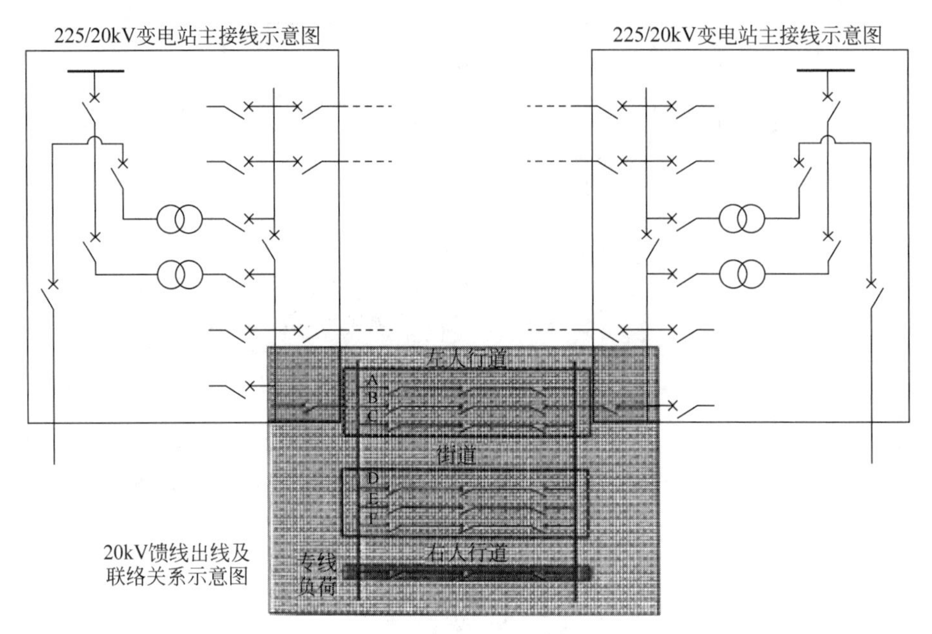

图 3-19　变电站接线方式

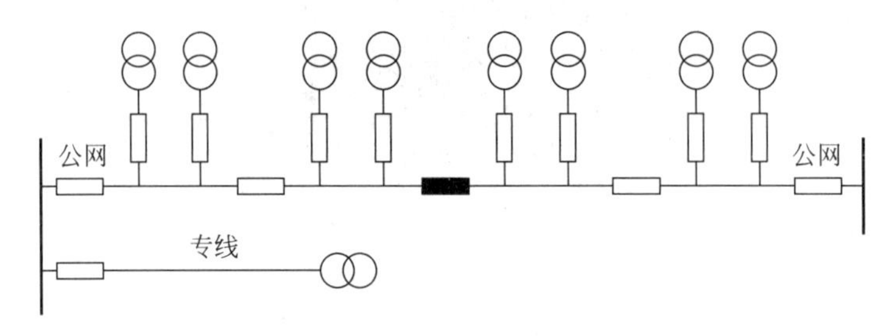

图 3-20　标准环式与直供相结合的供电方式

3.2　低压配电系统网架结构

3.2.1　低压配电系统接线方式

低压配电网是直接给终端用户供电，由 380/220V 架空线路或电缆线路构成的配电网。低压配电网供电的可靠性、供电质量直接关系到用户服务质量，运行费用、线路损耗也是供电部门非常关注的。低压配电网接线主要有辐射型接线、树枝型接线、低压互馈接线。

1. 辐射型接线

采用辐射型接线，引出线发生故障时互不影响，供电可靠性高。但在一般情况下，线损高、开关设备多。适用于设备容量大或负荷性质重要、潮湿及腐蚀性环境的车间内。其接线方式如图 3-21 所示。

2. 树枝型接线

采用树枝型接线，开关设备少，线损低；但当干线发生故障时，影响范围大、供电可靠性差。适用于工厂等小容量车间设备使用。其接线方式如图 3-22 所示。

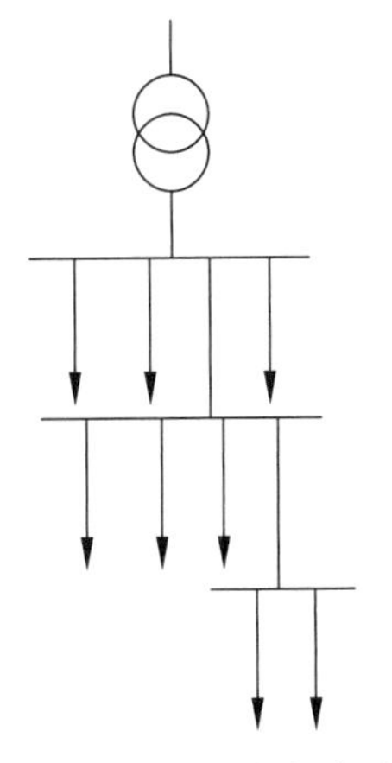

图 3-21 辐射型接线方式示意图

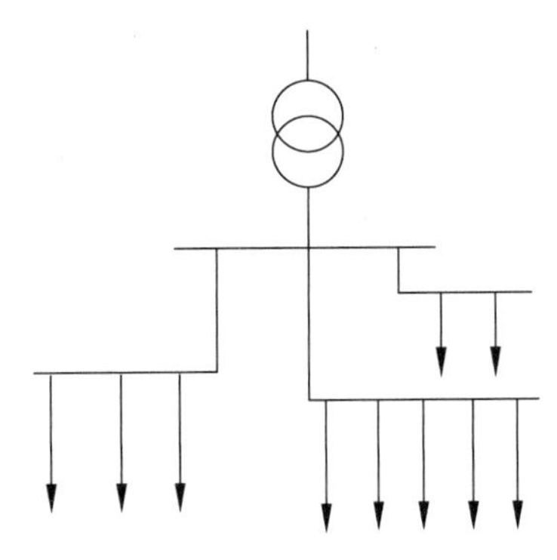

图 3-22 树枝型接线方式示意图

3. 低压互馈接线

不少地区曾采用过低压互馈配电网，目的是避免配电变压器低压侧失电引起停电，低压互馈配电网是将数台邻近的配变低压线路相互连接互馈。为防止因一台配变低压失电使邻近配变低压过载，在两台配电变压器低压线路互馈点装上熔丝(称作平衡熔丝)，以限制互馈点转供电流。这种配电网的优点是构建非常容易、电压质量较好；但需要合理配置平衡熔丝，运行比较复杂，在负荷密度高的地区互馈可能较小，故只在一般负荷地区采用这种接线。其接线方式如图 3-23 所示。

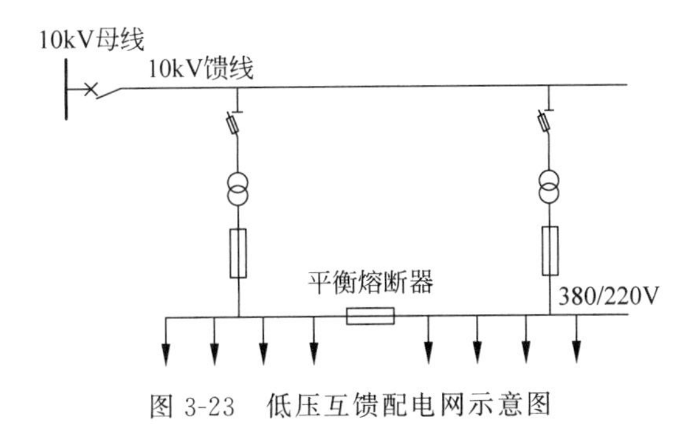

图 3-23 低压互馈配电网示意图

为提高供电可靠性，低压配电网曾采用过网格式或数台配电变压器低压互联的供电方式，由于网络结构复杂，设计、运行管理与维护不方便已被逐渐淘汰。

现代低压配电网的趋势是采用尽量短的低压线路直接供应一个或一小片用户，按照“小容量、密布点、短半径”的原则，使配电变压器的安装点尽量在负荷点，配电变压器的低压供电范围尽量紧凑，保证供电质量，降低线损；配电变压器的布点宜多而单台容量宜小，用环形中压配电网保证配变供电可靠性，即使一台配变发生故障，其影响的用户面很小，提高了电网的整体供电可靠性。当然，在负荷密度较低的发展中地区，低压配电网还是实用、经济和有效的。

3.2.2 低压配电系统接地形式

低压配电系统与人类密切接触，其接地方式的选择首先要保证人身安全。国际上低压配电系统接地方式主要分为两大阵营，即采用欧洲标准 IEC 60364 的国家与采用北美标准 National Electrical Code(NEC)的国家采用的标准。我国制定的低压配电系统接地方式标准 GB13955—2017 参考了 IEC 60364 标准。

根据 IEC60364 与 GB13955—2017，低压配电系统按保护接地的形式可分为 TT 系统、IT 系统和 TN 系统。第一个字母表示电力系统的对地关系：T—直接接地；I—所有带电部分与地绝缘，或一点经阻抗接地。第二个字母表示装置的外露导电部分的对地关系：T—外露导电部分对地直接作电气连接，此接地点与电力系统的接地点无直接关连；N—外露导电部分通过保护线与电力系统的接地点直接作电气连接。如果后面还有字母时，该字母表示中性线与保护线的组合：S—中性线和保护线是分开的；C—中性线和保护线是合一的。

1. TT 系统

TT 系统是带中性线的四线制系统，中性点只在电源侧接地，电气设备外露导电部分(简称外壳)均直接接地，如图 3-24 所示。首先，在电气设备内导体与外壳之间绝缘破坏时，因为外壳接地电阻比较小，可能产生较大的接地电流，使上游断路器跳闸或熔断器熔断，起到很好的保护作用；其次，因为人体电阻远大于外壳接地电阻，人体上分流显著减少，也降低了触电危害。一些情况下，故障电流可能小于负荷电流，上游过流保护不动作，因此，需要装设剩余电流保护器，在电气设备绝缘破坏以及人体接触带电导体时及时切除故障，确保人身安全。

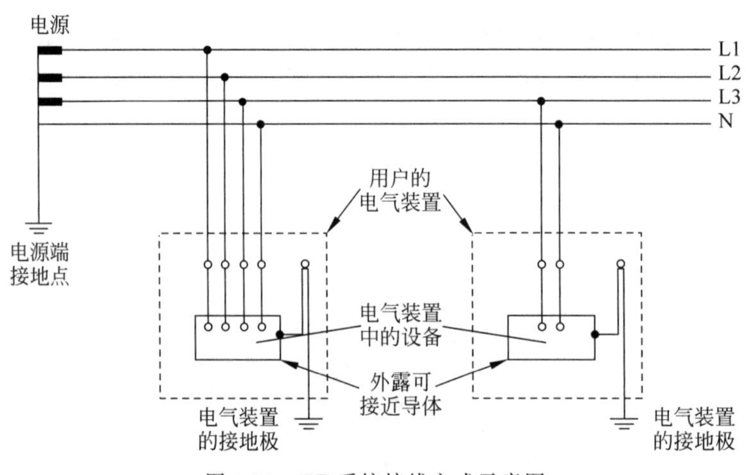

图 3-24 TT 系统接线方式示意图

TT 系统电气设备的外壳接地线与电源端的系统接地是各自独立接地的，正常时各电气装置的外壳部分为地电位，由于不像 TN 系统那样所有电气设备外壳用 PE 线连接在一起，不会发生一个电气设备故障在另一个设备上引起电击的情况，主要应用在一些很难做等电位联结的户外装置，如路灯装置，城郊、农村农业用电等场合。TT 系统在我国有着很长的应用历史。

2. IT 系统

IT 系统的中性点对地绝缘或经高阻接地，电气设备外壳直接接地，如图 3-25 所示。外壳与地之间的电阻很小，在人们接触到绝缘破坏的电气设备外壳时，外壳电位比较低，使流过人体的电流在容许的安全范围内。当系统发生单相接地时，不会引起供电中断。由于没有中性线,不能对单相设备供电。

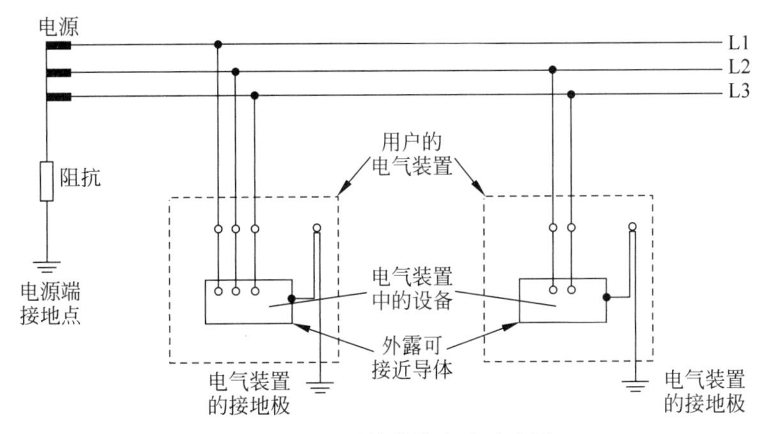

图 3-25 IT 系统接线方式示意图

如果用在供电距离很长时,供电线路对大地的分布电容电流大,电气设备出现漏电时,外壳上电压升高,十分危险。因此,IT 系统主要用户供电距离不是很长、供电的可靠性要求高的场合,例如电力炼钢、大医院的手术室等。地下矿井对供电可靠性要求比较高,通常也使用 IT 系统。在公共的配电系统中没有应用。

3. TN 系统

TN 系统又可分为 TN-C、TN-S 与 TN-C-S 系统。

1) TN-C 系统

TN-C 系统也是带中性线的四线制系统,电源侧中性点直接接地,电气设备保护接地线 PE 和中性线 N 合二为一,使用一根 PEN 线与电源的接地装置直接相连。在 TN-C 系统电气设备绝缘破坏时,将形成幅值很大的短路电流从电源相线经电气设备外壳,通过 PEN 线流向中性点,低压断路器可靠动作,切断电路,避免危害人身安全。

TN-C 系统 PEN 线同时作为电源线以及电气设备保护接地连接线,简单方便,以前在我国有着广泛的应用。这种系统的缺点是,当负荷电流通过保护中性线时,会使 PEN 线带电;PEN 线断线时,可能会使断开部分以外的导体带电。目前,TN-C 系统已很少使用。其接线方式示意图如图 3-26 所示。

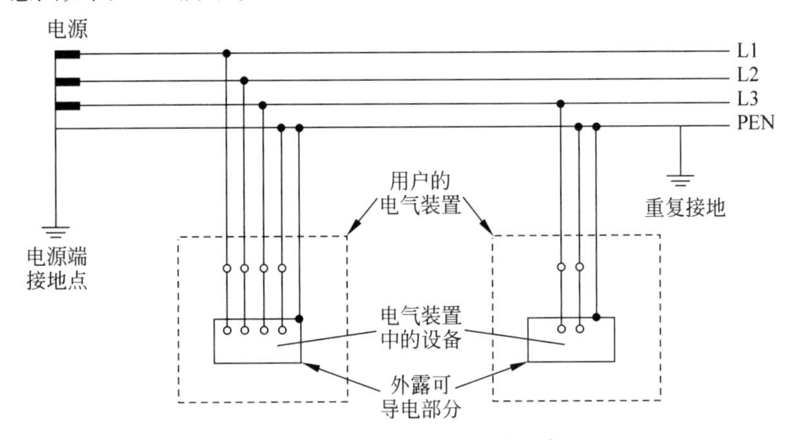

图 3-26 TN-C 系统接线方式示意图

2）TN-S 系统

整个系统的中性线与保护地线是分开的。采用三相五线制供电，用电设备外壳通过专用 PE 线与中性点接地装置连接，避免了 TN-C 系统存在的问题，因此，在城市供电系统中的应用越来越广泛。其接线方式示意图如图 3-27 所示。

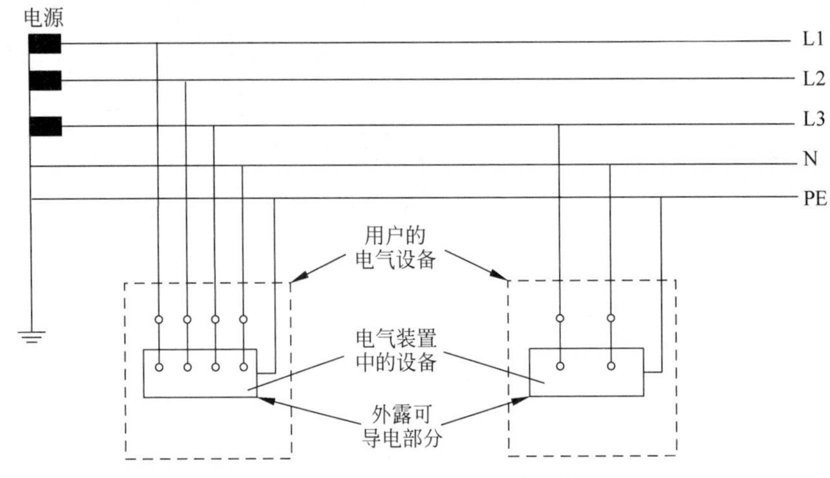

图 3-27　TN-S 系统接线方式示意图

3）TN-C-S 系统

TN-C-S 综合了 TN-C 系统与 TN-S 系统的特点。从变压器台架到终端杆或进户集装表箱采用 TN-C 系统形式，从该处中性线（N）接大地引出一路地线（PE）实现 TN-S 系统供电，如图 3-28 所示。主干线上中性点设置了接地点，避免中性线断线造成用电设备外露导体带电。该方案在用户侧具有 TN-S 系统的优点，省去了电源侧到用户的地线，节约了成本。

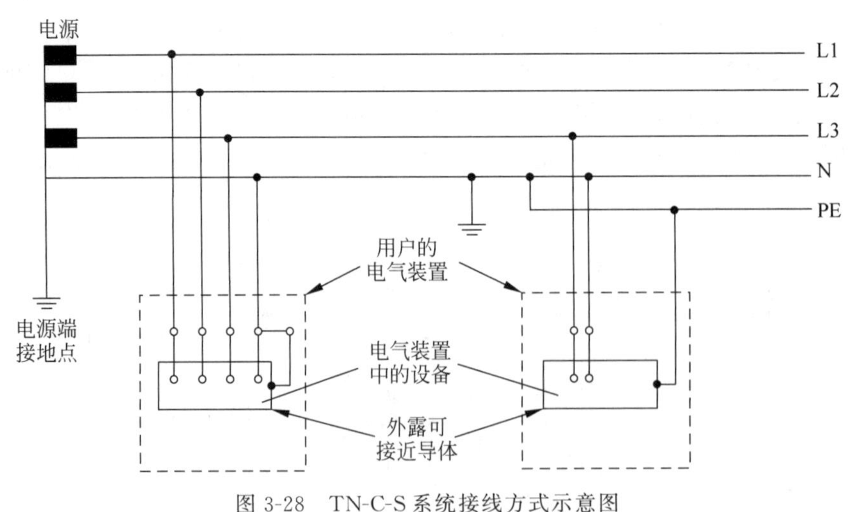

图 3-28　TN-C-S 系统接线方式示意图

4. 低压配电系统接地方式现状

我国最新低压配电系统接地标准推荐使用 TN-S 系统与 TN-C-S 系统。由于历史的原因，我国公共低压配电系统接地方式多种多样。以福建省为例，城区配电站房、住宅小区的低压配网接地形式以 TN-S 和 TN-C-S 系统为主，架空台区以及乡镇、农村地区以 TT 系统为主。

欧洲国家现在以及过去二三十年建设的低压配电系统基本上都是采用 TN-C-S 系统。英国早期的配电系统农村地区采用 TT 接地方式，城市采用 TN-S 接地方式。在德国也存在一部分早期建设的 TN-C 系统。北美地区主要采用 TN-C-S 系统。

3.2.3　低压配电系统剩余电流保护

1. 剩余电流的基本概念

剩余电流指低压配电线路中三相导体与中性线电流的相量和。一般使用环形电流互感器获取剩余电流，将三相导体以及中性线从电流互感器中穿过，如图 3-29 所示。

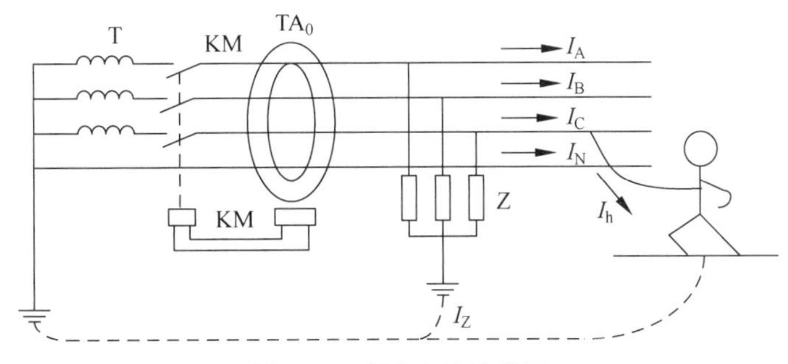

图 3-29　剩余电流示意图

剩余电流来源主要包括以下 3 个部分：①单相接地故障电流，即接地点注入大地的电流；②线路泄漏电流，其又分为两部分，即三相对地电容与对地电导参数不平衡产生的泄漏电流，与三相负荷不平衡等原因引起的三相线路电压不平衡产生的泄漏电流；③TN-C 系统（图 3-26）中，由于 PEN 线上每经过一段距离就要重复接地，三相负荷的不平衡电流（即 PEN 线中的电流）中将有部分电流经大地返回电源，也构成了剩余电流的一部分。

剩余电流与零序电流区别在于：零序电流是三相电流之相量和，剩余电流还包括中性线电流，它是零序电流与中性线电流之相量和。

2. 剩余电流保护配置

剩余电流保护装置，又称剩余电流保护器与漏电保护器，俗称漏保。根据 GB 13955—2017《剩余电流动作保护装置安装与运行》，低压供用电系统中为了避免发生人身触电事故和缩小接地故障切断电源引起的停电范围，剩余电流应采用分级保护。分级保护方式的选择应根据用电负荷和线路具体情况、被保护设备和场所的需要配置，一般分为由总保护、中级保护、末端保护组成两级或三级保护。各级保护应协调配合，动作电流与动作时间优化整定，除末端保护外，各级保护应选用低灵敏度延迟型的保护装置，上下级有动作时间级差，实现具有动作选择性的分级保护。

分级保护是否能正常投运与接地方式有直接关系，根据不同的接地方式，应合理选择分级保护配置方案。

(1) TT 系统。TT 系统中变压器中性点直接接地，用户侧各设备外壳单独接地，电流由相线流出后流回保护中性点，因此，任意一级保护均可正常投运。现场实际情况一般选用剩余电流保护总保护、中级保护及末级保护，如图 3-30 所示。

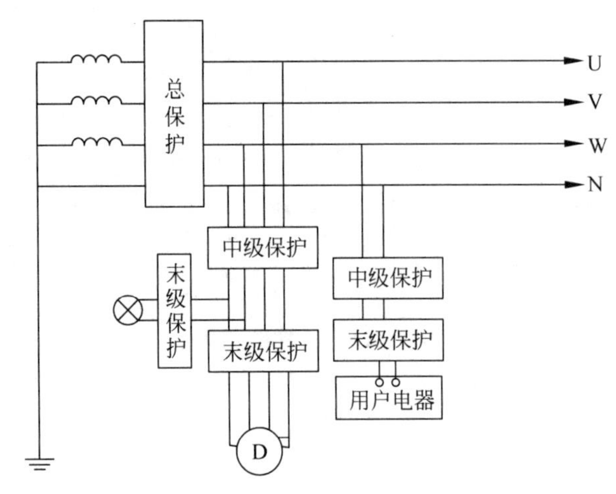

图 3-30　TT 系统保护配置示意图

(2) TN-C-S 系统。对于 TN-C-S 系统，在末端引出 PE 线构成三相五线制接地系统。根据原理，该系统保护装置仅允许使用在 N 线与 PE 线分开的部分，因此，总保无法投运，需在 N 线与 PE 线分开部分装设剩余电流保护装置，如图 3-31 所示。

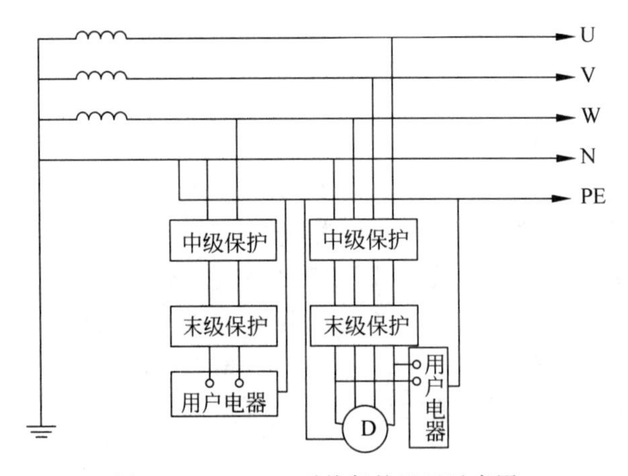

图 3-31　TN-C-S 系统保护配置示意图

(3) TN-C 系统。对于 TN-C 系统，中性线与保护线共用，并在关键节点设置重复接地。因此，正常电流通过重复接地分流导致总保护无法正常投运，应根据具体情况，配备剩余电流中级保护和末级保护，且中保正常投运的必要条件主要有：将电气设备外露壳接近导体独立接地，形成局部 TT 系统；改造成 TN-C-S 系统、TN-S 系统，如图 3-32 所示，将需配备中级保护的用户设备外壳原有接零线取消，改为用户电器直接接地的 TT 系统，如此方可实现保护投入。

(4) TN-S 系统。该接地方式是 N 线与 PE 线分开的，因此可以根据需要配置三级保护，这里就不详述了。

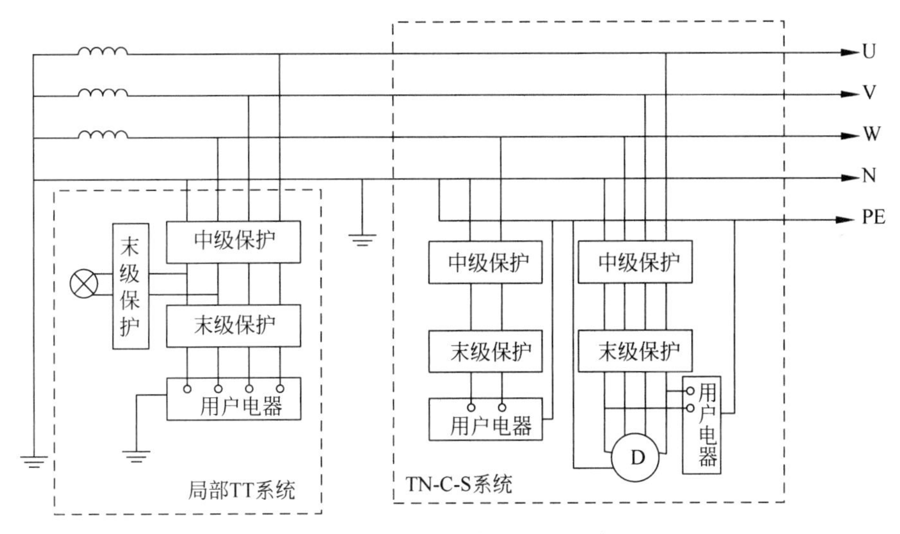

图 3-32　TN-C 系统保护配置示意图

3.3　配电装置

配电装置指将中压电能转换成低压电能并向用户分配的设施，包括配电变压器、配电开关设备、配电所、开闭所与箱式变电站以及现代配电系统逐步推广应用的柔性配电设备等。

3.3.1　配电变压器

配电变压器按相数、冷却方式等特征分类。按相数分为单相变压器和三相变压器；按冷却方式分为油浸变压器和干式变压器；按照调压方式分为有载调压变压器和无载调压变压器。

1. 油浸变压器

普通油浸变压器是将铁芯和绕组组成变压器的器身装在油箱内，油箱内充满变压器油，除此之外，还有散热器、油箱、吸湿器、油标和安全气道，如图 3-33(a)所示。变压器油具有优良的绝缘性能、抗氧化性能和冷却性能，通常按低温性能分为 10 号、25 号、45 号 3 种标号。由于变压器油必须经常跟踪检测油位、酸值、闪点、介质损耗、水分因素，因而维护量较大、耐火性差。

密封型油浸变压器采用真空注油法，在上桶箱盖装有压力释放阀，当变压器内部压力达到一定值时，压力释放阀动作，可排除油箱内的过压。密封型变压器的油箱采用波纹式油箱，可以满足变压器运行中油的热胀冷缩的需要，如图 3-33(b)所示。对于户外使用的配电变压器，全密封型结构能实现少维修，逐步取代普通型的油浸式配电变压器。

2. 干式变压器

干式变压器根据绕组外绝缘形式分为环氧树脂浇注固体绝缘和非包封空气绝缘两种，如图 3-33(c)和(d)所示。

环氧树脂浇注固体绝缘是采用环氧树脂浇注而成的固体包封绕组，具有结构简单、维护方便、防火阻燃、防尘等优点，可免去日常维护工作，被广泛应用于对消防有较高要求的场合。为保证变压器绕组有良好的散热性能，需要配备自动控制的风机进行强迫风冷却。

非包封空气绝缘是绕组外绝缘介质为空气的非包封结构，具有防火、防爆、无燃烧危险，绝缘性能好，防潮性能好，运行可靠性高，维修简单等优点。为保证变压器绕组有良好的散热性能，一般采用片式散热器进行自然风冷却，并适当增大箱体的散热面积。

干式变压器外壳通常安装不锈钢或铝合金防护罩，如图 3-33(e)所示，用于运行现场的安全防护，能有效地防止小动物进入罩内而引起的短路运行事故，保护人身安全并起一定的电磁屏蔽作用。防护罩应设置观察窗供巡视和测温，检查接头有无发热；柜门有开门报警(或跳闸)和带电磁安全闭锁功能，防止人员碰触带电部位。

(a) 普通油浸式配电变压器

(b) 密封型油浸变压器

(c) 环氧树脂浇注固体绝缘干式变压器

(d) 非包封空气绝缘干式变压器

(e) 干式变压器防护罩

图 3-33　典型配电变压器外形图

配电变压器台架，即变台装置，又称变台，是由单台配电变压器及其辅助设备组成的中压/低压配电设施，其接线如图 3-34 所示，高压侧采用跌落式熔断器，低压侧装低压熔断器或断路器。现场照片如图 3-35 所示。

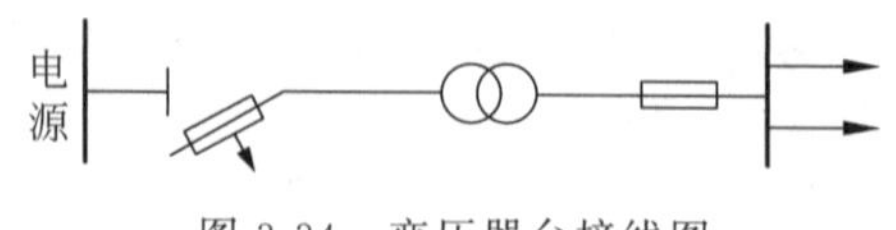

图 3-34　变压器台接线图

变压器台架是城市配电网中最常用的配电设施。变压器台架分为柱上变压器台与落地式变压器台 2 种，柱上变压器台架用于架空配电线路上，落地变压器台在架空线路与电缆线路上都有应用。变压器台的设置要使高压深入负荷中心，尽量避开车辆、行人多的场所；尽可能采用小容量配电变压器，多设配电点。

(a) 双杆三相变台架　　(b) 单杆单相变台架

图 3-35　配电变压器台架照片图

3.3.2　柱上开关设备

柱上开关设备有安装在架空线路上的柱上断路器、重合器、柱上负荷开关、自动分段器等。

1. 柱上断路器

柱上断路器能开断、关合短路电流，在中压配电网中有着广泛的应用。它既可用于长距离架空线路，作为短路与过电流保护设备；亦可用作线路分段负荷开关，加装智能控制器或终端装置后，实现配电网自动化。

按照灭弧介质的不同，柱上断路器主要有空气、绝缘油、SF_6 与真空断路器 4 类。目前，前两类已逐步淘汰，占主导地位的是真空断路器。下面介绍 2 种典型的在国内普遍使用的真空断路器。

ZW32 型柱上真空断路器外形如图 3-36 所示。它采用电动储能、电动分合，同时具有手动储能、手动分合功能。内置过流脱扣器，完成过电流与短路保护功能；当用作分段负荷开关时，需要将过流脱扣器拆除或退出运行。配置弹簧储能操动机构，有的采用永磁操动机构。

图 3-36　ZW32 型柱上真空断路器外形

断路器内置装设二相或三相电流互感器，供过电流或短路保护用或提供电流采集信号。操作电源需要外引交流 220V 电源或直流电源，一般在 10kV 线路上外置电源变压器或电压互感器，以获得交流 220V 电源；有的在底座上加装电容分压互感器，为电动操动机构与配电网终端装置提供电源，以便实现配电网自动化。

ZW20 型柱上真空断路器外形如图 3-37 所示。它采用真空灭弧、SF_6 绝缘，配置弹簧储能操动机构，具有良好的电气特性与高可靠性。操作电源可以外引交流或直流 220V 电源，一般是在 10kV 线路上外置电源变压器或电压互感器，以获得交流 220V 操作电源。

2. 重合器

重合器是一种本身具有控制与保护功能的成套开关设备。它能检测故障电流并按预先设定的分合操作次数自动切断故障电流与重合，并在动作后能自动复位或自锁；其作用相当于安装了保护设备的断路器，具有保护性能完善、体积小、造价低的特点，广泛用于变电站出口处或配电线路上。

常用的重合器主要有真空灭弧与 SF_6 灭弧 2 种，其外形如图 3-38 所示。

图 3-37　ZW20 型柱上真空断路器外形

(a) 真空型自动重合器

(b) SF_6自动重合器

图 3-38　重合器

重合器具有反时限电流保护特性，并有多种特性曲线可选。早期的重合器采用液压控制，现在的重合器一般采用电子控制器的柱上断路器，控制器留有配电网自动化接口，便于实现遥信、遥控与遥测功能。电子控制的重合器常用电磁铁或电动机作为合闸动力，分闸则通过释放分闸弹簧储能来完成，分闸弹簧在合闸过程中储能。用于线路上的重合器，其操作电源直接取自高压线路，用于变电站内时取自变电站内低压电源。

上面介绍的柱上断路器加装具有自动重合功能的配电网终端，亦可作为一个重合器使用。

3. 柱上负荷开关

柱上负荷开关能够切断负荷电流和关合短路电流，但不能开断短路电流；非常适合用作配电线路分段开关，与智能控制器或终端装置配合，实现配电网自动化。目前，柱上负荷开关常用的灭弧室有 SF_6 与真空灭弧室，结构有箱式与敞开式两种，如图 3-39 所示。

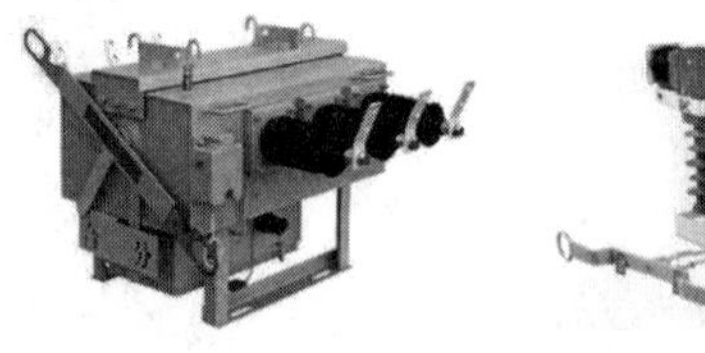

(a) 箱式

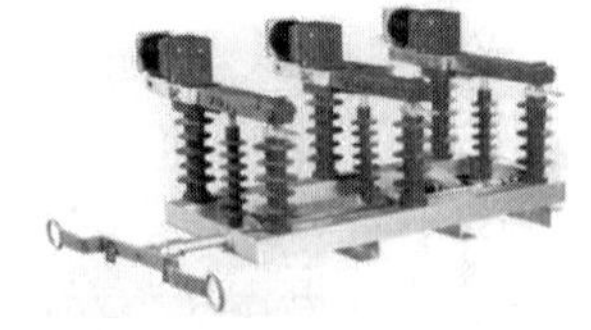

(b) 敞开式

图 3-39　柱上负荷开关结构

柱上负荷开关通常内置三相电流互感器，提供电流采集信号；有的开关内置电阻或电容分压式传感器，提供电压采集信号。一般都具有电动分合与手段分合功能。

4. 自动分段器

自动分段器是一种本身配有控制器的负荷开关，能够关合到故障上，但不能断开短路电流，是一种由重合器发展而来的自动开关设备。它作为分段开关安装在配电线路上，与变电站出口处的重合器或断路器配合，按顺序动作，隔离线路故障。自动分段器的控制电源由高压线路通过电源变压器或电压互感器提供，为保证开关在故障电流时不分断，通过电流互感器为合闸线圈提供维持电流，以保证开关在大电流时处于合闸状态。

根据检测和控制原理的不同，自动分段器分为电压型与电流型。检测到线路失压后即跳闸、来电后延时重合的称为电压型；检测到短路电流出现次数超过设定值后跳闸的称为电流型。

上面介绍的柱上负荷开关加装具有自动分段功能的配电网终端后，也可作为自动分段器使用。

5. 自动分界开关

近年来，一种俗称为“看门狗”的自动分界开关在国内获得了广泛应用。自动分界开关的构成与自动分段开关类似，只是其安装地点是在用户供电系统与供电企业所管辖的主系统的分界点上。

自动分界开关可采用电流型控制原理隔离用户侧系统的短路故障，亦可配置电流保护直接切除用户侧系统的短路故障；同时，可检测或根据需要自动隔离用户侧系统小电流接地故障。

柱上开关设备在架空线路上的安装示意图如图 3-40 所示。

图 3-40　柱上开关安装图

3.3.3　跌落式熔断器与隔离开关

1. 跌落式熔断器

高压跌落式熔断器用于高压配电线路、配电变压器、电压互感器、电力电容器等电气设备的过载及短路保护。跌落式熔断器的作用是当下一级线路设备短路故障或过负荷时，熔丝熔断、跌落式熔断器自动跌落断开电路，确保上一级线路仍能正常供电。熔丝熔断，跌落式熔断器自动跌落后有一个明显的断开点，以便查找故障和检修设备。熔断器具有结构简单、价格便宜、维护方便、体积小巧等优点，在配电网中广泛应用。

跌落式熔断器由绝缘套管、熔丝管和熔丝元件 3 部分构成，如图 3-41 所示，在熔丝管内装有用桑皮纸或钢纸等制成的消弧管。

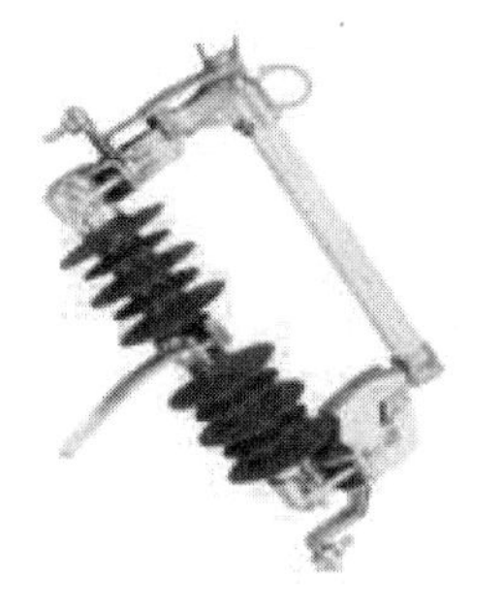

(a) HRW11-10型

(b) RW11-10型

图 3-41　跌落式熔断器

跌落式熔断器在线路上安装时，熔丝管的轴线与垂直轴线成20°～30°倾斜角，当被保护线路发生故障，故障电流使熔丝熔断时，形成电弧，消弧管在电弧高温作用下分解出大量气体，使管内压力急剧增大，气体向外高速喷出，对电弧形成强有力的纵向吹弧，使电弧迅速拉长熄灭。与此同时，由于熔丝熔断，熔丝的拉力消失，使锁紧机构释放，熔丝管在上静触头的弹力及其自重的作用下，绕下轴翻转跌落，形成有一定距离的明显断开点，故障被隔离。跌落式熔断器安装图如图3-42所示。

2. 隔离开关

隔离开关无灭弧能力，不允许带负荷拉开和合上。但它断开时可以形成可见的明显开断点和安全距离，保证停电检修工作的人身安全，主要装在高压配电线路的出线杆、联络点、分段处、不同单位维护的线路的分界点处，因此俗称隔离刀闸。隔离开关的结构由导电部分、绝缘部分、底座部分组成，见图3-43(a)、(b)。

图3-42 跌落式熔断器安装图

(a) 瓷绝缘支柱刀闸

(b) 硅橡胶绝缘支柱刀闸

图3-43 柱上隔离开关

隔离开关应安装在操作方便的位置，并保证断开时刀片不带电、刀口带电，因此静触头安装在电源侧，动触头安装在负荷侧。引线端子应采用设备线夹或铜铝端子，相间距离不小于500mm。隔离开关安装时一般固定在横担上，操作动触头水平向下或垂直方向成30°～45°。操作机构、转动部分应调整好，使分合闸操作能正常进行，无卡死现象。

3.3.4 中低压开关柜

开关柜俗称配电盘，是以开关为主的电气设备，将中低压电器(包括控制电器、保护电器、测量电器)以及母线、载流导体、绝缘子等装配在封闭的或敞开的金属柜体内，作为接受和分配电能的配电装置，又称成套开关柜或成套配电装置。

1. 中压开关柜

中压开关柜按断路器安装方式分为移开式(手车式)和固定式；按柜内绝缘介质可分为大气绝缘高压开关柜和气体绝缘高压开关柜；按照功能可分为进线柜、馈线柜、联络柜、PT柜、计量柜等。下面介绍两个常用典型的中压开关柜。

1) KYN 开关柜

KYN 铠装金属封闭开关柜,又称中置式手车柜,由固定的柜体和手车两大部分组成,柜体的外壳和各功能单元的隔板均采用螺栓连接,如图 3-44 所示。开关柜外壳防护等级为 IP4X,断路器室门打开时的防护等级为 IP2X,各单元之间用金属板隔开成为全封闭型的结构,所有操作均在柜门关闭状态下进行；防护等级高,可防止杂物和害虫侵入。

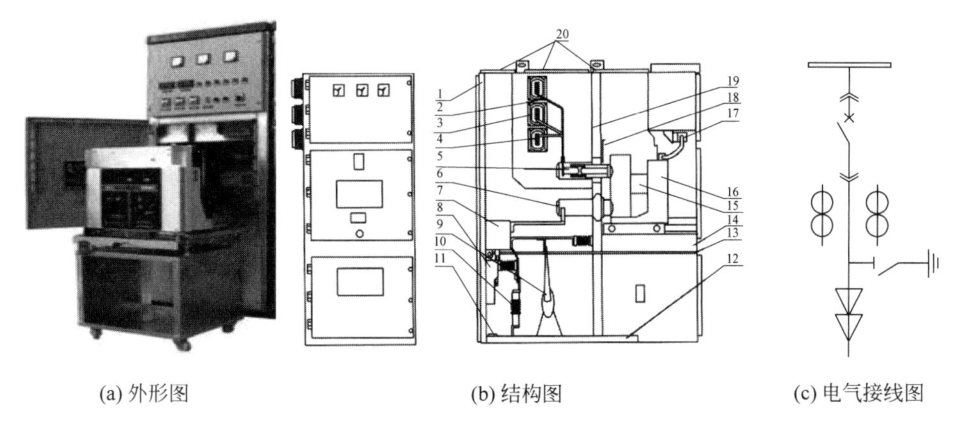

(a) 外形图　(b) 结构图　(c) 电气接线图

图 3-44 KYN28 馈线柜

1. 外壳；2. 分支小母线；3. 穿墙套管；4. 主母线；5. 静触头；6. 静触头盒；7. 电流互感器；8. 接地刀闸；9. 电缆；10. 避雷器；11. 接地主母线；12. 底板；13. 接地开关操作机械；14. 可移出式水平隔板；15. 加热装置；16. 断路器手车；17. 二次插头；18. 活门；19. 装卸式隔板；20. 泄压装置

中置式小车装于柜子中部,小车的装卸需要专用装载车。与落地式开关柜相比,中置式开关柜具有更多的优点。由于中置式小车的装卸在装载车上进行,小车在轨道上推拉,这样就避免了地面平整质量对小车推拉的影响。中置式小车的推拉是在柜门封闭的情况下进行的,对操作人员是安全的。中置柜的柜体下部分空间较大,电缆的安装与检修很方便。所以,移开式高压开关柜大都采用中置式小车。

开关设备主要电气元件都有其独立的隔室,即断路器手车室、母线室、电缆室、继电器仪表室；除继电器室外,其他三隔室都分别有其泄压通道。

开关柜具有可靠的联锁装置,为操作人员与维护人员提供可靠的安全保护,主要有：

① 手车从工作位置移至隔离、试验位置后,活动帘板将静触头盒隔开,防止误入带电隔室。检修时,可用挂锁将活动帘板锁定。

② 断路器处于合闸状态时,手车不能从工作位置拉出或从隔离、试验位置推至工作位置；断路器的手车已充分锁定试验位置或工作位置才能被操作。

③ 接地刀闸仅在手车处于隔离、试验位置及柜外时才能被操作,当接地刀闸处于合闸状态时,手车不能从隔离、试验位置退至工作位置。

④ 手车在工作位置时,二次插头被锁定不能拔开。

⑤ 在手车室,母线室和电缆室的上方均设有压力释放装置,当断路器或母线发生内部故障电弧时,顶部装配的压力释放金属板将被自动打开并释放压力和排泄气体,以确保操作人员和开关柜的安全。

⑥ 开关柜上的二次线与手车的二次线的联络是通过二次插头来实现的。二次插头的动触头通过一个尼龙波纹管与手车相连,二次静触头座装设在开关柜断路器隔室的右上方。手车只有在试验、隔离位置时,才能插上和解除二次插头,手车处于工作位置时于机械联锁作用,二次插头被锁定,不能解除。断路器手车在二次插头未接通之前仅能进行分闸,由于断路器手车的合闸机构被电磁锁定,所以无法使其合闸。

2) 气体绝缘开关柜(C-GIS)

C-GIS是柜式气体绝缘金属封闭开关设备,简称C-GIS,俗称充气柜。它把GIS的SF_6的绝缘技术、密封技术与空气绝缘的金属封闭开关设备制造技术有机地相结合,将各高压元件设置在箱形密封容器内,充入较低压力的绝缘气体。

充气式全绝缘高压开关柜三相共箱式用SF_6气体绝缘,如图3-45所示,将母线、隔离开关、断路器以及PT等一次带电设备密封在低压的SF_6气室内,而二次及开关操作控制机构设置于气室外,电缆进出线采用全绝缘全密封式终端头,从而构成了充气式全绝缘高压开关柜。开关柜由母线室气箱、断路器室气箱、控制间隔和进出电缆间隔组成,断路器气箱在上,母线室气箱在下。母线气箱包括母线和三工位的隔离开关,断路器室气箱包括断路器、CT、PT,把高压部件密封在气箱内,不与外界接触。操动机构在气室外部、柜前部,极柱与机构间的拉杆通过复合密封管连接,与三工位隔离开关配合可实现接地功能。三工位隔离开关与断路器串联连接,具有合闸、断开、接地3种位置状态的转换功能,与断路器实现相互联锁,防止误操作。作为二次控制和保护单元,采用多功能综合保护及控制单元,还可以对断路器及三工位隔离开关进行程序操作,满足现代智能配电网的需要,是实现控制、保护、测量、监视、通信等功能的新型开关设备。

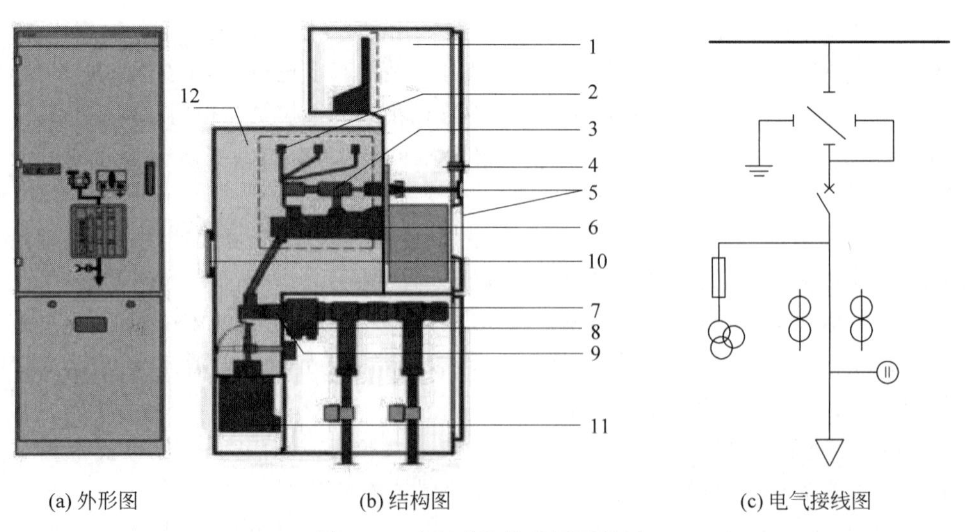

图3-45 充气式绝缘高压开关柜

1. 二次室;2. 母线;3. 三工位隔离开关;4. 电容式带电显示器;5. 控制机构;6. 断路器;7. 电缆终端设备;8. 电流互感器;9. 锥形电缆插座;10. 压力释放板;11. 带隔离开关的电压互感器;12. SF_6气室

2. 低压开关柜

低压开关柜是由刀开关、自动空气断路器(或称自动空气开关)、熔断器、接触器、避雷器和监测用各种交流电表及控制电路等组成,并根据需求数量组合装配在箱式配电柜体内的配电装置。

低压开关柜按照结构的不同,分为固定式低压开关柜和抽屉式低压开关柜两种。按开关柜的功能来分有进线开关柜、馈线开关柜、联络开关柜、计量柜、无功补偿柜等。常用的有GGD型固定式低压开关柜、GCK型低压抽屉式开关柜、GCS型低压抽屉式开关柜、MNS型低压抽屉式开关柜、MCS智能型低压抽屉式开关柜,示意图如图3-46所示。

(a) GGD型固定式低压开关柜

(b) GCK型低压抽屉式开关柜

(c) GCS型低压抽屉式开关柜

(d) MNS型低压抽屉式开关柜

图3-46　低压开关柜示意图

总体而言,抽屉式柜较省空间,维护方便,出线回路多,但造价贵;而固定式的相对出线回路少,占地较多。

GGD为固定柜,具有机构合理、安装维护方便、防护性能好、分断能力高等优点。缺点是回路少、单元之间不能任意组合且占地面积大,智能化程度低。采用GGD柜是对供电可靠性要求不高场所的理想选择。

GCK型低压抽屉式开关柜且具有分断能力高、动热稳定性好、结构先进合理、电气连接方案灵活,系列性、通用性强,各种方案单元任意组合,一台柜体,容纳的回路数较多,节省占地面积,防护等级高,安全可靠,维修方便等优点。缺点是水平母线设在柜顶垂直母线没有阻燃型塑料功能板,智能程度低。

GCS型低压抽屉式开关柜具有较高技术性能指标,根据安全、经济、合理、可靠的原则设计的新型低压抽屉式开关柜，还具有分断接通能力高、动热稳定性好、电气连接方案灵活、组合方便、系列性实用性强、防护等级高等优点。

MNS系列设计紧凑，以较小的空间能合纳较多的功能单元；结构通用性强，组装灵活，防护等级高；采用标准模块设计，可根据需要任意选用组装。

MCS型抽屉开关柜互换性好，可容纳更多的功能单元，柜内元件可根据不同需求配置各种型号的开关。缺点是造价高。

总之，低压开关柜的结构件模块化、标准化的结构设计配合专业化生产模式是该行业的发展方向，现场总线及工业以太网技术的应用给低压开关设备带来了革命性的变化，低压配电成套装置的智能化、高防护、紧凑型、高可靠性、模块化等是技术发展方向。

3.3.5 开闭所与配电站

开闭所是变电所10kV(20kV)母线的延伸，担负着接受和重新分配出线，减少高压变电所的出线间隔和出线走廊的作用，还可以为重要客户提供双电源。而配电站则起着变换电压和分配电能并直接就近向低压用户供电的作用。

开闭所由高压开关柜、母线、控制和保护装置等电气设备及其辅助设施按一定的接线方案组合排列而成的，如图3-47所示。通常为户内布置，但也有采用户外型开关设备组成为户外箱式结构。开闭所也称作开关站。

(a) 外观排列图

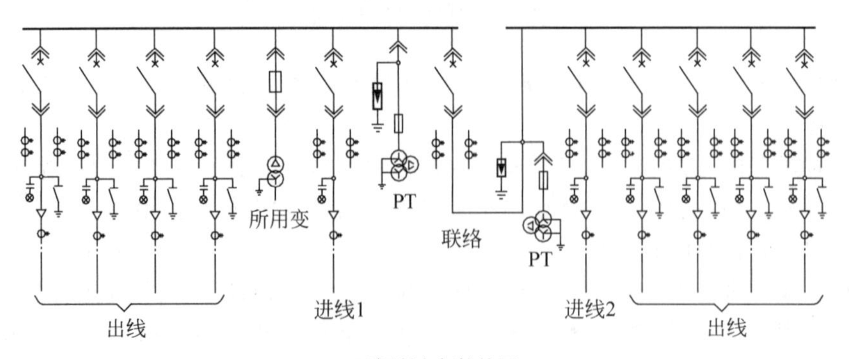

(b) 开闭所电气接线图

图3-47 开闭所示意图

配电站，又称配电室或配电房，由变压器、高压开关柜、低压开关柜、母线及其辅助设备按一定的接线方案组合排列而成，它起着变换电压和分配电能并直接就近向低压用户供电的作用，如图 3-48 所示。为了节约占地，可将配电站（室）与开闭所合建。

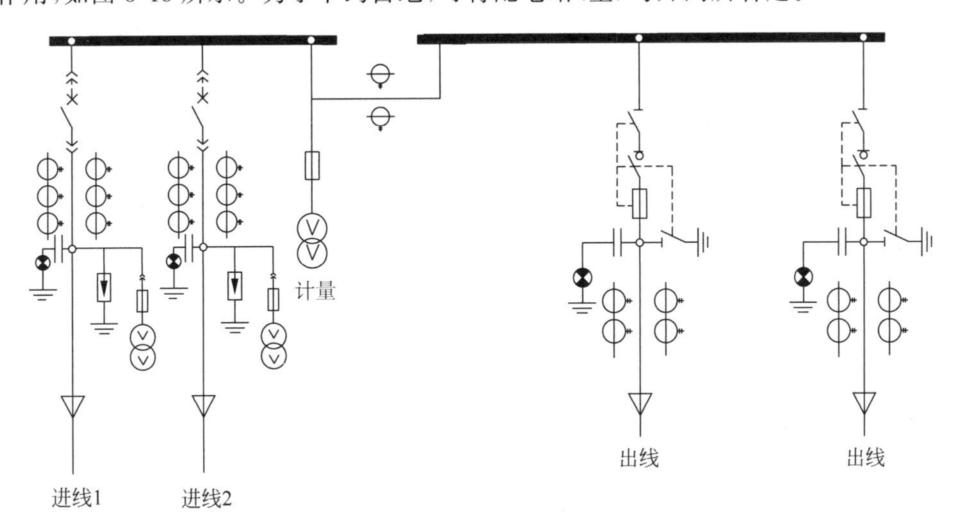

(a) 配电站高压电气接线图

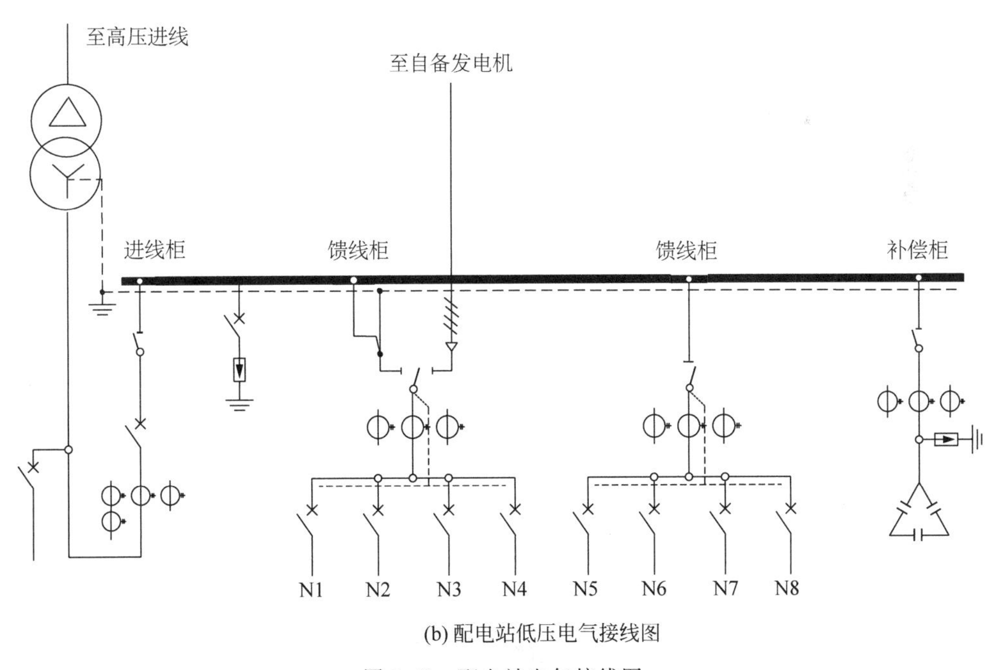

(b) 配电站低压电气接线图

图 3-48　配电站电气接线图

随着城市配电网负荷密度的增加，要求配电点“小容量、多布点”，配电所或开闭所的应用逐步减少，有被环网供电方式的环网柜或箱式变电站所取代的趋势。

3.3.6 户外箱式配电装置

户外环网单元、电缆分支箱和箱式变电站，布置在户外且占用空间小，在城市配电网中得到广泛的应用。

1. 户外环网单元

户外环网单元，又称环网站，它是由两路以上的开关共箱组成的预装式组合电力设备。它由 3～5 路的负荷开关、负荷开关与熔断器组合电器、断路器组合，与硬母线密闭在同一个不锈钢金属外壳内，采用 SF_6 作为灭弧介质和绝缘介质，开关的出线套管及终端头采用也全绝缘、全密封。由于这种特殊的排列和构造，图 3-49(a)、(b)给出了一典型的 4 间隔户外箱式环网柜外观图与接线图，2 个接入电缆环网的进线采用负荷开关柜，2 条对外供电的出线采用负荷开关-熔断器组合电器柜。也有用断路器代替进线负荷开关与出线负荷开关-熔断器组合的情况。

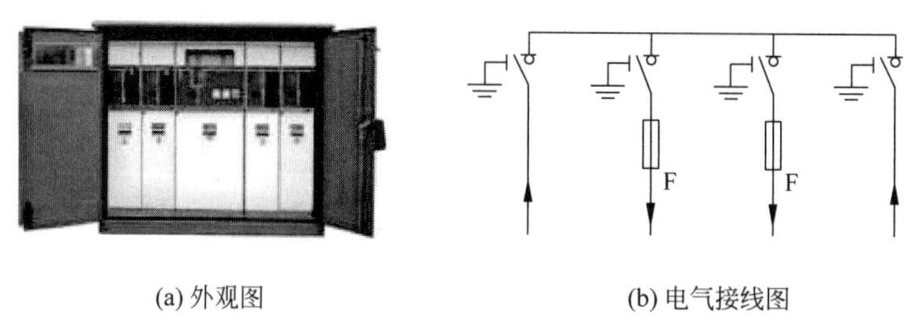

(a) 外观图　　(b) 电气接线图

图 3-49　环网开关柜

环网柜进线与出线配置三相电流互感器，提供电流采集信号；在母线上安装电压互感器提供电压采集信号，并为电动操作机构与配电网自动化终端装置提供电源。

环网柜具有结构紧凑、造价低、体积小、安装方便的优点，可以根据需要扩展，不受外部环境的影响，在城市电网中获得了广泛应用。在我国，环网柜除用作环网供电单元外，还越来越多地用作开闭所多回路开关设备与用户终端配电设备。

2. 电缆分支箱

电缆分支箱用于连接两个以上电缆终端的封闭箱，以分配电缆线路的分支路的电力设备的，终端头采用封闭式的肘形头或 T 形头，如图 3-50 所示。它常用于电缆分支线，不宜用于主干线。它由 2～8 路的进出线及其连接母线、电缆终端接头组成，能满足多种接线要求。其连接方式简单、扩展性强，具有耐腐蚀、免维护、安全可靠等特点，适应户内外各种运行环境。

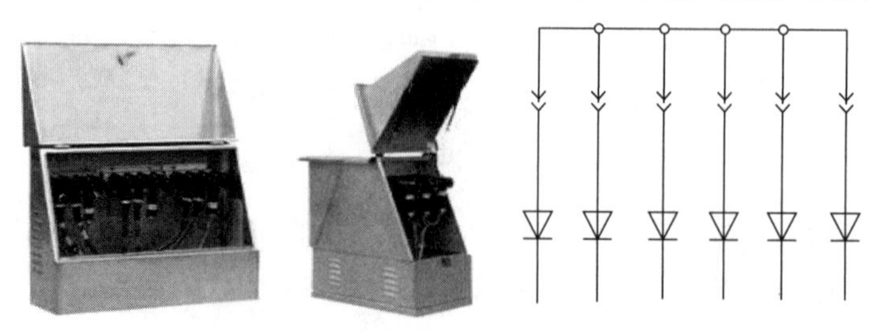

(a) 外观图　　(b) 电气接线图

图 3-50　电缆分支箱

3. 箱式变压器

箱式变电站简称箱变，是一种将配电变压器、中压环网开关、低压开关按照一定的结构和接线方式组合起来的预装式配电装置。其优点是占地面积小，可以工厂化生产，现场安装施工快，不需再建配电所等土建，投资节约，外形美观且与环境相协调，因此已被广泛采用。

美式箱式变电站外观如图 3-51(a)所示。它有一到两路电源进线，采用单台变压器，4～6路低压馈出线；采用全密闭、全绝缘结构，将高低压开关的结构进行简化并与变压器浸入统一油箱中，具有体积小、结构紧凑、造价低、便于安装的优点。其缺点是开关与变压器共用油箱，散热不好，过电流能力差；此外，其中一相熔断器熔断后负荷开关不分闸，会导致设备缺相运行。

欧式箱式变电站外观如图 3-51(b)所示。它由常规的环网开关柜与配电变压器构成，多路低压馈出线，有的还附设了电容器小室。目前已由早期的普通型(占地 5～6m^2)，发展为广泛采用的紧凑型(占地约为 3.4m^2)，10kV 侧进线采用环网开关柜、配电变压器一般采用干式变压器。欧式箱式变电站的体积比美式箱式变电站略大，但操作和运行更符合我国的习惯要求。

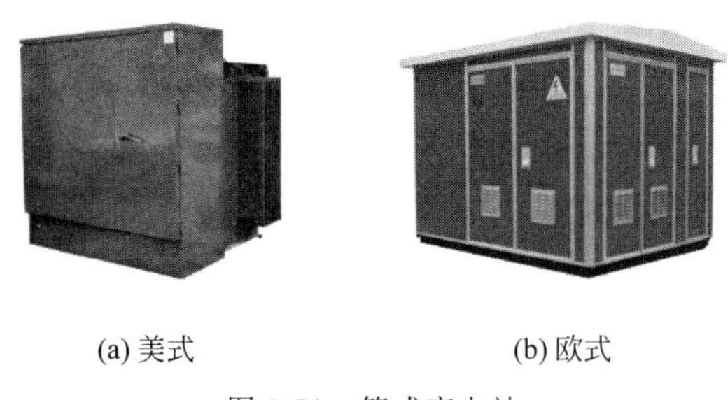

(a) 美式　　(b) 欧式

图 3-51　箱式变电站

箱式变电站主接线如图 3-52 所示。高压进线通常采用开关与熔断器组合式保护，负荷开关采用真空断路器或 SF_6 负荷开关。

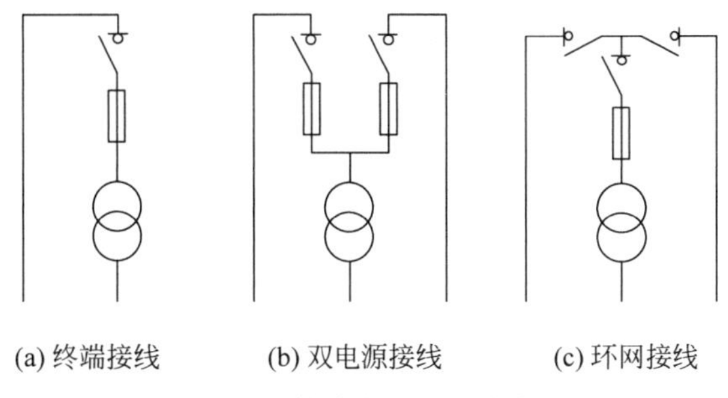

(a) 终端接线　　(b) 双电源接线　　(c) 环网接线

图 3-52　箱式变电站主接线图

3.3.7 柔性配电设备

柔性配电设备包括动态电压恢复器、静止同步补偿器、静态无功补偿装置、固态开关和故障电流限制器等，这些是现代新型配电设备，仅在配电网中少量应用，其技术处于不断发展成熟中。

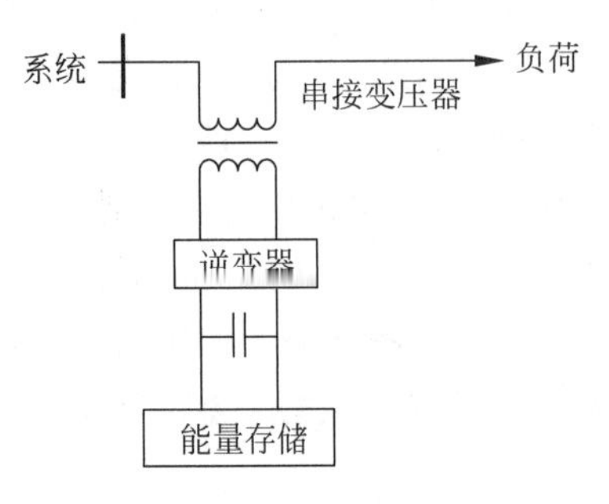

图 3-53 DVR 构成原理图

1. 动态电压恢复器

动态电压恢复器是由直流储能电路、功率逆变器和串接在供电线路中的变压器组成，英文缩写为 DVR，如图 3-53 所示。DVR 在测出电压瞬时降低后，立即由直流电源逆变出交流电压信号，与系统电源电压相加（串联），使负载上的电压维持在合格的范围内，直至系统电压恢复到正常值。DVR 输出波形能够维持一段时间，可以补偿系统电压的瞬时下降，防止电压骤降给一些敏感负荷带来危害。这种补偿方式仅补偿电压的差值，需要的补偿容量小，且具有补偿效果与系统阻抗、负荷功率因数无关等优点。

2. 静止同步补偿器

静止同步补偿器又称静止无功发生装置，它是一个基于脉宽调制技术的无功功率发生器，通过自动调节注入到系统中去的无功电流，实现对瞬时无功功率控制，从而达到抑制电压波动、闪变与谐波的目的，其英文缩写 STATCOM。STATCOM 特别适用于冲击性负荷的无功补偿；用于风电场的无功补偿时，能够很好抑制风力发电机并网或切机瞬间引起的电压波动，并且在系统故障时，能够提高机端电压恢复速度，维持风机在故障期间继续平稳运行，为系统提供功率支撑。

STATCOM 在国内外都有一定的应用。我国已开发出 ±50Mvar 的 STATCOM 并投入实际系统运行。不足之处是控制复杂，造价较高，在一定程度上限制了它的推广应用。

3. 静态无功补偿装置

静态无功补偿装置包括晶闸管控制的电抗器与电容器两种装置，其英文缩写 SVC。实际应用中，也可将两者结合使用，称为混合式 SVC。SVC 通过控制晶闸管的导通时刻来改变流过电抗器或电容器的电流，从而调节从系统中吸取或向系统注入的无功电流。常规的无功功率补偿装置采用机械开关投切电容器，响应速度慢，且不能满足对波动较频繁的无功负荷进行连续补偿的要求，而 SVC 可以平滑、无级地调节容性或感性无功功率，且具有较好的动态响应特性。

SVC 广泛用于抑制轧钢机、电弧炉等冲击性负荷引起的电压闪变；用于电气化铁路等场合，补偿不对称负载引起的电压不平衡；用于自动消弧线圈接地装置，动态补偿中性点非有效接地系统的接地电容电流；用于风力发电并网控制，为风电场提供快速、连续的无功补偿。

4. 固态开关

固态开关是应用电力电子器件构成的开关设备，分为固态转换开关（SSTS）与固态断路器（SSCB）两种。它们利用电力电子器件导通与截止速度快的特点，解决传统机械开关动作时间长（达数个周波）带来的问题。

SSTS 是由晶闸管构成的负荷开关，可在接到控制命令后数个微秒内接（导）通，在半个周波内关断（截止）。用于双电源供电回路的切换，可避免采用机械开关倒闸操作引起的较长时间供电中断，使敏感负荷的供电不受影响。如图 3-54 所示的双电源供电回路，正常运行时，固态转换开关 A 接通，开关 B 关断，敏感负荷由电源 A 供电，电源 B 处于备用状态。在控制系统检测到电源 A 停电时，在半个周波内将开关 A 关断，开关 B 接通，负荷在一个周波内转为电源 B 供电，实现供电回路的“无缝”转换。

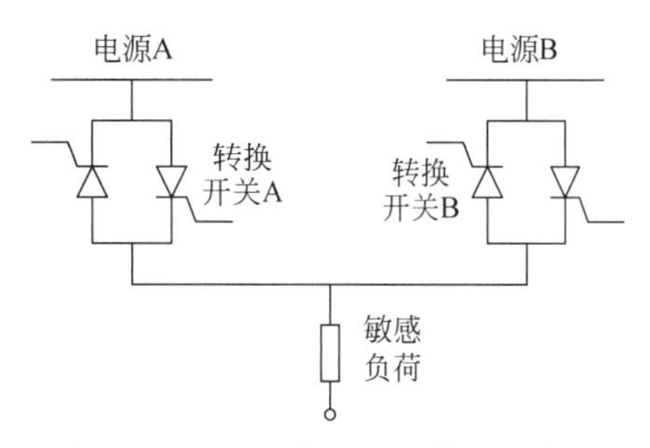

图 3-54　SSTS 的双电源供电回路图

SSCB 由门极可关断晶闸管(GTO)回路和晶闸管(SCR)加限流电抗器(或电阻器)回路两部分并联而成，如图 3-55 所示。正常运行时，电流流经 GTO 支路。电力系统故障时，流经 GTO 支路的电流迅速超过限额，GTO 在半个周波之内关断，故障随之流经 SCR 和限流电抗器支路，达到限制故障电流的目的。然后 SCR 关断，完全切断故障电流。目前，SSTS 已有商业化的产品。而 SSCB 还处在低压、小电流断路器的试用阶段。

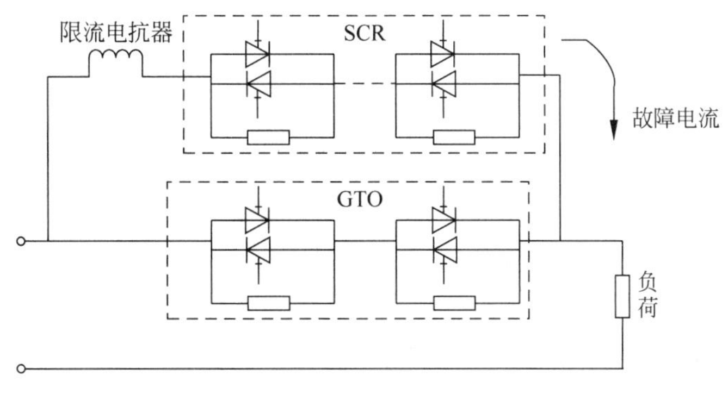

图 3-55　固态断路器构成原理图

5. 故障电流限制器

故障电流限制器(FCL)是一种串接在线路中的电气设备，分为被动型与主动型两种。被动型 FCL 在正常运行与故障状态下，均增加系统阻抗；而主动型 FCL 只是在故障状态下快速增加系统阻抗。被动型 FCL 构成简单，易于实现，但在正常运行状态下会产生电压降，增加系统损耗。目前在系统中获得广泛应用的 FCL 是串联电抗器。它是一种传统的被动型 FCL。主动型 FCL 既有限流作用，又不影响系统的正常运行，是理想的限流设备。目前应用或正在研发的主动型 FCL 有高压限流熔丝、可控串补装置、超导型故障电流限制器等。受原理、造价或其他一些因素等原因限制了其应用。随着电力电子技术与新材料技术的发展，主动型 FCL 技术会更加成熟、性能进一步改进、成本也会逐渐降低，将成为主流的 FCL。下面介绍几种主要的 FCL 及其在配电网中的应用。

(1) 谐振 FCL。谐振 FCL 分串联谐振与并联谐振两种类型。串联谐振 FCL 利用电力电子器件使正常工作时处于串联谐振(阻抗接近 0)状态下的电路在出现短路故障时脱谐，使阻抗增大而达到限制短路电流的目的。图 3-56 给出了串联谐振 FCL 构成原理图，正常运行时 SCR 不导通，电感 L 与电容 C 发生串联谐振，装置阻抗为零。在系统出现短路时，SCR 导通，电抗器串入电路起到限流作用。串联谐振 FCL 简单、可靠，已在中压配电网中获得应用。

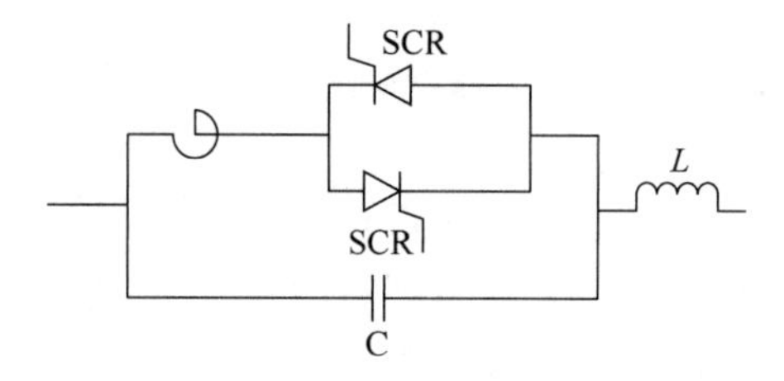

图 3-56　串联谐振 FCL 构成原理图

并联谐振 FCL 在电力电子器件控制下正常工作时处于非谐振状态，阻抗较小，而在系统出现短路故障时进入并联谐振(阻抗)状态，使线路阻抗增大而限制短路电流。这种 FCL 容量有限，实际系统中应用较少。

(2) 热敏电阻 FCL。热敏电阻(PTC)是一种非线性电阻，室温时电阻值非常低，当故障电流流过时，材料发热升温，在温度升高到一定值时，电阻值在微秒时间内提高 8～10 个数量级，从而起到限制故障电流的作用。热敏电阻 FCL 已在低压(380V)系统中获得应用。由于单个 PTC 元件的电压与电流额定值不高，且存在电阻受外界因素影响大、电阻恢复时间长等缺陷，限制了其在高压系统中的应用。

(3) 固态 FCL。固态 FCL 由半导体器件构成，能够在峰值电流到达之前的电流上升阶段就中断故障电流。图 3-57 给出了一种固态 FCL 的结构。正常工作时，半导体开关(GTO1 与 GTO2)导通流过负荷电流，对系统运行无影响。当检测到故障电流后，半导体开关被关断，电流转移到电抗器上，从而限制了故障电流。

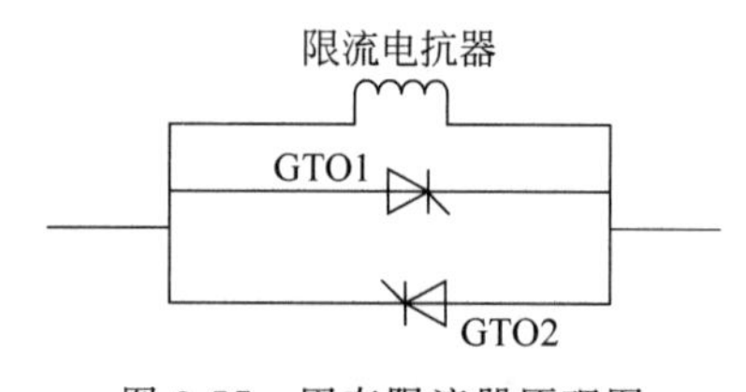

图 3-57　固态限流器原理图

固态 FCL 已在中低压配电设备中获得应用，随着电力电子技术的发展，固态 FCL 技术将愈来愈成熟。

思考题与习题

(1) 中压配电网中性点接地方式一般有哪几种？并简要介绍各种接地方式的特点。

(2) 低压配电网的接地形式及各自的特点是什么？

(3) 技术上分析 TN-C、TN-C-S 的低压配电网正常运行时综保难于投入运行的原因？

第4章

>>>>>>>>>>

分布式电源与微电网技术

分布式电源(Distributed Energy Resource,DER)包括分布式发电装置与分布式储能装置。本章介绍分布式发电技术,分布式储能及在配用电系统的应用,分析分布式电源并网及对配电网的影响,介绍微电网和虚拟发电厂技术,以及工程的实际应用案例,方便读者加深对这些方面知识的学习和理解。

4.1 分布式发电

分布式发电(Distributed Generation,DG)指的是小型的、直接连到配电网上的、一般向当地负荷供电的发电方式。使用“分布式”一词是为了区别于常规的集中布置的大容量发电方式,有的文献称之为分散发电(Dispersed Generation);也有嵌入式发电(Embedded Generation)的说法,强调这些小型发电机组是嵌入到配电网中去的。

容量小是分布式发电的重要特征,但对于分布式电源的容量范围,国际上没有统一的标准。国际供电会议组织 WG04 工作组在 1999 年发布的研究报告中,将分布式发电的容量定为 50～100MW;而美国 CRC 出版社于 2001 年出版的分布式发电专著,将分布式发电的容量限制在 10MW 以下。本书将分布式发电的容量定义在 50MW 以下。

根据使用的技术,分布式发电可分为风力发电、太阳能光伏发电、燃料电池、小型水力发电、热电联产发电、内燃机组发电、燃气轮机发电等。根据所使用的能源,分布式发电可分为化石燃料(煤炭、石油、天然气)发电与可再生能源(水力、风力、太阳能、潮汐、生物质等)发电两种形式。

尽管分布式发电的机组容量都比较小,但与传统意义的“小机组”不是一个概念。使用化石燃料的分布式发电技术,通过热电联产,可以显著地提高能源使用效率,具有良好的环保性能。而使用可再生能源的分布式发电则是解决能源枯竭问题,实现低碳用能和可持续发展。

传统的配电网主要接受来自输电网的电力,基本上是一个“无源”网络,而大量的分布式电源的接入使其成为一个“有源”网络,需要重新考虑保护控制方式与运营管理模式。分布式电源容量小、分布面广,且大多接于用户侧,供电企业难以准确地掌握其装机与发电时间安排情况，使配电网的规划与运行调度更为困难。

4.1.1 太阳能光伏发电

太阳能光伏发电简称 PV(Photovoltaic)发电，由半导体材料制成的光电池利用光电效应，直接将太阳能转换为电能。太阳能是一种可再生能源，地球上每平方米面积能够接收到的太阳能功率最大可达 1000W。光伏发电具有不受地域限制、无污染、安全可靠、维护简单等优点。以前，光伏发电主要用于解决远离电网的偏远地区用电问题，近年来，随着光电池成本的下降以及对可再生能源利用的重视，光伏发电大量用于并网运行。特别是嵌入建筑物顶上的光伏发电系统，直接连到用户的低压电网上去，发展十分迅猛。

可以将用于光伏发电的光电池看成是一个二极管。当太阳光照射到二极管上的时候，光电子在电池内部激励出大量的电子-空穴对，电子-空穴对被二极管的 P-N 结势垒电场分离，进入外部电路形成电流。当电压在一定的范围内时，光电池可以看成一个电流源，幅值 I 正比于光电池的面积以及照射到上面的太阳光的强度 E；光电池本身存在损耗，其 P-N 结上也有电流泄漏，而输出电压则受 P-N 结上的电压降限制，一般在 0.7V 左右。据此给出光电池的等效电路如图 4-1 所示。

单个光电池的输出电流与电压都有限，实际应用中需要多个光电池串并联组合形成满足应用要求的光伏阵列。光伏阵列的典型特性如图 4-2 所示，工作点不同决定了其输出功率也不同，最大的输出功率出现在特性曲线的拐点上。实际的光伏发电系统中，需要采用最大功率点跟踪技术(MPTT)，检测光伏阵列在不同工作点下的输出功率，经过比较寻优，找到光伏阵列在确定日照和温度条件下输出最大功率时对应的工作电压。

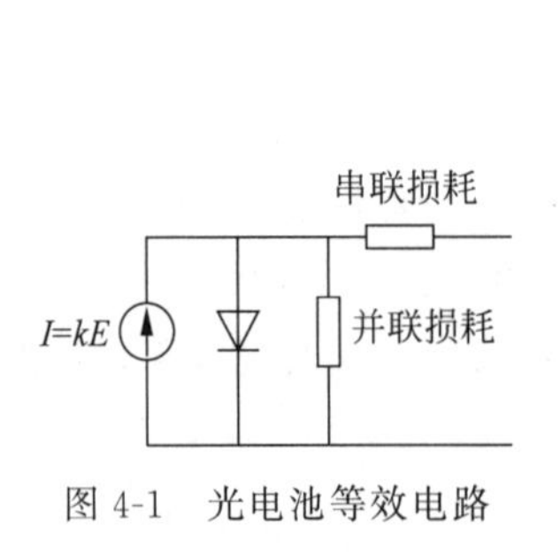

图 4-1 光电池等效电路

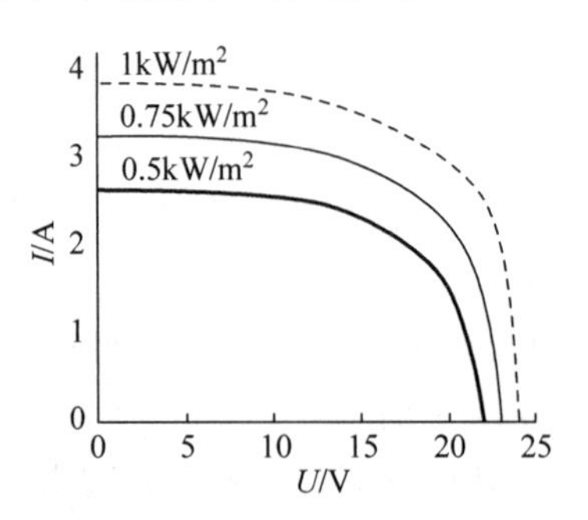

图 4-2 光伏阵列输出特性曲线

一个典型的并网型光伏发电系统构成如图 4-3 所示。MPPT 电路调整光伏阵列的输出电压，以获得最大功率输出；储能电路的作用是起到缓冲作用，使光伏阵列的输出保持平滑；光伏阵列发出的是低电压直流电，因此需要使用 DC/DC 变换器将电压升高，然后经 DC/AC 模块逆变成交流电，通过隔离变压器并入配电网。

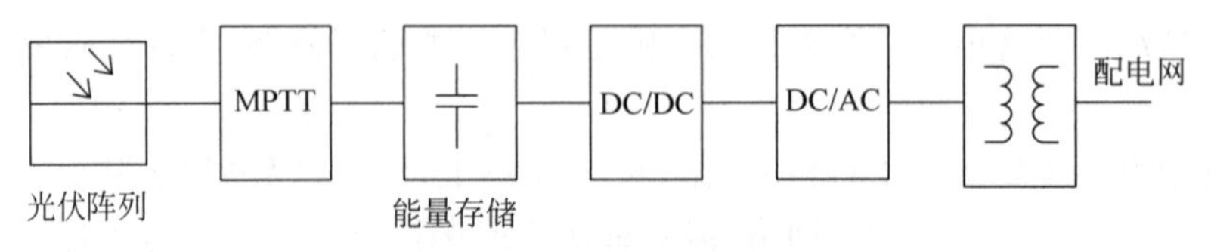

图 4-3 并网型光伏发电系统

4.1.2　风力发电

大自然中拥有丰富的风力资源。据调查，我国陆地离地10m高度可开发的风能达2.53亿kW，海上可开发的风能储量7.5亿kW。如推算到50m高度，可开发利用的风能约20亿kW，因此，风力发电具有广阔的发展前景。

风力发电可分为独立与并网运行两类，前者为微型或小型风力发电机组，容量为数百瓦到数十千瓦；后者单台机组的容量在数百千万到数兆瓦。并网风电场的装机容量在50MW以下的，发出的电力在当地配电网内分配，因此属于一种分布式发电的形式。

风力发电机组由风力机、变速箱、发电机三部分组成。风力机在风力的驱动下旋转，经变速箱升速后，带动发电机发电。风轮一般采用三叶片平行轴转子，具有风能捕捉效率高、外形美观的优点。

1. 气动功率的调节

气动功率调节是风力发电机组的关键技术之一，有定桨距和变桨距两种调节方式。

1）定桨距调节

定桨距是指风力机的浆叶与轮毂刚性连接，即叶片上某一点的弦线与转子平面的夹角(桨距角β)保持不变。在风速超过额定值时，由于风速攻角增大，上下翼面压力差减小，致使阻力增加，升力减少，造成叶片失速，将输出功率限制在额定值以内。定桨距风力机结构简单，部件少，造价低，具有较高的安全系数，但叶片本身结构较复杂，成型工艺难度也较大，随着功率增大，叶片加长，所承受的气动推力大，使得叶片的刚度减弱，失速动态特性不易控制。在风速大于额定值时，风力机输出功率低于额定功率，不能充分地利用风能。定桨距调节主要应用在兆瓦(MW)级以下的风力发电机组控制上。

2）变桨距调节

变桨距风力机在额定风速以下时，桨距角β控制在0°附近，不作变化，等同于定桨距运行。在风速超过额定值时，调节β使风力机输出功率不超过额定值。同等条件下，变桨距风力机输出功率达到额定值的风速比定桨距风力机低，并且在风速超过额定值后，输出功率仍然维持在额定值，风能利用效率高；其他优点是启动性能好、刹车机构简单、风轮叶根承受的静、动载荷小。不足之处是需要有一套比较复杂的变桨距调节机构、设计要求高、维护费用高。定桨距调节主要应用在兆瓦级以上的风力发电机组控制上。

2. 风力发电机的运行方式

并网的风力发电机运行方式可分为定速与变速两大类。定速风力发电机组在运行时转速基本维持不变，而变速风力发电机组的转速是随着风速变化的。

1）定速风力发电机

定速风力发电机一般采用感应式异步发电机，靠滑差率来调整负荷，其输出功率与转速近乎呈线性关系，因此，对机组的调速要求不是很严格，只要转速接近同步转速时就可并网。异步发电机在并网运行后转速大于同步转速，滑差率在2%～5%变化。与异步电动机启动时情况类似，异步发电机在并网瞬间产生较大的冲击电流(为额定电流的4～7倍)，会给发电机自身与电网安全以及电压质量带来不利影响，所以大容量的异步发电机一般是通过可控双向晶闸管并网，以防止突然并网时产生冲击电流，如图4-4所示。当发电机转速接近同步转速时，双向晶闸管的导通角由0°到180°逐渐增大，发电机平稳地并入电网。在发电机成功并网进入发电状态后，并网开关自动动作，双向晶闸管被短接，以减少损耗。感应式异步发电机在输出有功功率的同时，还会从电网中吸收相应的无功功率，所以需要就地并联无功补偿装置，以避免从远距离输送无功，增加线路损耗。

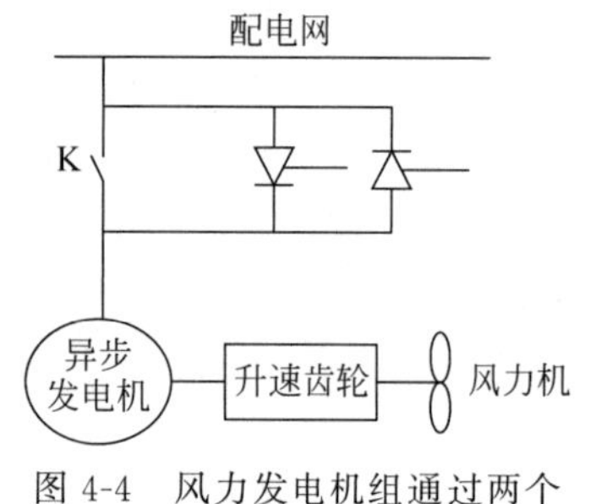

图4-4　风力发电机组通过两个反向并联的晶闸管并网

定速风力发电机以其简单、可靠、成本低的优点在兆瓦(MW)级以下的风力发电机组中获得了广泛应用；缺点是转速不能随着风速的变化调整，不能充分利用风能。

2）变速风力发电机

风力机利用风能的能力用风能利用系数C_p来表示，它是风轮捕获到的能量与实际流过风轮扫过的面积上的风能之比。C_p是桨距角β与叶尖速比λ（风速与风力机叶尖顶端的线速度之比）的函数，当β固定时风力机特性C_p-λ曲线如图4-5所示，可见，如果风力机变速运行，可以在一个宽广的风速范围内，使λ维持在最佳值附近，保持较高的风能利用效率。但发电机转速变化时，输出电压的频率会随转子速度的变化而变化，不能直接并网。一种解决方案是使用逆变器，将发电机发出的变频交流电转换为工频交流电后并网，如图4-6所示。发电机侧的AC/DC转换器通常维持直流输出电压不变，而电网侧的DC/AC转换器用来控制功率输出，进而调节发电机的转速。发电机可以是同步发电机，亦可以是异步发电机。

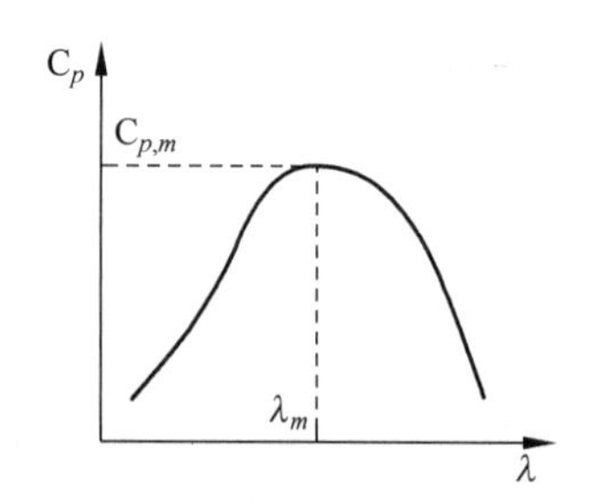

图4-5　风力机风能利用系数与叶尖速比的关系（C_p-λ曲线）

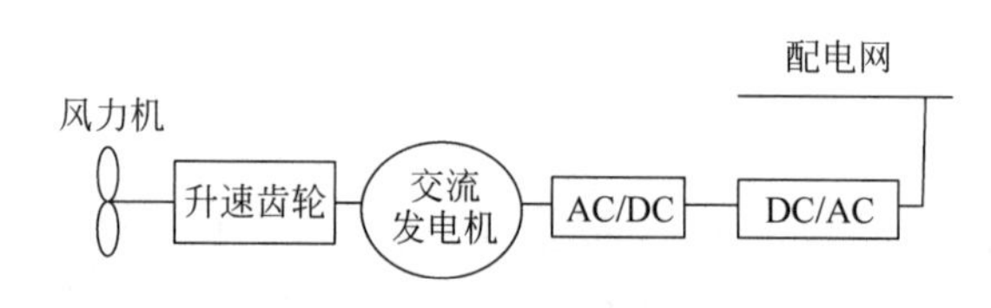

图4-6　变速风力发电机组通过逆变器并网

风力发电机组中的升速齿轮箱对制造工艺要求高、维护工作量大，是一个薄弱环节。采用省去升速齿轮箱的变速直驱方案，可以提高风力发电机组的可靠性与效率。由于变速直驱发电机的转速与风力机一致，每分最高只有几十转，异步发电机难以满足要求，一般是使用同步发电机或永磁发电机。一个兆瓦(MW)级变速直驱发电机的直径有3～4m，给运输、安装带来了不便。

在以上介绍的变速风力发电机组中，电力电子变换装置处在主电路中，需要的容量较大。而采用双馈发电机则可以减少电力电子变换装置的容量。双馈发电机的结构类似绕线型感应电机，其定子绕组直接接入电网，转子绕组由一台频率、电压可调的循环变流器供给三相低频励磁电流，如图4-7所示。当转子绕组通过三相低频电流时，在转子中形成一个低速旋转磁场，这个磁场的旋转速度n_2与转子n_r的机械转速相叠加，使其等于定子的同步

转速 n_1，从而在发电机定子绕组中感应出对应于同步转速的工频电压。当风速变化时，转子转速 n_r 随之而变化，相应改变转子电流的频率和旋转磁场的速度 n_2，以补偿电机转速的变化，保持输出频率恒定不变。这种系统中的发电机可以超同步运行（转子旋转磁场方向与机械旋转方向相反），除定子向电网馈送电力外，转子也向电网馈送一部分电力；它也可以次同步速运行（转子旋转磁场方向与机械旋转方向相同），在定子向电网馈送电力的同时，需要向转子馈入部分电力。变换装置处在发电机的转子回路中，其容量与速度变化范围有关，一般不超过发电机额定功率的30%。

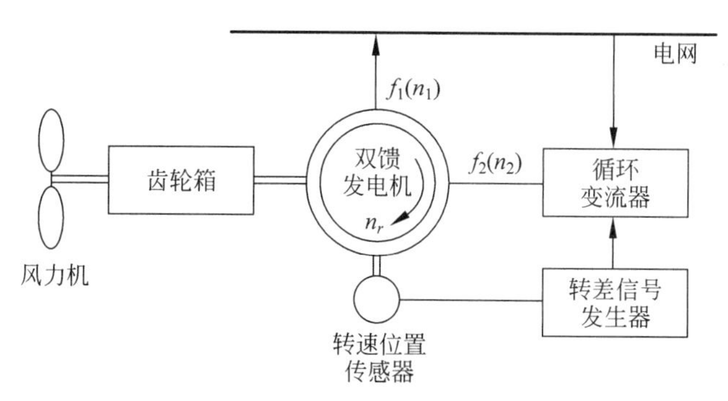

图 4-7　双馈发电系统

变速风力发电机组效率比较高，年发电量比定速风力发电机组提高10%以上，并且使功率输出更为均匀；此外，还可以使桨距调节简化，减少阵风冲击对机组带来的疲劳损坏，延长机组寿命、减少运行噪声。目前，容量在1MW以上的大型风力发电机组都采用变速发电机。

4.1.3　燃料电池

燃料电池在催化剂的作用下，将氢与氧结合，产生直流电能。氢燃料可由各种碳氢源在压力作用下，通过蒸气重整过程或由氧化反应生成。燃料电池工作时，不需要燃烧，副产品为热、水以及少量的二氧化碳等，所以不污染环境。燃料电池的能源转换效率也很高，在50%～60%。

目前，影响燃料电池推广应用的主要问题是发电成本太高；此外，氢燃料的生产、运输难题也是亟待解决的问题。尽管存在这些不足，作为一种洁净、高效、易于布置的分布式发电技术，燃料电池具有广阔的发展前景。

1. 燃料电池工作原理

燃料电池是一种化学电池，工作时需要连续地向其供给反应物-燃料和氧化剂，所以被称为燃料电池。只要能保证连续不断地供给反应物，燃料电池便可源源不断地向外部输出电力。燃料电池的构成如图4-8所示，它由阳极、阴极和夹在这两个电极中间的固态或液态电解质所组成。燃料电池在工作时向阳极供给燃料（氢或其他燃料），向阴极供给氧化剂（空气或氧气）。氢在阳极分解成氢离子 H^+ 和电子 e^-。氢离子进入电解质中，而电子则沿外部电路移向正极。用电的负载就接在外部电路中。在阴极上，氧同电解质中的氢离子吸收抵达阴极上的电子形成水。因此，燃料电池是利用水的电解反应的逆过程的“发电机”。

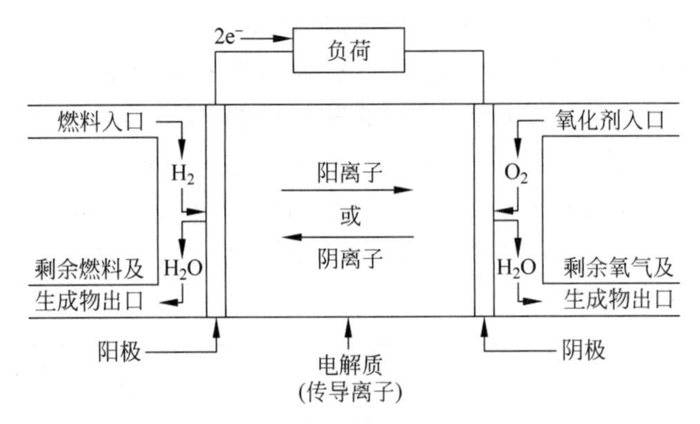

图 4-8 燃料电池原理示意图

2. 燃料电池发电系统

一个单池，在标准状态下可以得到 1.228 8V 输出电压。但其实际工作电压通常仅为 0.6～0.8V。实际应用中，需将多节单池进行串并联组合，构成一个电池组(Stack)，以满足用户需要。首先依据用户对电池工作电压的需求，确定电池组单电池的节数，再依据用户对电池组功率的要求，对电池组效率、电池组重量与体积综合考虑，确定电池的工作面积。

燃料电池发电系统以燃料电池组为核心，包括燃料(如氢)供给的分系统，氧化剂(如氧)供应的分系统，水热管理分系统和输出直流电升压、稳压分系统。如果用户需要交流电，还须加入直流交流逆变装置。此外，还应该有综合控制系统以及利用余热的热电联供或联合发电附加系统。

4.1.4 热电联产

热电联产(Combined Heat and Power，CHP)是指电能与热能的联合生产。生产电能的动力装置的排热与余热用于工业生产供热与冬季采暖，使不同品级的能量得到梯级利用。热电联产因能源利用效率高，而获得了广泛的应用。以燃煤热电联产为例，其能源利用效率能够超过 70%，而即便当今世界上最高效率的燃煤发电厂，其效率也只有 50%。

根据容量的大小，热电联产机组可分为两类：一类是用于区域公共供热的或企业自备的热电联产发电厂，简称热电厂；另一类则是用于建筑设施、医院、商场的小型热电联产机组，简称小型热电机组。

1. 热电厂

实际运行的热电厂分为两种情况：一种是采用大容量机组，以发电为主，只有部分余热得到利用，电力进入高压输电网分配，这种热电厂属于集中式发电；另一种是以热定电，厂址选择由热力需求的地点决定，机组发电容量较小，电力由用户自身消化或在当地配电网区域内分配，属于分布式发电。工业企业的自备热电厂，发电满足企业自身电力需求，是重要的分布式发电方式。

热电厂使用的动力装置有汽轮机、燃气轮机或内燃机，燃气蒸气联合循环装置。经过多年的发展，热电厂的技术已非常成熟，此处不再详述。

2. 小型热电机组

小型热电机组容量在数千瓦至数百千瓦之间，用于因供热需求量有限而不宜建设（或因某种原因还没有建设）公共热电厂的区域建筑设施供热、供电。对于医院、大型商场等重要场合，小型热电机组也作为自备应急电源使用。由于具有能源利用效率高、启停方便、机动性强等优点，小型热电机组受到了人们的广泛关注。目前应用的小型热电机组主要有内燃机与微型燃气轮机两种。

1）内燃机

往复式内燃机发电机组是常用的应急电源。发动机采用四冲程的点火式或压燃式，以汽油或柴油为燃料。这种内燃机组的容量在数千瓦到数兆瓦之间，具有成本低、效率高、易于热电联产、启停方便等优点；不足之处是废气排放量高，且噪声较大。近年来，通过对其技术改进，已经大大减少了废气排放和噪声污染。

2）微型燃气轮机

微型燃气轮机（Microturbine），指功率为数百千瓦以下的以天然气、甲烷（沼气）为燃料的超小型燃气轮机。它把飞机发动机的燃气轮机小型化，产生高温、高压气体，推进发电机发电。MT 一般由透平、压气机、燃烧室、回热器、发电机及电子控制部分组成，采用回热循环，从压气机出来的高压空气先在回热器内接受透平排气的预热，然后进入燃烧室与燃料混合、燃烧。微型燃气轮机多采用燃气轮机直接驱动内置式高速发电机，发电机与压气机、透平同轴，转速在 50 000～120 000r/min。发电机发出高频交流电，转换成高压直流电后，再逆变为工频交流电。

微型燃气轮机的优点是可靠性高、热利用效率较高、体积小、投资低、废气排放少、噪声小，适合于企业、医院、学校乃至家庭等分散使用。随着天然气在城市的广泛使用，微型燃气轮机具有很强的商业竞争力，发展前景广阔。

3）热电冷三联产

为进一步提高能源利用效率，在热电联产的基础上，开发出了热电冷三联产技术，简称热电冷联产。热电冷联产系统一般包括：动力系统和发电机（供电）、余热回收装置（供热）、制冷系统（供冷）等。

制冷系统的工作方式有压缩式和吸收式两种。压缩式制冷是消耗外功并通过旋转轴传递给压缩机进行制冷的，通过机械能的分配来调节电量和冷量的比例。吸收式制冷是耗费低温位热能来制冷，根据对热量和冷量的需求进行调节和优化，把来自热电联产的一部分或全部热能用于驱动吸收式制冷系统。目前最为常见的吸收式制冷系统为溴化锂吸收式制冷系统和氨吸收式制冷系统。溴化锂吸收式制冷温度由于受制冷剂的限制，不能低于 5℃，一般仅用于家用空调。氨吸收式制冷温度范围非常大（10～50℃），可以利用低品位的余热，所需热源的温度只要达到 80℃以上就能利用，不仅可用于空调，而且可用于 0℃以下的制冷场所。

热电冷三联产，使得热电机组在夏季也能以较高的效率运行。随着家用电器的普及，寒冷的冬天与炎热的夏天，也往往是用电的高峰。热电冷机组在保证用户自身取暖、制冷需要时，还可以在冬季与夏季用户高峰时向电网送电，起到调节用电负荷曲线的作用。

关于分布式发电，还有小水电、垃圾发电等，这些都是比较成熟技术，此处不再详述。

4.2 分布式储能

目前，我国处于“双碳”目标下的电力系统转型阶段，储能技术作为智能配电网的关键技术支持，其发挥的作用越来越明显，并不断向着更高安全性、更高功率密度、更高能量密度、更加环境友好性、更高效率等的技术目标发展。从储存能量的时间尺度和为电力系统提供支撑的功能来看，主要分能量型储能和功率型储能。功率型储能主要用于瞬间高功率输入、输出场合，一般为中短期储能，放电时间为秒级到分钟级，典型的如飞轮储能、超级电容储能和超导储能；能量型储能主要用于高能量输入、输出场合，一般为中长期储能，放电时间达到小时至日级别，典型的如抽水蓄能、锂离子电池、铅炭电池等。

分布式储能(Distributed Energy Storage，DES)是指模块化、可快速组装。接在配电网上的电能存储与转换装置，主要形式有电化学(蓄电池)储能装置、飞轮储能、压缩空气储能、超级电容器储能等。电动汽车亦可在配电网需要时向其送电，因此也是一种分布式储能装置。

4.2.1 压缩空气储能

压缩空气储能电站(Compressed Air Energy Storage，CAES)是一种调峰用燃气轮机发电厂，主要利用电网负荷低谷时的剩余电力压缩空气，并将其储藏在典型压力 7.5MPa 的高压密封设施内，在用电高峰释放出来，进入燃烧室燃烧，利用燃料燃烧加热升温后，驱动涡轮机发电。

在燃气轮机发电过程中，所消耗的燃气要比常规燃气轮机少 40%，同时可以降低投资费用、减少排放。CAES 储气库漏气开裂可能性极小，安全系数高，寿命长，可以冷启动、黑启动，响应速度快，主要用于峰谷电能回收调节、平衡负荷、频率调制、分布式储能和发电系统备用。

4.2.2 飞轮储能

飞轮储能是通过电动机拖动飞轮，使飞轮本体加速到一定的转速，由此将电能转化为动能。在需要能量释放时让飞轮减速，电动机作发电机运行，动能就可以转化为电能，如图 4-9 所示。飞轮储能系统是将能量以高速旋转飞轮的转动动能的形式存储起来的装置。它有三种模式：充电模式、放电模式、保持模式。充电模式即飞轮转子从外界吸收能量，使飞轮转速升高将能量以动能的形式存储起来，充电过程飞轮做加速运动，直到达到设定的转速；放电模式即飞轮转子将动能传递给发电机，发电机将动能转化为电能，再经过电力控制装置输出适合于用电设备的电流和电压，实现机械能到电能的转化，此时飞轮将做减速运动，飞轮转速将不断降低，直到达到设定的转速；保持模式即当飞轮转速达到预定值时既不再吸收能量也不向外输出能量，如果忽略自身的能量损耗其能量保持不变。

飞轮储能功率密度大于 5kW/kg，能量密度超过 20Wh/kg，效率在 90%以上，循环使用寿命长达 20 年，工作温区为−40～50℃，无噪声，无污染，维护简单，可连续工作，积木式组合后可以实现兆瓦(MW)级输出功率，输出持续时间为数分钟至数小时，主要用于不间断电源(Uninterrupted Power Supply，UPS)/应急电源(Emergency Power System，EPS)、电网调峰和频率控制。

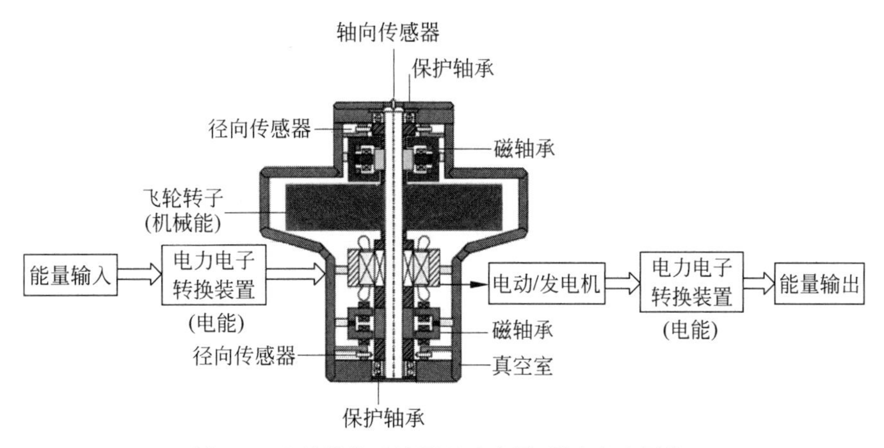

图 4-9　飞轮储能系统原理示意图(图片来自网络)

4.2.3　超级电容器储能

超级电容器根据电化学双电层理论研制而成,可提供强大的脉冲功率。

超级电容器充电时电极表面处于理想极化状态,电荷将吸引周围电解质溶液中的异性离子,使其附于电极表面,形成双电荷层,构成双电层电容。由于电荷层间距非常小(一般0.5mm 以下),加之采用特殊电极结构,电极表面积成万倍增加,从而产生极大的电容量。但由于电介质耐压低,存在漏电流,储能量和保持时间受到限制,必须串联使用,以增加充放电控制回路和系统体积。

超级电容器历经三代数十年的发展,已形成电容量 0.5～1 000F、工作电压 12～400V、最大放电电流 400～2 000A 系列产品,储能系统最大储能量达到 30MJ。但超级电容器价格较为昂贵,在电力系统中多用于短时间、大功率的负载平滑和电能质量高峰值功率场合,如大功率直流电机的启动支撑、动态电压恢复器等,在电压跌落和瞬态干扰期间提高供电水平。

4.2.4　电化学储能系统

电化学储能的装置是电化学电源,又称电池,是一种将化学能直接转变成电能的装置。它通过化学反应,消耗某种化学物质并输出电能。电化学储能材料种类繁多,且不同的材料其物理特性和应用状况也存在很大的差异电池储能主要是利用电池正负极的氧化还原反应进行充放电。

1. 储能电池

(1) 铅酸电池。铅酸电池技术成熟,价格便宜,制造成本低,可靠性好,已广泛应用于电力系统,但循环次数少,使用寿命短,在生产回收等环节处理不当易造成污染环境。过去,铅酸电池在电力储能系统中有较多应用,在电力系统正常运行时为断路器提供合闸电源,在发电厂、变电所供电中断时发挥独立电源的作用,为继保装置、拖动电机、通信、事故照明提供动力。随着锂离子电池性能的提高与成本逐步降低,铅酸电池在电力储能系统中的应用越来越少了。

(2) 钠硫电池与液流电池。钠硫电池和液流电池被视为新兴的、高效的且具广阔发展前景的大容量电力储能电池。钠硫电池储能密度为140kWh/m^3,是铅酸电池的5倍,系统效率可达80%,单体寿命已达15年,且循环寿命超过6 000次,便于模块化制造、运输和安装,建设周期短,可根据用途和建设规模分期安装,很适用于城市变电站和特殊负荷。

液流电池已有钒-溴、全钒、多硫化钠/溴等多个体系,高性能离子交换膜的出现促进了其发展。液流电池电化学极化小,能够100%深度放电,储存寿命长,额定功率和容量相互独立,可以通过增加电解液的量或提高电解质的浓度达到增加电池容量的目的,并可根据设置场所的情况自由设计储藏形式及随意选择形状。

(3) 锂离子电池。锂离子电池是一种二次电池(充电电池),它主要依靠锂离子在正极和负极之间移动来工作。在充放电过程中,Li^+在两个电极之间往返嵌入和脱嵌:充电时,Li^+从正极脱嵌,经过电解质嵌入负极,负极处于富锂状态;放电时则相反。锂离子电池的电化学性能主要取决于所用的电极材料和电解质材料的结构和性能,负极材料主要为碳或钛酸锂,正极材料主要为锰酸锂、磷酸铁锂、镍钴锰三元材料、镍钴铝三元材料。

锂离子电池的优点如下:能量比较高,能量密度已达到460~600Wh/kg,是铅酸电池的6~7倍;使用寿命长,循环次数可达8 000次;额定电压高(单体工作电压为3.7V或3.2V),便于组成电池电源组;具备高充放电倍率,可以达到15~30C充放电的能力;自放电率很低,不到镍氢电池的1/20;此外,还有重量轻,高低温适应性,绿色环保的优点,不论生产、使用和报废,都不含有也不产生任何铅、汞、镉等有毒有害重金属元素和物质。其缺点如下:安全性差,有爆炸的危险;需保护线路,防止电池被过充放电;生产要求条件高,成本高;使用条件有限制,高低温使用危险大。

目前,电动汽车与电力储能应用最多的锂离子电池是三元锂电池与磷酸铁锂电池。三元锂电池能量密度高、低温性能好、充放电效率高;不足之处是成本高,耐高温性能差。磷酸铁锂是目前较安全的锂电池,此外还具有价格低、循环寿命长的优点,但其能量密度远不及三元锂电池,低温性能差。电动汽车对电池的体积要求较高,三元锂电池更具优势;而电力储能对电池体积要求不严格,适合使用磷酸铁锂电池。

钠硫电池在储能电站的应用中仅次于锂离子电池,其规模约占全球电化学储能总装机的30%~40%,但在国内尚未大规模推广。另外,铅酸电池以其安全可靠,容量大,低成本等特点,广泛应用于汽车蓄电池以及各种备用电源领域。全钒液流电池是一种新型蓄电储能设备,不仅可以用作太阳能、风能发电过程配套的储能装置,还可以用于电网调峰;其缺点在于能量密度低,体积较大,在国外应用较多。

电化学储能电池如图4-10所示。

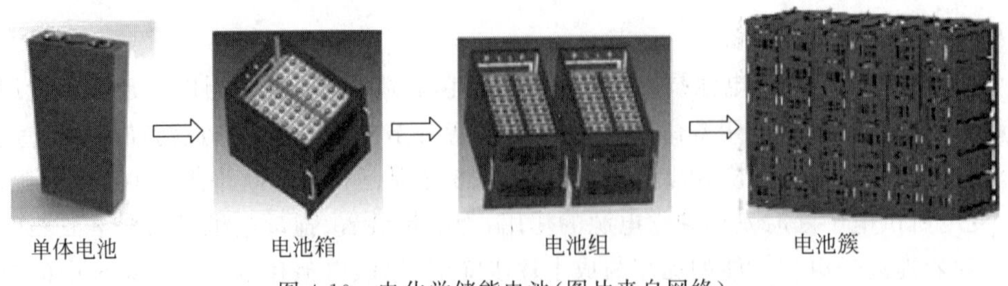

图4-10　电化学储能电池(图片来自网络)

2. 电池储能系统

电池储能系统的主要部件有储能电池堆(Battery Pack，BP)、电池管理系统(Battery Management System，BMS)、储能双向变流器(Power Conversion System，PCS)、储能监控系统及 UPS 电源，如图 4-11 所示。其中储能电池的化学材料决定了储能倍率的大小，从而影响了 PCS 的额定充放电功率 $P_{st,N}$。储能电池的单体容量以及串并联数决定了储能系统的总容量 S_N。PCS 由 DC/AC 双向变流器、控制单元等构成。PCS 控制器通过通信接收后台控制指令，根据功率指令的符号及大小控制变流器对电池进行充电或放电，实现对电网有功功率及无功功率的调节。电池管理系统 BMS 主要负责对电池进行单体电压、温度采集，均衡充电等功能，确保电池安全、可靠、稳定运行。

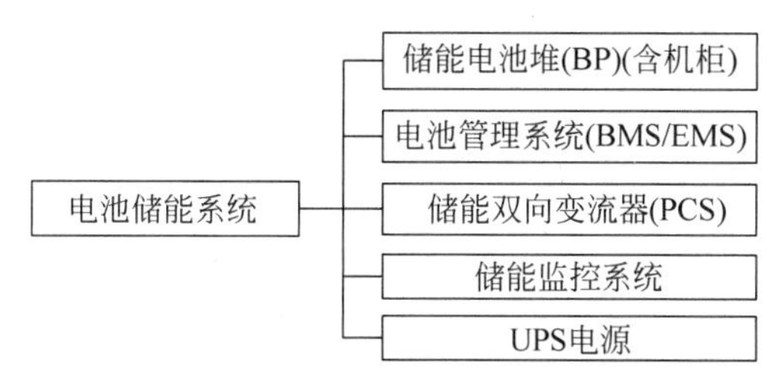

图 4-11　电池储能系统的组成

电池储能主要性能参数如下：

(1) 安时数 Ah。安时数为反映电池容量大小的指标，如 48V-100Ah 表示电池的容量为 4.8 度电，标称电压和标称安时数，是电池最基本也是最核心的概念。电量 Wh=功率 W＊时间 h=电压 V＊安时数 Ah。

(2) 电池放电倍率 C。电池放电倍率 C 用来表示电池充放电能力倍率。C 表示放电快慢的一种量度。一般可以通过不同的放电电流来检测电池的容量。例如电池容量为 100Ah 的电池用 15A 放电时，其放电倍率即为 0.15C。1C 表示电池 1 小时完全放电时电流强度。如标称为 2 200mAh 的电池在 1C 强度下放电 1 小时放电完成，此时该放电电流为 2 200mA。

充放电倍率=充放电电流/额定容量；例如：额定容量为 100Ah 的电池用 20A 放电时，其放电倍率为 0.2C。电池放电 C 率，1C，2C，0.2C 是电池放电速率：表示放电快慢的一种量度。所用的容量 1 小时放电完毕，称为 1C 放电；5 小时放电完毕，则称为 1/5=0.2C 放电。一般可以通过不同的放电电流来检测电池的容量。对于 24Ah 电池来说，2C 放电电流为 48A，0.5C 放电电流为 12A。

(3) 放电深度(Depth Of Discharge，DOD)。放电深度指在电池使用过程中，电池放出的容量与电池额定容量的百分比。同一电池，设置的 DOD 深度和电池循环寿命成反比。当提升某一方面的性能，就会牺牲其他方面的性能。如：DOD 80%的情况下，锂电池循环寿命可达 6 000～12 000 次。

(4) 荷电状态(State Of Charge，SOC)。荷电状态表示电池剩余电量占电池额定容量的百分比。

(5) 健康状态(State Of Health，SOH)。电池健康状态(包括容量、功率、内阻等)，是电池从满充状态下以一定的倍率放电到截止电压所放出的容量与其所对应的标称容量的比值。简单来说，就是电池使用一段时间后性能参数与标称参数的比值，新出厂电池为100%，完全报废为0%，而根据IEEE标准，电池使用一段时间后，电池充满电时的容量低于额定容量的80%，电池就应该被更换。

(6) 能量密度 E(Wh/kg)。能量密度指的是单位重量的电池所储存的能量是多少，1Wh等于3 600J的能量。能量密度是由电池的材料特性决定的，普通度约为40Wh/kg，常用的电动两轮车用铅酸电池包为48V，10Ah，储能480Wh，所以可以简单估计这种电池包的重量通常在12kg以上。

(7) 功率密度 P(W/kg)。功率密度指的是单位重量的电池在放电时可以以何种速率进行能量输出。功率密度也是由材料的特性决定的，并且功率密度和能量密度没有直接关系，并不是说能量密度越高功率密度就越高，用专业的术语来说，功率密度其实描述的是电池的倍率性能 C，即电池可以以多大的电流放电。

4.2.5 储能在智能配用电中的应用

储能在电力系统中可以渗透到"发-输-配-用"各个环节，其中调频、调峰、延缓输配电扩容升级、备用电源、削峰填谷、电费管理等都是目前储能最具市场价值的一些应用，并在新能源并网及电动汽车应用方面起到积极的作用。随着智能配电网、分布式发电与微电网以及电动汽车的蓬勃发展，大量分布式电源接入配电网。分布式储能系统主要应用场景包含用户侧，分布式电源侧和配电网侧等三个方面。相较于集中式储能，分布式储能减少了集中储能电站的线路损耗和投资压力，但也具有分散布局，可控性差等缺点。合理规划的分布式储能，不但可以通过"削峰填谷"起到降低配电网容量的作用，还可以弥补分布式电源的间歇性对电网安全和经济运行的负面影响。

1. 储能在配电网侧的应用。

在10kV电压等级的配电网中，储能系统多数安装于城市的配电网馈线或者开关站(开闭所，环网柜)，如图4-12所示。运行方式以并网运行为主。储能系统的功率在100～500kW级别，充放电运行时间范围在几十分钟到几个小时之间。当L1，L2线路的负荷处于高峰时刻，总负荷可能超过线路及变压器等一、二次设备的额定容量。为解决配电网局部线路超载问题，必须对配电网进行扩建升级。配电网往往建设在人口密度较大、用电较紧张地

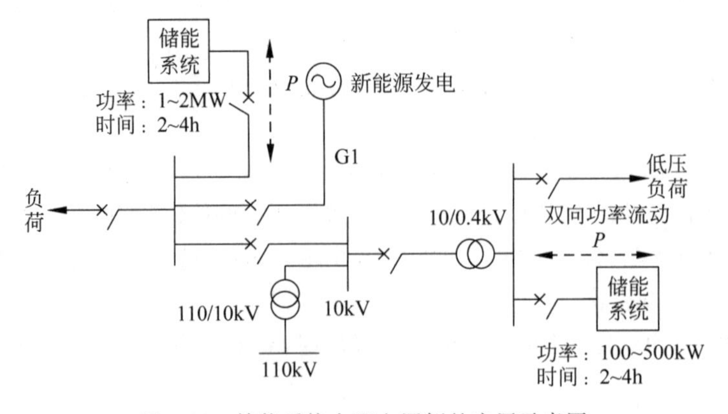

图4-12 储能系统在配电网侧的应用示意图

区，因此对配电网进行扩建不仅需要考虑设备成本等传统因素，同时还要考虑土地利用、居民安全对扩建造成的影响。因此为了解决以上问题，用电高峰时段负荷超过设备额定容量的地区可以安装储能装置以降低电网扩建成本，减缓电网升级投资的压力。电池储能通过充放电可以实现功率在时间上的转移，从而降低了负荷峰值时线路 L1，L2 的功率流动，从而延缓线路 L1，L2 升级改造，而且储能通过双向的功率流通可以提高其他设备的使用效率，延长设备使用寿命，减少系统维护费用。另外，图中的 10kV 线路中 G1 安装的储能系统则可以综合新能源功率变化与负荷波动的情况进行快速充放电，从而防止过剩功率注入引起的过电压和过负荷引起的低电压。同时还能起到平滑负荷曲线，平滑新能源间歇性功率输出的效果。

2. 储能在用户侧的应用

图 4-13 是电池储能系统在用户侧应用中的典型拓扑结构图。其中点画线框内是储能系统在用户侧进行峰谷点价差套利的典型接线图。另外，根据最大负荷需求应缴纳的基本电费，通过预测负荷，利用储能系统削减尖峰电荷，在电能需量电价上实现额外增值收益。而图中点画线框外的用户侧 0.4kV 的分布式电源则很大程度上是为了实现在用电需求侧更大的电能控制灵活性。一方面是防止新能源输出曲线与负荷存在较大差异，导致大量电能倒送至电网，不能就地消纳；另一方面是储能系统可当作能量备用，在新能源输出不稳定时，起到备用和过渡作用，其储能容量多少取决于负荷的需求。

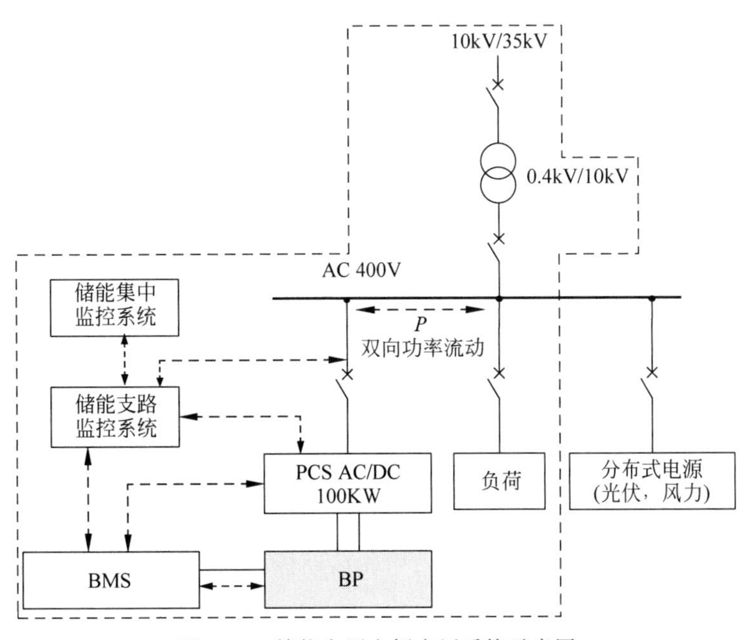

图 4-13　储能在用户侧应用系统示意图

3. 储能在新能源并网的应用

在新能源并网应用场景中，风力发电系统的输出功率与风速直接相关，而光伏发电系统的输出功率跟辐照度成正比。自然界中风速和光照具有天然的波型性和随机性。这使得风电和光伏输出功率也表现出显著的波动性。为实现波动平滑的负荷跟踪控制策略，储能控制器需要完成平滑任务的波动分量提取和维持储能系统荷电状态 SOC 管理两个方面的控制任务。如图 4-14 所示,储能的平滑控制策略可较好地平抑可再生能源发电的输出功率波动,同时也可较好地平抑负荷曲线的突变,最终形成一个平滑的曲线。当获取详细运行数据后,能够充分利用储能系统,降低可再生能源发电功率越限的概率,让其尽可能平滑过渡到调度指令水平,同时也大大提高电网安全运行的可靠性。

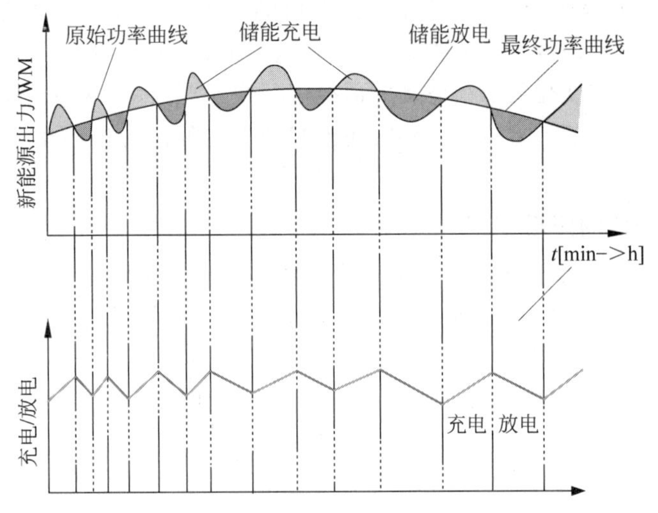

图 4-14　储能系统典型功率平滑控制曲线图

在小型微网系统中,还可以通过储能的充放电控制策略应用到其他场景,比如:频率/电压稳定控制、孤岛运行控制、静止无功补偿控制、紧急备用电源控制、削峰填谷控制等。其本质与上述两种充放电行为大同小异,其中主要的区别在于不同的充放电策略需要参考被控电气量或物理量也不同,从而达成不同的控制目的。

4.3　分布式电源并网

4.3.1　并网方式及技术要求

分布式电源与配电网的并联运行方式,即并网方式,分为以下两大类:

(1) 直接并网。小型燃气轮机组、地热发电、水力发电、太阳热发电使用旋转式发电机,发出工频交流电,所以采取直接并网方式。绝大部分风力发电机组也是发出工频交流电,所以也是直接接入配电网的。直接并网的发电机有同步发电机与感应式(异步)发电机两大类,前者采用检查同期合闸的措施,后者采用软启动措施(参见图 4-4),来防止并网时产生冲击电流。

(2) 通过逆变器并网。光伏发电、燃料电池和各种电能储存技术发出的是直流电,需要通过逆变器转换为交流电后与配电网联接。微型燃气轮机发出的高频交流电也是通过逆变器与配电网并联。前面介绍过,变速风力发电机组通过逆变器并网的,可以使转子的速度能够独立于电网频率,以更好地利用风力。

分布式电源并入配电网,会影响配电网的运行方式和性能。为确保配电网的安全运行以及对用户的供电质量,分布式电源并网要满足以下基本要求:

(1) 保证配电网电压合格,引起的电压偏移不超过允许的范围。

(2) 配电设备正常运行电流不超过额定值。

(3) 短路容量不超过断路器遮断容量,短路电流不超过开关、电缆、配电线路、配电变压器的热稳定与动稳定值。

(4) 保护能够正确动作,满足对保护动作可靠性、选择性、灵敏性与速动性的要求。

(5) 具备完善的反孤岛保护的措施,防止配电网因脱离主电网出现孤岛运行状态。

(6) 不会引起危害配电网安全的过电压。

(7) 保证电能质量合格,不会造成谐波、电压暂降、闪变、三相电压不平衡等超过规定值。

针对一个具体的分布式电源并网要求,一般是使用专用计算机程序计算潮流和短路电流分布,确认分布式电源并网是否满足以上基本要求以及是否会影响继电保护装置的正确动作。必要时,还需要进行稳定性分析,以确保分布式电源并网不会对系统的安全性带来不良影响。

4.3.2 接入点的选择

为保证配电网的安全运行与供电质量,并且尽量避免更改调整已有的配电网设备、接线方式与保护控制方式,原则上要求分布式电源的接入不对配电网正常运行电压以及短路电流水平带来实质性影响。通过合理的选择接入点,可以做到这一点。

分布式电源对配电网的影响与分布式电源的容量以及接入的配电网的容量有关,而配电网的容量与其电压等级有关。为使分布式电源的并入不对配电网的正常运行电压与短路电流水平带来实质性影响,380V/400V 低压电网允许接入的分布式电源容量应在 400kW 以内,10kV 等级中压电网允许接入的分布式电源容量一般在 10MW 左右;容量大于 5MVA 的分布式电源一般是通过联络线接到附近变电站的母线上;容量更大一些的分布式电源则需要接入更高电压等级的配电网。大容量的分布式电源一般是通过联络线接到附近变电所的母线上,如图 4-15(a)所示;对于小型的分布式电源,为减少并网投资,允许其就近并在配电线路上,如图 4-15(b)所示。

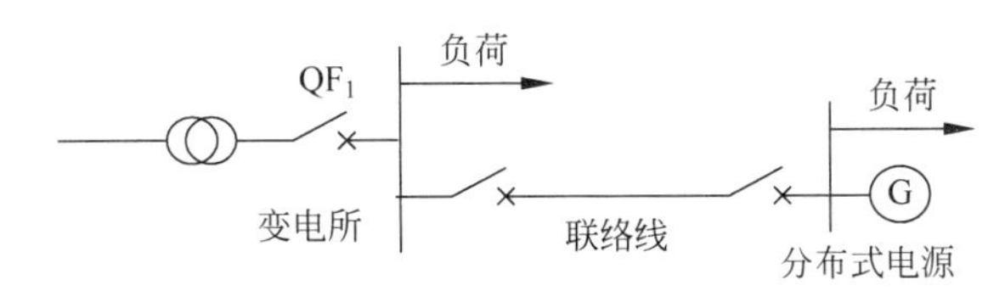

(a) 经过联络线接到变电所母线上去

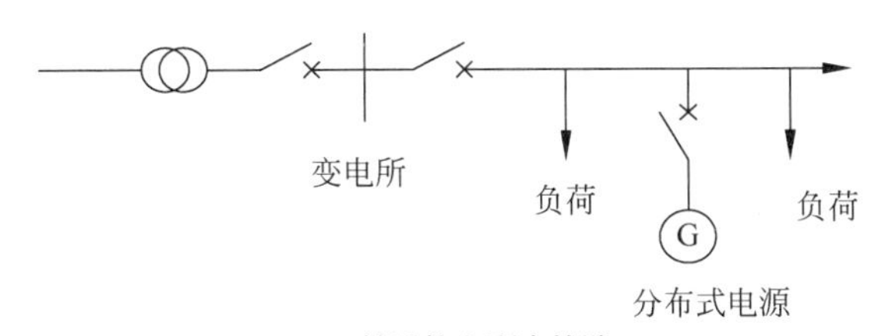

(b) 就近接入配电线路

图 4-15 分布式电源接入配电网的方式

在我国，热电联产与小水电有着很广泛的应用，其中相当一部分的发电容量在1～50MW，它们一般是并到配电变电所的母线上，属于分布式发电的范畴。这些分布式电源（小电源）的并网以及保护控制技术已比较成熟，有大量的技术标准、规程可供参考。

此外，还要考虑分布式电源并网带来的安全问题。在配电网因施工或检修停运时，如果分布式电源仍然连接到配电网上，则有可能使配电网继续带电而威胁施工维护人员的安全，因此，在配电网施工或检修时要确保分布式电源与配电网断开。对于那些通过逆变器直接接入到配电网的分布式电源，如光伏发电系统，要装设带明显的断开点的隔离开关，以在需要时彻底断开与配电网的连接。

4.3.3 分布式电源并网的相关影响

分布式电源并网对配电网既有积极作用，也带来新的问题与挑战。分布式电源并网后会给配电网带来一系列积极的影响：

（1）提高供电可靠性。在主网停电时，分布式电源通过计划孤岛或微网的运行方式给部分用户供电，从而避免大面积停电带来的严重后果。此外，分布式电源还可以为电网黑启动提供电源支持，加快事故后的供电恢复。

（2）减少传输损耗。分布式电源就近向负荷供电，避免从大型发电厂经过输电网长距离传输，从而减少了传输过程中的损耗。

（3）有助于削峰填谷。一些分布式电源，如燃气机组，启停方便，可以用于调峰。分布式储能装置可在负荷低谷时从电网上获取电能，而在负荷高峰时向电网送电，起到平滑负荷曲线的作用。

（4）补偿可再生能源发电的间歇性。利用燃气机组、小水电可以灵活调节输出的优点，与光伏发电、风电机组配合使用，可以就地补偿其功率输出的间歇性。分布式储能装置也具有这一作用。

1. 电压变化问题

配电网采用的设计原则是在最大程度地利用配电线路容量的同时，向所有用户提供电压合格的电力。单向供电的辐射型配电线路的电压分布如图4-16所示，通过调整变电所内变压器的分接头，可以使最大负荷时最远处的负荷电压水平满足要求，同时在最小负荷时，所有用户的电压水平不高于上限。

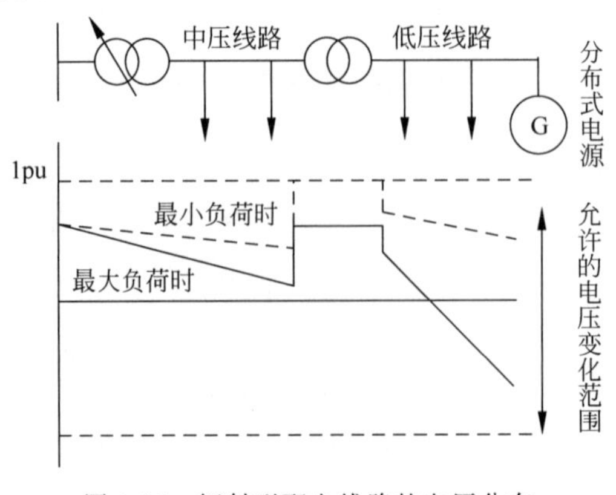

图4-16　辐射型配电线路的电压分布

配电线路中接入分布式电源，将引起电压分布的变化。如果分布式电源接在线路末端向配电网输送电力，由发电机供电的线路的电压升高量约为：

$$\Delta U = \frac{PR + QX}{U_{\mathrm{N}}} \tag{4-1}$$

式中：P 为发电机输出的有功功率；Q 为发电机输出的无功功率；R 为线路电阻；X 为线路感抗，U_{N} 为线路额定运行电压。

由于配电网调度人员难以掌握分布式电源的投入、退出时间以及发出的有功功率与无功功率的变化，使配电线路的电压控制更为困难。按照以上介绍的原则选择分布式电源的接入点，则可减少甚至忽略分布式电源对配电线路电压的影响，简化电压控制过程。通过配电 SCADA 系统或专门的电压监控系统，对有载调压变压器的输出以及分布式电源发出的无功功率进行综合控制，可以在保证线路电压满足要求的同时，充分发挥分布式电源的发电能力。

2. 继电保护问题

1）分布式电源并网对配电网继电保护的影响

分布式电源的并入会改变配电网故障时短路电流水平并影响电压与短路电流的分布，对继电保护系统带来如下影响。

（1）引起配电网保护拒动。如图 4-17 所示，如果一个分布式电源接在线路的 M 处，当线路末端 K 处发生短路故障时，它向故障点送出短路电流并抬高 M 处的电压，因此使母线处保护 K 检测到的短路电流减少，从而降低保护动作的灵敏度，严重时会引起保护拒动。

（2）引起配电网保护误动。在母线背后系统或相邻线路发生短路故障时，下游分布式电源提供的反向短路电流可能使保护误动作。

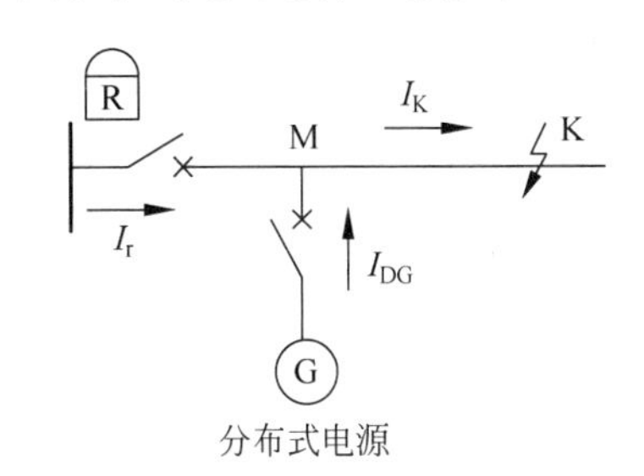

图 4-17　分布式电源对保护动作的影响

（3）影响重合闸的成功率。在线路发生故障时，如果分布式电源在主系统侧断路器跳开时继续给线路供电，会影响故障电弧的熄灭，造成重合闸不成功。如果在重合闸时，分布式电源仍然没有解列，则会造成非同期合闸，由此引起的冲击电流使重合闸失败，并给分布式发电设备带来危害。

（4）影响备用电源自投装置。如果在主系统供电中断时，分布式电源继续给失去系统供电的母线供电，则由于母线电压继续存在，会影响备用电源自投装置的正确动作。

分布式电源接入配电网中，遵循的一个基本原则应是尽量不改变已有配电网继电保护的配置与整定。特别是对于那些就近接入到配电线路的小型分布式电源来说，遵循这一原则尤为重要，否则将增加配电投资与运行管理的复杂性。一般来说，在分布式电源接入配电网时，都需要进行短路电流计算，并核对校验继电保护的配置与整定值，确保继电保护的正确动作。

2）孤岛运行保护

孤岛运行（Islanded Operation）保护，又称主系统脱离（Loss of Main）保护或解列保护。所谓"孤岛"指的是配电线路或部分配电网与主网的连接断开后，由分布式电源独立供电形成的电源网络。例如图 4-15(a) 中变压器低压侧断路器跳开后，分布式电源和母线上其他线路形成的独立网络就是一个“孤岛”。这种意外的孤岛运行状态是不允许的,因为这时供电电压与频率的稳定性得不到保障,并且线路继续带电会影响故障电弧的熄灭、重合闸的成功,危害事故处理人员的人身安全。对于中性点有效接地的系统来说,一部分配电网与主系统脱离后,可能会失去接地的中性点,成为非有效接地系统,如果线路继续带电运行,可能会由于参数不对称等原因引起过电压,危害设备与人身安全。

因此,在分布式电源与配电网的连接点上,需要配备自动解列装置,在检测出现孤岛运行状态后,迅速跳开分布式电源与配电网之间的联络开关。一般来说,在孤岛运行状态下,分布式电源发电量与所带的负荷相比,有明显的缺额或过剩,导致电压与频率的明显变化,据此可以构成孤岛运行保护,主要有以下 3 种工作原理:

(1) 反映电压下降或上升的欠压/过压保护;

(2) 反映频率下降或上升的频率变化率保护;

(3) 反映前后两个周波电压相量变化的电压突变量保护。

反映频率变化率的孤岛保护在电力系统功率出现缺额导致频率下降时也可能动作,导致在电力系统最需要的功率支持的时候切除分布式电源,使情况更为恶化,因此,实际应用中不宜将低频解列保护整定的过于灵敏,以避免这种不利局面的发生。

3) 重合闸与孤岛运行保护的配合

在线路故障切除后,重合闸需要与孤岛运行保护配合,其等待时间要确保分布式电源解列并留有足够的故障点熄弧时间。另外一个解决方案是系统侧断路器采取检无压重合闸,确保在分布式电源断开、下游配电网无压时才启动重合闸。分布式电源在断开与配电网的连接后,在配电网供电恢复正常时,采用检同期自动并入或有运行人员手动并入。

3. 短路容量的影响

直接并网的感应式异步发电机和同步发电机都会增加配电网的短路电流水平,因此提高了对线路断路器遮断容量的要求。一般来说,通过合理选择分布式电源接入点并对其容量进行适当限制,将不会使配电网短路容量发生实质性的变化。不过,一些配电网的短路容量与断路器的额定容量已非常接近,如果再接入分布式电源,就需要增加断路器的容量。为避免更换断路器,就需要通过在分布式电源与配电网之间安装变压器或电感,或者使用电流限制器来限制配电网短路容量的提高。

4. 对供电质量的影响

分布式电源并网后,对配电网供电质量(供电可靠性与电能质量)的影响既有积极的一面,也有消极的一面。

(1) 供电可靠性:对拥有分布式电源的用户来说,可以在配电网供电中断后,由分布式电源维持重要负荷的供电①,有利于提高供电可靠性。另一方面,多个分布式电源的接入,会增加配电网保护控制与调度管理的复杂性,对配电网的安全、稳定运行带来不利影响。

(2) 电能质量:分布式电源接入配电网能够提高其电压水平,可以在负荷扰动或者远方时对接入点电压提供支持,减少电压变化幅度,有利于避免或减弱电压骤降对用电设备的影响。

---

① 这种运行状态与以上提到电源孤岛是不同的。经过预先设计,使分布式发电容量与负荷容量相匹配。

分布式电源的接入也给配电网电压质量带来不利影响。分布式电源并网会产生较大的冲击电流，引起供电电压瞬时下降。对那些比较薄弱的配电网，并网引起的电压下降幅度可能超出正常范围。因此，需要采取措施减少并网冲击电流，避免供电电压的异常变化。如果同步发电机能够确保同步并网，感应式异步发电机采取软启动/并网措施，则可将并网冲击电网限制在额定电流以内，由此引起的电压扰动可以忽略不计。此外，满载运行的发电机突然与配电网断开也可能会引起较大的电压跌落，也需要采取措施加以控制。

风力发电机的输出电流存在周期的变化现象，如果不加以控制，会引起电压闪变。

通过逆变器并网的分布式电源，不可避免地会向电网注入谐波电流，控制不当的话，会导致电压波形出现不可接受的畸变。不过，直接接入电网的发电机能够降低配电网的谐波阻抗，因而可以降低电压谐波，但会增加发电机的谐波电流。

配电网会因为存在单相负荷而产生不平衡电压，感应式异步发电机对不平衡电压的阻抗很低，因此，导致注入的不平衡电流增大。它有利于缓解配电网电压的不平衡，但会因不平衡电流的增加，使发电机过热。

5. 对配电网运行管理的影响

接入分布式电源后，配电网由多个电源点供电，会增加配电网调度与运行管理的复杂性。风力发电、太阳能发电等可再生能源电源输出的电力随气象条件等因素变化，具有很大的随机性；而大量的用户自备分布式电源一般是根据用户自身需要安排机组的投切与发电量，它们可能在电力系统最需要功率支撑的时候退出运行，供电企业难以对其进行有效控制；这一切给合理地安排配电网运行方式、保证配电网的安全稳定运行带来困难。解决问题的途径是加强与分布式电源业主的沟通，及时、准确地掌握分布式电源发电量的变化。要健全配电管理系统（DMS），采集、处理分布式电源的实时运行数据，并对其进行必要的调节、控制。

分布式电源的接入，也给配电网的施工与检修维护带来了影响，需要采取相应的安全隔离和接地措施，以保证施工人员的人身安全。由于难以对众多的分布式电源进行控制，停电检修计划安排的难度增加，减少了配电网施工的灵活性。

6. 对配电网规划建设与经营的影响

分布式电源的大量应用，也给配电网的规划建设与经营带来了新挑战。相对于分布式电源并网的技术问题，人们对分布式电源并网在经济方面的影响及其对策缺少明确的认识，争论也比较大。事实上，经济性是影响分布式电源发展的关键因素，有必要加强这方面的研究，完善有关的法规政策，促进分布式发电的健康发展。

1）对负荷预测、设计规划的影响

由于大量的用户安装分布式电源组为其提供电能，使得配电网规划人员更加难以准确地预测负荷增长情况，进而影响规划的合理性。大量分布式电源的接入，会使配电网潮流分布更为复杂，给确定最优网络结构带来困难。此外，规划时需要准确地评估分布式发电对配电网的影响，合理地安排分布式电源的接入点与容量，确保分布式电源的接入不会破坏配电网运行的安全性与稳定性。

目前，供电企业在进行配电网规划设计时一般不考虑分布式发电容量的替代作用，即设计的配电容量要保证即使分布式电源不存在时也能够正常供电。不过，有研究结果表明，分布式发电容量是可以替代一部分配电容量的，从而减少对输配电网络的投资。有理由相信，将来在配电网的容量设计时能够考虑分布式发电的作用。

2）对配电网经济运行的影响

分布式电源改变了网络的潮流，因此也将改变网络的损耗。如果小型分布式电源的安装位置靠近大型负荷，则由于它可以向附近的负荷提供部分有功和无功功率，使网损降低。相反，如果大型分布式电源远离大型负荷，就有可能增加配电网的网损。一般来说，分布式电源比较多的地区，也是负荷比较密集的地区，因此，可以减少从系统中吸取的有功功率，降低网损，提高配电网运行的经济性。

目前，分布式电源一般不参与配电网的电压控制。为减少损耗并且避免因从配电网吸取无功功率带来的费用，分布式电源一般运行在功率因数为1的状态下。一些国家，如丹麦，已开始尝试在负荷高峰时让分布式电源向配电网注入无功功率，以维持电压的稳定，这样，可以提高配电网总体运行的经济效益。

3）分布式电源并网的经济问题

分布式电源并网，也给供电企业的投资以及经营带来一系列新问题。如果分布式电源的接入增加了供电企业在保证电网安全稳定运行与供电质量方面的设备投资与运行管理成本，是否应该由分布式电源业主承担；反之，如果分布式电源的并网节省了投资，其收益是否也属于分布式电源业主。关于分布式电源接入对电力系统投资与运行管理成本的影响，目前还没有定论，有待于进一步的研究。

对于自备分布式电源的用户，为保证在自备电源停运时仍能正常用电，供电企业需要为其提供足够的备用容量。大部分时间用户会使用自备分布式电源发电，直接导致供电企业对其售电量的减少，使为其建设的配电设施成为没有经济效益的“沉没成本”，因此，需要完善电价政策，合理地调整供电企业与用户的利益。

4.4 微电网技术

微电网的基本概念在本书的1.3.4小节已作介绍，本节主要介绍微电网的相关技术，主要包括微电网的运行控制、保护技术、信息通信、能量管理等，其中信息通信和能量管理在本书中的其他章节已有类似的介绍。

4.4.1 微电网的基本功能

（1）并、离网下自治运行。微电网的并网运行是指微电网与主电网并列运行，即与常规配电网在主回路上存在电气连接点，即公共连接点（PCC）。并网运行时微电网电量不足部分由主电网补充，微电网电量富余时可以送往主电网，实现微电网内功率的动态平衡，并且不影响微电网的稳定可靠运行。当主电网故障或有特殊需求时，微电网离网运行，此时由分布式电源独立供电，而当分布式电源不能满足微电网内的负荷需求时，也可配合相应容量的储能设施通过协调控制实现微电网内的功率平衡，从而保证重要用户的供电，并为电网崩溃后的快速恢复提供电源支持，最终实现微电网并、离网下自治运行。

（2）平滑切换。一方面微电网从并网转离网或离网转并网时，由于微电网对于主电网表现为一个自治受控单元，因此微电网运行模式的转变对主电网的运行不会产生影响，减少了切换过程中对主电网的冲击和影响，实现了微电网的平滑切换。另一方面，平滑切换还应体现在微电网从并网转离网或离网转并网时，让用户没有“感觉”。

(3) 能源优化利用。为了提高分布式电源的利用效率，减少高渗透率下分布式电源接入对电网的冲击和影响，通过微电网技术将分布式电源、负荷和储能装置进行有机整合，并网运行时作为可灵活调度单元，既可从电网中吸取电能，又可将多余电能供给电网，与主网协调运行；离网运行时，可通过储能及控制环节维持自身稳定运行。所以微电网在发挥分布式电源高效性与灵活性的同时，又能有效克服其随机性、间歇性的缺点，是电网接纳分布式电源的最有效途径，灵活实现电量的就地消纳。

(4) 友好接入主电网。微电网具有双重角色：对于主电网，微电网可视为一个简单的可调度负荷，可以在数秒内做出响应以满足电网的需要；对于用户，微电网是一个发供电系统，可以满足用户多样化的需求。微电网作为一个单一的自治受控单元，其并网和离网运行对电网不会产生冲击和影响，并可适时向大电网提供有力支撑。

4.4.2 微电网的运行控制

微电网能实现灵活的运行方式与高质量的供电服务，关键在于其完善的运行控制系统。基于微电网即插即用的特点，微电网中微电源的数目是不确定的，新的微电源接入的不确定性将使采用中央控制的方法变得难以实现，而且一旦中央控制系统中某一控制单元发生故障，就可能导致整个系统瘫痪。因此，微电网的控制应能基于本地信息对电网中的事件做出自主反应，例如，对于电压跌落、故障、停电等，发电机应当利用本地信息自动转到独立运行方式，而不是像传统方式中由电网调度统一协调。具体来说，微电网运行控制应当满足以下技术要求。

(1) 选择合适的可控点。微电网内各个分布式电源一方面可控程度不同，如对于可再生能源来说，其有功功率取决于天气条件等因素，无法人为控制和调节。对部分电源来说，其控制权可能归属于用户，无法纳入统一的自动控制系统。另外，动态响应不同，逆变型分布式电源和同步机型分布式电源动态响应差异较大；对各类控制策略都需要选择合适的可控点。

(2) 无缝切换。微电网具有联网运行和独立运行两种运行模式。当检测到微电网发生孤岛效应，或根据情况需要微电网独立运行时，应迅速断开与公共电网的连接转入独立运行模式。当公共电网供电恢复正常时，或根据情况需要微电网联网运行时，将处于独立运行模式的微电网重新联入公共电网。在这两者之间转换的过程中，需要采用相应的运行控制，以保证电网的平稳切换和过渡。

(3) 自动发电/频率控制。在微电网中，并网运行时由于主网的作用，微电网的频率变化不大。但在孤岛运行时，由于系统惯性小，在扰动期间频率变化迅速，必须采取相应的自动频率控制以保证微电网系统频率在允许范围内。尤其在参与主控频率的分布式电源数量和容量相对较少时，微电网的频率更加不易控制。

(4) 自动电压控制。在微电网中，可再生能源的波动、异步风力发电机的并网等都会造成微电网电压波动。而且微电网内包括感应电动机等在内的各类负荷与分布式电源相距极近，电压波动等问题更加复杂，需要采取相应的自动频率控制以保证微电网系统电压在允许范围内。

(5) 快速稳定系统。微电网内关键电气设备停运、故障、负荷大变化等，将会导致系统频率、电压等大幅度超越允许范围、分布式电源等系统元件负荷超出其定额、分布式电源间产生环流和功率振荡等现象，需要采用相应的稳定控制快速稳定系统，通过切除分布式电源或负荷等手段，维持系统频率和电压稳定。

(6) 黑启动。在一些极端情况发生时，如出现主动孤岛过渡失败或是微电网失稳而完全停电等情况时，需要利用分布式电源的自启动和独立供电特点，对微电网进行黑启动，以保证对重要负荷供电。

目前微电网运行控制方法主要集中在以下 3 类。

(1) 基于电力电子技术的即插即用控制和对等控制方法。该方法根据微电网的控制目标，灵活选择与传统发电机相似的下垂特性曲线作为微型电源的控制方式，利用频率有功下垂曲线将系统不平衡的功率动态分配给各机组，保证孤网下微网内的电力供需平衡和频率统一，具有简单、可靠的特点。但是，该方法还没有考虑到系统电压与频率的恢复问题，即传统发电机的二次调频问题。因此，当微电网运行遭受到严重的破坏或干扰时，系统很难保证频率质量。另外，该方法基于电力电子技术对微型分布式发电系统进行控制，没有考虑传统发电机(如小型燃气轮机、柴油机)与微电网的协调控制。

(2) 基于功率管理系统的控制方法。该方法采用不同控制模块对有功功率、无功功率分别进行控制，很好地满足了微电网多种控制要求，尤其在调节功率平衡时，加入了频率恢复算法，能够很好地满足频率质量要求。另外，针对微电网中对无功功率的不同需求，功率管理系统采用了多种控制方法，从而大大增加了控制的灵活性并提高了控制性能。但与第一种方法类似，这种方法只考虑了基于电力电子技术机组间的协调控制，并未综合考虑它们与含调速器的常规发电机间的协调控制。

(3) 基于多代理技术的微电网控制方法。该方法将传统电力系统中的多代理技术应用于微电网控制系统。代理的自治性、反应能力、自发行为等特点，正好满足微电网分散控制的需要，提供了一个能够嵌入各种控制性能但又无须管理者经常介入的系统。但目前多代理技术在微电网中的应用多集中于协调市场交易、对能量进行管理方面，还未深入到对微电网中的频率、电压等进行控制的层面。

4.4.3 微电网保护技术

目前，分布式发电大多数都执行反孤岛策略，即在故障发生后简单切除分布式发电。而微电网必须甄别故障，尽量实现分布式发电在故障期间内在线并提供支撑以减小损失，甚至能够在灾变事故下生存。因此微电网保护体系与传统保护有着极大的不同，典型表现在潮流双向流通、具有并网/独立两种运行工况、故障过渡的需求、不允许微电网无选择性退出主网等方面，这使得短路电流流向和大小在不同情况下差异很大，外部配电网保护也需要根据微电网运行做出协调。同时，也需要建立相应的紧急保护和控制策略，保证灾变事故下生存。

微电网保护主要有两方面的问题：一是如何提取故障特征；二是对不同模式、不同故障点情况下如何给微电网提供充分的保护。

关于故障特征的提取，微电网中多个分布式电源及储能装置的接入，彻底地改变了配电系统故障的特征，使故障后电气量的变化变得十分复杂，传统的保护原理和故障检测方法将受到巨大的影响，可能导致无法准确地判断出故障的位置，主要体现在以下 3 个方面。

(1) 双向潮流，微电网的负荷附近可能存在两个甚至更多微电源，功率可以从来自相反方向的微电源流向负荷。

(2) 电力电子逆变器的控制使得逆变型分布式电源输出的短路电流通常被限制到1.5～2倍额定电流以下,导致微电网孤岛运行时,逆变器的故障电流不够大,难以采用传统的电流保护技术。

(3) 微电网通常包含单相负荷或三相不平衡负荷,正常运行时电流零序和负序分量,使得基于对称电流分量的保护在正常情况下也可能跳闸。

微电网具有联网运行和独立运行两种运行模式,且需要能够处理对微电网内和微电网外故障,因此微电网保护需求主要体现在以下3个方面。

(1) 在微电网外部的配电系统发生故障时,需要快速将微电网转入独立运行,同时确保微电网在与主网解列后继续可靠运行,并确保解列后的微电网系统再发生故障时仍能够可靠切除故障元件。

(2) 在微电网正常并网运行的系统中,微电网内部的电气设备发生故障时,需要确保故障设备切除后微电网系统继续安全稳定地并网运行。

(3) 在微电网独立运行的系统中,微电网内部的电气设备发生故障时,需要尽量维持微电网稳定运行前提下,快速切除故障设备。

需要针对以上技术需求,研究配置新型的保护技术,以适应微电网这种全新的电网运行方式。微电网保护系统除了必须具备灵敏性、可靠性、快速性、选择性的特点外,还应具有以下3个特征。

(1) 能够同时对微电网内和微电网外故障响应。

(2) 出现在大电网中的故障,快速将微电网进入独立运行。

(3) 微电网内部的电气设备发生故障时,应确保故障设备切除后或是隔离尽量小的区域,微电网系统继续安全稳定地并网运行。

微电网主要保护包括:

(1) 分布式发电和储能保护。用于保护微电网内分布式发电和储能装置。要求在微电网各种运行状态和三相不平衡条件下,能够准确检测同步机型、异步机型、逆变型的各种故障和包括被动孤岛在内不正常运行状态,并装设相应的过电流、过电压、过负荷、接地、反孤岛等保护装置保证发电机的安全。

(2) 自动重合闸。用于切除暂时性故障并恢复供电。要求能够与静态快速分离开关等其他保护装置协调工作。

(3) 纵联保护。考虑到微网内多电源、多分支,含微电网的配电系统多分段、多微网等特点,采用多端信息的纵联比较式保护或纵联差动保护,达到区分微电网内部任意点短路与外部短路,有选择、快速地切除全线路任意点短路的目的。

(4) 其他保护。与目前保护基本一致的保护装置,如变压器保护等。

4.5 虚拟电厂技术

4.5.1 基本概念

虚拟电厂是将不同空间的可调节(可中断)负荷、储能、微电网、电动汽车、分布式电源等一种或多种资源聚合起来,实现自主协调优化控制,参与电力系统运行和电力市场交易的智慧能源系统，示意图如图 4-18 所示。它既可作为“正电厂”向系统供电调峰，又可作为“负电厂”加大负荷消纳配合系统填谷；既可快速响应指令配合保障系统稳定并获得经济补偿，也可等同于电厂参与容量、电量、辅助服务等各类电力市场获得经济收益。

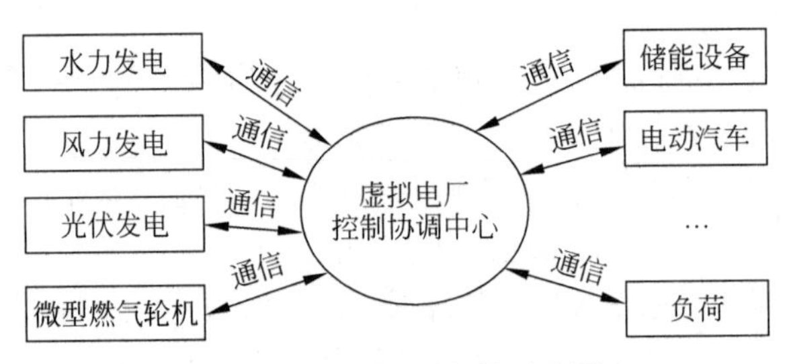

图 4-18 虚拟电厂架构示意图

虚拟电厂赖以发展起来是以三类资源的发展为前提的。一是可调(可中断)负荷，二是分布式电源，三是储能。这是三类基础资源，实际应用中，这三类资源往往会结合在一起，特别是可调负荷中间越来越多地包含自用型分布式能源和储能，或者再往上发展成微网、局域能源互联网等形态，同样可以作为虚拟电厂下的一个单元。

可调负荷资源的重点领域主要包括工业、建筑和交通等。其中工业分连续性工业和非连续性工业；建筑包括公共、商业和居民等，建筑领域中空调负荷最为重要；交通有岸电、公共交通和私家电动车等。可调负荷资源在质和量两个方面都存在较大的差别。在质的方面，可以从调节意愿、调节能力和调节及聚合成本性价比几个维度来评判。总的来说，非连续工业是意愿、能力、可聚合性“三高”的首选优质资源，其次是电动交通和建筑空调。在量的方面，调节、聚合技术的发展和成本的下降都在不断提升可调负荷资源量。

虚拟电厂按照主体资源的不同，可以分为需求侧资源型、供给侧资源型和混合资源型 3 种。需求侧资源型虚拟电厂以可调负荷以及用户侧储能、自用型分布式电源等资源为主。供给侧资源型以公用型分布式发电、电网侧和发电侧储能等资源为主。混合资源型由分布式发电、储能和可调负荷等资源共同组成，通过能量管理系统的优化控制，实现能源利用的最大化和供用电整体效益的最大化。

依据外围条件的不同，可以把虚拟电厂的发展分为 3 个阶段。第一个阶段称为邀约型阶段。这是在没有电力市场的情况下，由政府部门或调度机构牵头组织，各个聚合商参与，共同完成邀约、响应和激励流程。第二个阶段是市场型阶段。这是在电能量现货市场、辅助服务市场和容量市场建成后，虚拟电厂聚合商以类似于实体电厂的模式，分别参与这些市场获得收益。在第二个阶段，也会同时存在邀约型模式，其邀约发出的主体是系统运行机构。第三个阶段是未来的虚拟电厂，我们称之为跨空间自主调度型虚拟电厂。随着虚拟电厂聚合的资源种类越来越多，数量越来越大，空间越来越广，实际上可称之为“虚拟电力系统”，其中既包含可调负荷、储能和分布式能源等基础资源，也包含由这些基础资源整合而成的微网、局域能源互联网。

4.5.2 虚拟电厂的作用

1. 利用分布式电源的互补性减少出力的不确定性

随着可控负荷、储能等快速发展，将可再生能源与可控负荷、储能等聚合成虚拟电厂，可解决可再生能源出力存在较大的随机性、波动性、间歇性的问题。同时可以积极开展区域电网升级改造合作，充分发挥不同区域内分布式电源的时差互补和季节互补特性，提高可再生能源的利用率和虚拟电厂的效益。

2. 虚拟电厂实现多个分布式单元的灵活动态组合

虚拟电厂与微电网的最大区别在于构成虚拟电厂的多个分布式发电单元不一定在同一个地理区域内，其聚合范围以及与市场的交互取决于通信能力和可靠性。

多个分布式发电单元按照一定的规则或目标进行聚合，以一个整体参与电力市场或辅助服务市场，最后将利益分配给每个分布式发电单元。虚拟电厂作为中介，根据动态组合算法或动态博弈理论等规则对多个分布式发电单元灵活地进行动态组合。动态组合的实时性和灵活性可以避免实时不平衡所带来的成本问题以及由于电厂停机、负荷和可再生能源出力预测失误时所导致的组合偏差问题。

3. 虚拟电厂参与多种市场的优化调度和竞价

虚拟电厂通过对多个分布式单元进行聚合成为一个整体参与电力市场运营，既可以发挥传统电厂出力稳定和批量售电的特点，又由于聚合了多种发电单元而具有较好的互补性。虚拟电厂所参与的电力市场包括日前市场、实时市场、辅助服务市场等，由此可建立日前市场、双边合同、平衡市场及混合市场等多种市场模型。考虑虚拟电厂中可再生能源出力、负荷和实时电价等不确定因素，在不同市场环境下建立调度和竞价模型，使虚拟电厂具有更广泛的适用性。

4.5.3 虚拟电厂关键技术

虚拟电厂的关键技术主要包括协调控制技术、智能计量技术以及信息通信技术。

1. 协调控制技术

虚拟电厂的控制对象主要包括各种DG、储能系统、可控负荷以及电动汽车。由于虚拟电厂的概念强调对外呈现的功能和效果，因此，聚合多样化的DER实现对系统高要求的电能输出是虚拟电厂协调控制的重点和难点。实际上，一些可再生能源发电站(如风力发电站和光伏发电站)具有间歇性或随机性以及存在预测误差等特点，因此，将其大规模并网必须考虑不确定性的影响。这就要求储能系统、可分配发电机组、可控负荷与之合理配合，以保证电能质量并提高发电经济性。

(1) 基于多代理系统对虚拟电厂进行协调控制。多代理系统是由多个相互独立、可以双向互动通信的智能代理组合形成的，通过确定每个代理(Agent)在系统中扮演的角色以及相互配合时的行为准则，使系统易于控制与管理。基于多代理系统的虚拟电厂协调控制逻辑关系如图4-19所示。通过各个代理之间的双向通信，可以实现虚拟电厂的协调控制和能量优化管理；各个代理的行为具有自治性和独立性，可以根据电网的环境适当做出改变以满足电网的需求，充分提高分布式电源的利用率。

(2) 采用高效聚合方法实现互补合作。由于分散在电网中的分布式电源容量有限，其出力的随机性、波动性、间歇性也较大，需研究对不同区域的虚拟电厂以及虚拟电厂内不同发电单元的高效聚合方法。通过将不同区域的虚拟电厂进行高效聚合，解决分布式能源出力的随机性、波动性、间歇性，实现分布式能源的互补。根据不同的优化目标，利用智能算法实现虚拟电厂内部的多目标优化调度,充分利用虚拟电厂内的分布式能源。

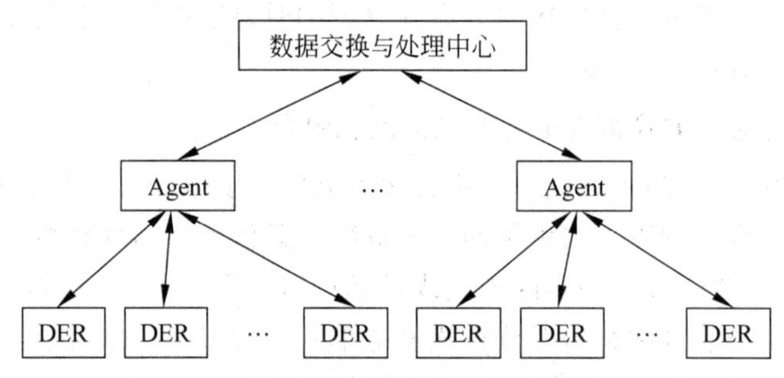

图 4-19 基于多代理系统的虚拟电厂协调控制逻辑关系

2. 智能计量技术

智能计量技术是虚拟电厂的一个重要组成部分,是实现虚拟电厂对 DG 和可控负荷等监测和控制的重要基础。智能计量系统在第 6 章有详细介绍。通过智能计量能够远程测量实时用户信息,合理管理数据,并将其发送给相关各方。对于用户而言,所有的计量数据都可通过用户的计算机上显示。因此,用户能够直观地看到自己消费或生产的电能以及相应费用等信息,以此采取合理的调节措施。

3. 信息通信技术

虚拟电厂采用双向通信技术,它不仅能够接收各个单元的当前状态信息,而且能够向控制目标发送控制信号。应用于虚拟电厂中的通信技术主要有基于互联网的技术,如基于互联网协议的服务、虚拟专用网络、电力线路载波技术和无线技术等。

4.6 工程实际案例

4.6.1 海岛并网型微电网系统

某海岛占地面积为 11 062m^2。岛上风电、光伏、储能 3 个系统组成了一个风光储并网型微网,可以实现并网和孤网两种运行模式。风电由岛上两台 780kW;光伏是由 150 块光板、总容量 300kW;微网控制综合大楼内 1 500kW×2h 的铅酸蓄电池组、500kW×2h 的铅炭电池、500kW×15s 的超级电容和 5 台 500kW 的双向变流器则组成了储能系统,储存容量与供电海缆故障修复时间相匹配,海岛微电网工程组成示意图如图 4-20 所示。

(1) 风力发电系统。海岛微电网的风力发电系统直接采用 2 台 780kW 的异步风机。

(2) 光伏发电系统。考虑海岛的光资源条件一般,故本工程以风电为主、光伏发电为辅。工程安装了 300kWp 太阳能光伏阵列以及相应的并网逆变器和升压变压器。

(3) 储能系统。工程配置了 1 500kW×2h 的铅酸蓄电池组,500kW×2h 的铅炭电池。由于海岛风电与光伏出力波动性较大,为了确保系统的安全稳定运行,配套 500kW×30s 功率型超级电容器储能系统,用于平抑出力波动性,同时有助于实现并网和离网两种运行模式之间的无缝切换。另外,配套 5 台 500kW 双向变流器(PCS)装置。

正常境况下,微网处于并网运行模式。如果可再生能源波动较大,在尖峰时刻应用超级电容器平抑波动性,增加系统稳定性;如果风光资源较好,其发电功率大于负荷需求时,多

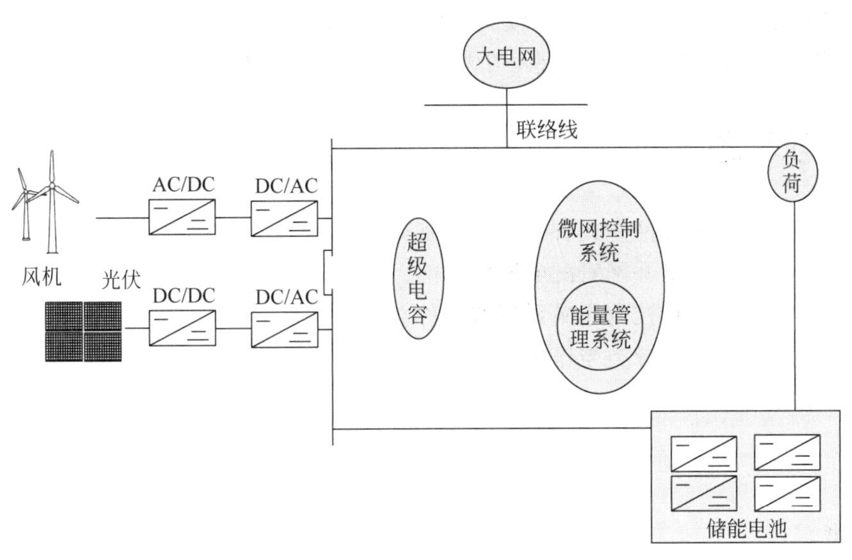

图 4-20 海岛微电网工程组成示意图

余部分存入储能电池系统或上送至大电网；如果风光资源较差，不足部分由储能系统或大电网补充。

当大电网发生故障，微网转入孤网运行模式，储能系统作为主电源，风光作为从电源，通过协调控制策略实现微网系统的功率平衡。当故障有效隔离后，微网通过无缝切换技术恢复并网运行模式，保证系统供电可靠性。

微网控制系统是整个微网的核心，它根据微网的实时情况，对风电、光伏、负荷进行控制，确保系统稳定运行。能量优化管理系统的目标是尽可能使用可再生资源，协调各部分优化运行，提高系统稳定性。

本工程利用物联网智能传感、通信等技术，实现了分布式电源与储能系统接入的智能化、互动化，提高了海岛分布式可再生能源的供电质量与利用效率，增加了分布式发电接纳能力，满足了岛内居民长期稳定的用电需求，提升了电网整体抗灾能力。

4.6.2 跨空间自主调度型虚拟电厂

虚拟电厂发展的高级阶段将能实现跨空间自主调度。当前国际上有两个典型案例如下：

(1) 德国 Next Kraftwerke 公司。该公司早在 2009 年就启动了虚拟电厂商业模式，至 2017 年实现对 4 200 多个分布式发电设备的管理，包括热电联产、生物质能发电、小型水力发电以及风力发电、光伏发电设备，也包括一部分可控负荷，总规模达到 280 万 kW。一方面，对风力、光伏等可控性差的发电资源安装远程控制装置，通过虚拟电厂平台聚合参与电力市场交易，获取利润分成；另一方面，对水力、生物质能等调节性好的电源，通过平台聚合参与调频市场获取附加收益，目前该公司占德国二次调频市场 10%的份额。同时，该公司至 2019 年年底已经实现对跨 5 个国家 7 000 多个分布式能源和可调负荷的管理。

(2) 日本的一个虚拟电厂试验项目，该项目由日本经济贸易产业省资助，关西电力公司、富士电机等 14 家公司联合实施，共同建立一个新的能量管理系统，通过物联网将散布在整个电网的终端用电设备整合起来，以调节可用容量，平衡电力供需，促进可再生能源的有效利用。该项目一旦实施成功，也是一个典型的跨空间自主调度型虚拟电厂。

思考题与习题

(1) 分布式电源的并网方式有几种？分别如何接入主网？
(2) 分析分布式发电并网对配电网的影响。
(3) 阐述微电网运行控制应满足哪些条件。
(4) 阐述虚拟电厂的分类与作用。

第5章

>>>>>>>>>>>

智能配电网保护与自动化

本章首先分析智能配电网的故障特征，介绍适用于智能配电网的保护方案，在此基础上，详述了配电自动化的功能、高级配电自动化的概念，介绍智能配电台区的系统功能及建设方案，最后列举了智能配电保护与控制技术方面的国内外实践案例，方便读者加深理解本章内容。

5.1 智能配电网保护

分布式电源(Distributed Energy Resource，DER)的大量接入、高度渗透，使配电网变成一个功率双向流动的有源配电网。有源配电网的故障电流也是双向流动的，其分布特点与传统配电网有很大的变化，给配电网继电保护(简称配电网保护)带来一系列亟待解决的问题。

5.1.1 故障电流特征分析

不同类型分布式电源的故障电流输出特性不同，在进行计算时需要选取合适的电路模型。而对于同一类型的DER，在计算不同时段的故障电流时，其模型或参数的选择也可能不同。下面采用简化的模型，分析有源配电网故障电流的变化特征。

1. 相间短路电流特征

1) 故障点短路电流

有源配电网线路上发生故障时，流入故障点的短路电流包括系统提供的短路电流与DER提供的短路电流两部分。虽然DER提供的短路电流会抬高并网点电压，导致系统提供的短路电流减小，但故障点总电流是增加的，其增加值与故障点的位置、DER的类型及其接入位置等因素有关。

实际配电网中，一条10kV中压母线及其出线上接入的DER容量累计可能有数十兆伏安，额定电流之和为上千安培。当配电线路故障时，DER提供的短路电流可能达数千安培，而系统提供的最大短路电流一般在25kA以下，可见，相对于系统提供的短路电流，DER提供的短路电流还是比较大的。

2) 本线路故障时出口短路电流

出口短路电流指的是流过变电站线路出口断路器的短路电流。故障线路外接入DER

时，DER 向故障线路注入短路电流，使出口短路电流增加。忽略 DER 内阻抗影响，分析三相短路时故障线路外 DER 向故障线路注入的短路电流的等效电路如图 5-1 所示，其中 Z_S 为系统等效阻抗，$\dot{I}_{DER1}$ 为故障线路外 DER 提供的短路电流，Z_L 为故障点 K 与母线 B 之间的阻抗，得到出口短路电流的变化量 $\Delta\dot{I}_{K1}$ 为

$$\Delta\dot{I}_{K1}=\frac{Z_S}{Z_S+Z_L}\dot{I}_{DER1} \tag{5-1}$$

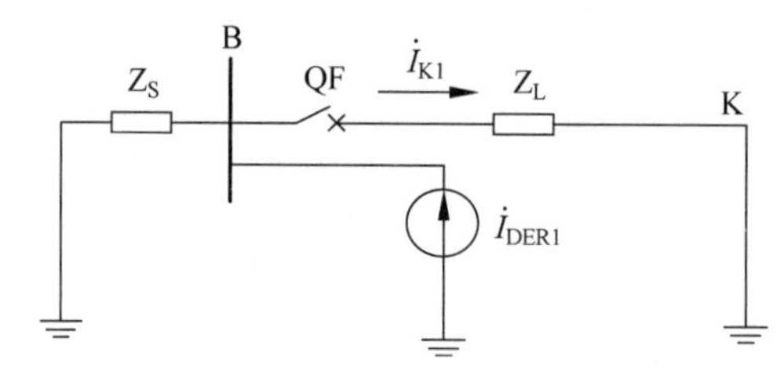

图 5-1　分析故障线路外 DER 向故障线路注入的短路电流的等效电路图

显然，$\Delta\dot{I}_{K1}$ 的大小与故障线路外 DER 提供的短路电流 $\dot{I}_{DER1}$ 成正比，此外，还与系统阻抗以及故障点到母线的距离有关。靠近母线处故障时，$Z_L\approx0$，可以认为故障线路外 DER 提供的短路电流全部流入故障线路；故障点距离母线比较远时，即 $Z_L\gg Z_S$，故障线路外 DER 的短路电流大部分流入系统中，出口短路电流的变化量很小。

故障线路上故障点上游接入的 DER 会使出口短路电流减小。如图 5-2(a)所示的配电线路上 P 点接入 DER，若 P 点前发生故障，DER 对出口电流没有影响；若 P 点后发生故障，DER 提供的短路电流将抬高 P 点电位，进而使出口短路电流较未接入 DER 时减小。图 5-2(b) 给出了 DER 接入前后出口短路电流随故障距离变化的曲线，可见，接入 DER 后，并网点 P 下游线路上发生故障时出口短路电流减小。

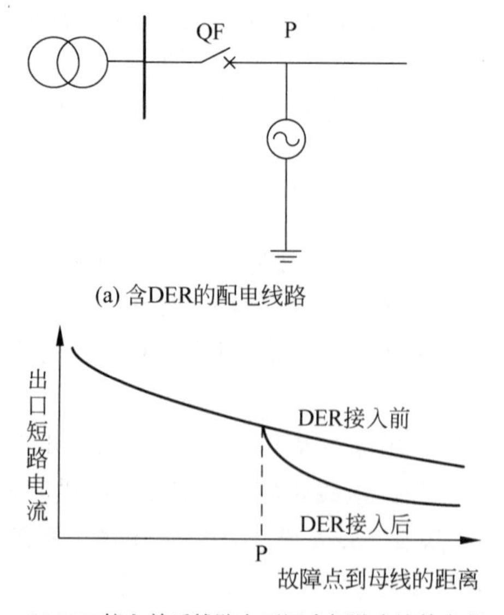

图 5-2　故障点上游 DER 对出口短路电流的影响分析示意图

同等容量下，故障点上游 DER 对出口短路电流的影响与其类型以及接入位置有关。

逆变器类 DER 具有恒流源性质，故障点上游 DER 对出口短路电流影响的等效电路如图 5-3 所示，逆变器输出的短路电流为 $\dot{I}_{\text{DER2}}$，Z_{L1} 与 Z_{L2} 分别为 P 点到母线 B 与故障点 K 的等效阻抗，出口短路电流的变化量 $\Delta\dot{I}_{\text{K2}}$ 为 $\dot{I}_{\text{DER2}}$ 向系统侧提供的短路电流，其计算公式为

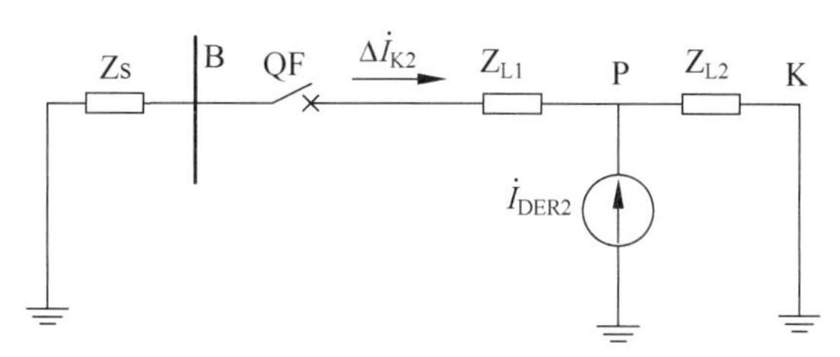

图 5-3 分析故障点上游逆变器对出口短路电流影响的等效电路图

$$\Delta\dot{I}_{\text{K2}}=\frac{-Z_{\text{L2}}}{Z_{\text{S}}+Z_{\text{L1}}+Z_{\text{L2}}}\dot{I}_{\text{DER2}} \tag{5-2}$$

可见，$\Delta\dot{I}_{\text{K2}}$ 与故障点上游接入的逆变器的短路电流 $\dot{I}_{\text{DER2}}$ 成正比，且与系统阻抗以及故障点的位置有关。并网点越靠近母线，故障点距离并网点越远，出口短路电流的变化量越大。

旋转发电机类 DER 具有电压源性质，故障点上游 DER 对出口短路电流影响的等效电路如图 5-4 所示，其中 $\dot{U}_{\text{s}}$ 与 $\dot{U}_{\text{DER2}}$ 分别为系统等效电压源电压与 DER 的电压，Z_{DER2} 为 DER 内阻抗，假设 DER 与系统等效电压源电压相等，DER 接入后，出口短路电流 $\dot{I}_{\text{K2}}$ 的计算公式为

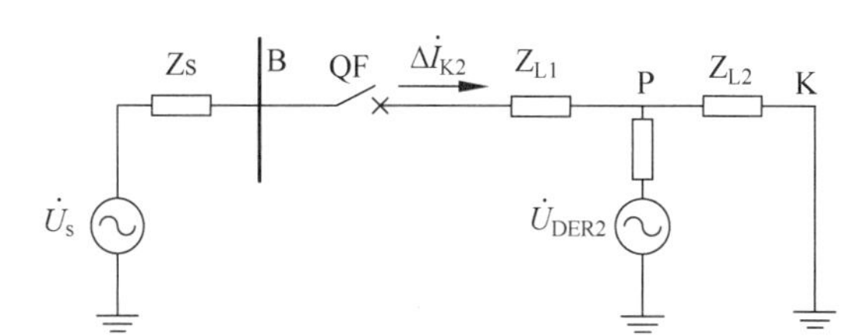

图 5-4 分析故障点上游发电机对出口短路电流影响的等效电路图

$$\dot{I}_{\text{K2}}=\frac{\dot{U}_{\text{s}}}{Z_{\text{S}}+Z_{\text{L1}}+[(Z_{\text{S}}+Z_{\text{L1}})/Z_{\text{DER2}}+1)]Z_{\text{L2}}} \tag{5-3}$$

DER 未接入时，出口短路电流 $\dot{I}'_{\text{K2}}$ 的计算公式为

$$\dot{I}'_{\text{K2}}=\frac{\dot{U}_{\text{s}}}{Z_{\text{S}}+Z_{\text{L1}}+Z_{\text{L2}}} \tag{5-4}$$

比较式(5-3)与式(5-4)可以看出，DER 接入后出口短路电流减小，在 DER 内阻抗相同的条件下，出口短路电流的减小量，与 Z_{L1} 与 Z_{L2} 的大小，即 DER 接入的位置有关。

令故障回路阻抗为 $Z_{\text{sL}}=Z_{\text{s}}+Z_{\text{L1}}+Z_{\text{L2}}$，并网点 P 前故障回路阻抗为 $Z'_{\text{s}}=Z_{\text{s}}+Z_{\text{L1}}$，则式(5-3)可改写为

$$\dot{I}_{\text{K2}}=\frac{\dot{U}_{\text{s}}}{Z_{sL}+\dfrac{-Z_{\text{L2}}^{2}+Z_{\text{sL}}Z_{\text{L2}}}{Z_{\text{DER2}}}} \tag{5-5}$$

可以证明，在 $Z_{L2}=0.5Z_{sL}$ 时，I_{K2} 取最小值，即在 DER 并网点 P 位于故障回路阻抗中点（P 点到故障点的阻抗等于其左侧故障回路阻抗）时，DER 对出口短路电流的影响最大，出口短路电流最小。

根据上面的分析，故障线路外的 DER 使出口短路电流增加，而故障线路上故障点上游的 DER 使出口短路电流减小。在故障线路内外均接入了 DER 的情况下，一般来说，如果故障点距离比较近，出口短路电流增加；如果故障点距离比较远，出口短路电流减小。

3）故障点下游线路短路电流

有源配电网线路发生故障时，故障点下游 DER 向故障点注入短路电流，使故障点下游线路也有短路电流流过，这是其区别传统配电网的重要特征。

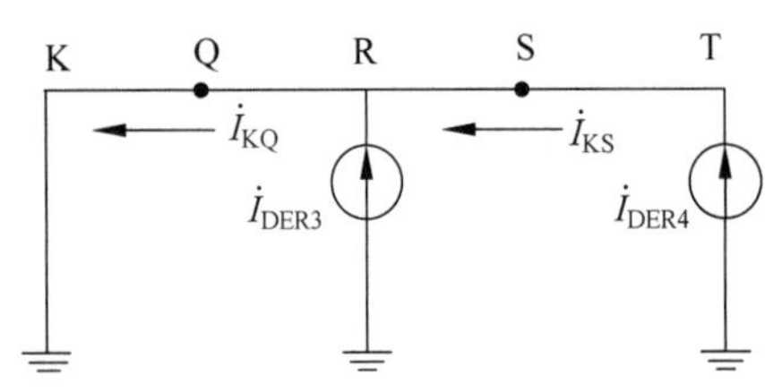

图 5-5 分析故障点下游短路电流电路图

故障点下游 DER 提供的短路电流全部流入故障点，因此，流过故障点下游线路任一点的短路电流等于该点至末端所有 DER 注入的短路电流之和。如图 5-5 所示线路中故障点下游两个 DER 提供的短路电流分别为 $\dot{I}_{DER3}$ 与 $\dot{I}_{DER4}$。对于靠近故障点 K 的 Q 点来说，流过的短路电流为 $\dot{I}_{DER3}$ 与 $\dot{I}_{DER4}$ 之和；而对于两个 DER 之间的 S 点来说，流过的只是其下游 DER 的短路电流 $\dot{I}_{DER4}$。

根据上面的分析，故障点下游线路上任一点短路电流的最大值为该点下游所有 DER 短路电流最大值的代数和。

理论上，配电线路中接入的 DER 容量最大可能达到线路额定容量，如果接入的 DER 为旋转发电机，在线路故障时 DER 提供的短路电流最大可能达到线路额定电流的 8 倍，假如 DER 全部接在故障点下游，则故障点下游短路电流最大可能达到线路额定电流的 8 倍，数值可达数千安培。当线路距离比较长时，线路远端故障时系统提供的短路电流也能达到数千安培，因此，故障点下游短路电流可能接近甚至大于故障点上游系统提供的短路电流。

4）相邻线路故障时出口短路电流

与上述故障点下游线路短路电流类似，相邻线路故障时本线路上的 DER 向故障点注入反向短路电流，出口短路电流为本线路上所有 DER 提供的短路电流之和。如图 5-6 所示系统中，本线路接有两个 DER，提供的短路电流分别为 $\dot{I}_{DER5}$ 与 $\dot{I}_{DER6}$，在其他线路出故障时，本线路流向故障点的出口短路电流 $\dot{I}_K$ 为 $\dot{I}_{DER5}$ 与 $\dot{I}_{DER6}$ 之和。

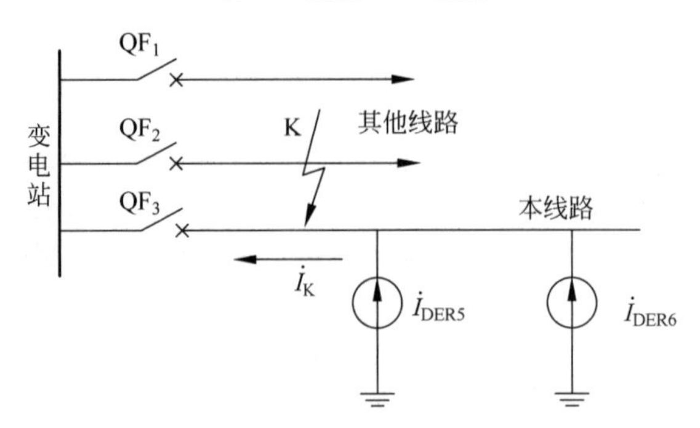

图 5-6 分析非故障线路时出口短路电流的示意图

与故障点下游短路电流的情况类似，反向出口短路电流的最大值为线路上所有DER短路电流最大值的代数和。

2. 接地故障零序电流

以上讨论的是有源配电网三相短路时故障电流的特征，两相之间短路电流的变化特征与其类似。实际配电网中，一般是利用零序电流检测单相接地故障，因此有必要分析DER对接地故障零序电流的影响。

DER对接地故障零序电流的影响取决于其中性点接地方式。如果DER中性点采用直接接地或小电阻接地方式，则会在配电网发生接地故障时向接地点提供故障电流，其对零序电流的影响与对相间短路电流的影响类似。我国中压配电网中性点采用不接地方式或者只在变电站内经过消弧线圈或小电阻一点接地的方式，所接入的DER中性点，一般是不接地，因此不会向配电网中接地点提供接地电流，不会对单相接地故障的零序电流产生实质性的影响。

5.1.2 分布式电源对配电网保护的影响

分布式电源(DER)的接入，使配电网的故障电流发生变化，对常规的配电网电流保护与熔断器保护产生影响。配电网中DER中性点通常是不接地的，不会对接地故障电流产生实质性影响，因此也不会对配电网的接地保护产生不良影响。如果DER的中性点直接接地或经小电阻接地，其对零序电流的影响与DER对相间短路电流的影响类似。下面仅讨论DER对相间保护的影响与对策。

1. DER对配电网保护影响的分级

为便于分析DER对配电网保护的影响，根据是否会影响保护的正确动作以及需要采取的技术措施，将DER对配电网保护的影响程度分为三级。

1）Ⅲ级影响

DER提供的短路电流较小，对保护动作的可靠性与选择性无实质性影响，不需要对现有保护的配置与整定值做任何调整。

2）Ⅱ级影响

DER提供的短路电流较大，对保护的性能有一定影响，出现保护拒动和(或)误动的情况，但可以通过调整现有保护的整定值予以解决。

3）Ⅰ级影响

DER提供的短路电流很大，对保护的动作性能有严重影响，造成保护拒动和(或)误动的情况，而且无法通过调整现有保护的整定值予以解决，必须加装新的保护装置。

2. 对线路出口保护的影响与对策

1）本线路DER在本线路故障时的影响与对策

故障线路之外无DER接入时，本线路故障点上游DER提供的短路电流会使出口短路电流减小，造成出口保护的动作灵敏度降低甚至出现拒动。为防止在下游配电变压器故障时越级跳闸，线路出口断路器往往不配置电流Ⅰ段保护，因此，只考虑对电流Ⅱ段与Ⅲ段保护的影响。

根据短路电流减小的程度，DER对线路出口保护的影响可分为三种情况：

Ⅲ级影响：出口短路电流减小的数值不大，不会对线路出口保护的动作产生实质性的影响。具体表现为电流Ⅲ段保护在保护区末端（一般是线路末端）故障时动作的灵敏系数仍然不低于1.3，能够保证可靠地切除线路末端故障。

Ⅱ级影响：出口短路电流减小的数值较大，对线路出口保护性能产生了一定影响，但通过调整保护定值仍然可以保证可靠切除保护区内的故障。

Ⅰ级影响：出口短路电流减小的数值很大，在线路末端故障时，电流Ⅲ段保护的动作灵敏系数可能低于1.3，且无法通过调低电流Ⅲ段保护电流定值使其大于1.3。这种情况下必须加装新的保护装置，除了加装电流差动保护、纵联方向比较保护外，亦可加装中间分段断路器保护，通过降低电流Ⅲ段保护定值，保证可靠切除线路末端故障。

2）本线路DER在相邻线路故障时的影响与对策

当同母线上其他线路发生故障时，本线路的DER向故障点注入反向短路电流。根据反向短路电流的大小，对出口保护的影响也分为三种情况：

Ⅲ级影响：如果反向短路电流小于线路出口电流Ⅲ段保护电流定值，显然不会对出口保护造成影响。

Ⅱ级影响：这种情况下，反向短路电流比较大，有可能造成出口保护误动，但通过调整电流定值可以克服。

Ⅰ级影响：这种情况下，反向短路电流很大，导致无法选择合适的保护定值，以同时满足防止相邻线路故障时误动以及本线路末端故障时有足够灵敏度的要求。解决方案是加装方向闭锁元件，防止保护在出现反向短路电流时误动作。一般来说，当反向短路电流超过3倍的线路最大负荷电流时，就可能对线路出口保护造成严重影响。

3. 对配电变压器保护、分支线路保护与中间断路器保护的影响与对策

对于配电变压器保护来说，当配电变压器发生故障时，下游接入的DER对保护感受到的短路电流基本上没有影响，而其上游接入的DER总是使短路电流增大，有利于保护可靠动作。

若配电变压器上游发生故障，下游接入的DER向故障点提供反向短路电流。这种情况下，DER对末端保护的影响及其对策与上述其他线路故障时的出口保护类似。

如果线路采用后加速保护方案，DER对分支线路保护和中间断路器保护产生的影响及其对策与线路出口保护类似。

如果线路采用前加速保护方案而分支线路采用熔断器保护，则当分支线路故障时，分支线路保护上游DER提供的短路电流可能使流过分支线路熔断器的短路电流增加，使熔断器熔断时间缩短，导致因分支线路瞬时性故障造成的停电事故。解决方案是选择额定电流更大的熔断件，确保其不会在分支线路第一次故障时熔断。

4. 对重合闸的影响与对策

在常规的无源架空配电线路或线-缆混合线路中，如果发生瞬时性故障，则变电站的断路器动作跳闸后，不再有电源继续对故障点供电，一段时间后，故障电弧自行熄灭，断路器重合闸恢复对线路的供电。而在有源配电网中，断路器跳闸后，DER可能继续给故障点供电，将影响故障电弧的熄灭，降低重合闸的成功率。

在有源配电网中，DER要配备完善的外部故障保护与反孤岛保护，确保在配电网发生故障时及时断开 DER 与配电网的连接，避免上级断路器重合闸时，DER 继续给配电网供电。此外，适当加大重合闸等待时间，使其更好地与 DER 保护配合。另一种措施是加装反应线路电压的电压元件，在线路带电时闭锁重合闸。

5.1.3 电流差动保护

有源配电网中，当 DER 提供的短路电流比较大、对保护的影响达到Ⅰ级影响时，传统的电流保护无法满足对保护动作可靠性、选择性与速动性要求，有必要采用新的保护原理解决问题。

有源配电网的故障电流双向流动，如果具备通信条件且线路分段或分支开关选用能够切除短路电流的断路器，可采用电流差动保护作为主保护，克服传统电流保护的缺点。

1. 保护的构成

为减少投资，宜在有源配电网中采用分布式电流差动保护系统。图 5-7 给出了一个典型架空环网的分布式电流差动保护系统的构成，正常运行时联络开关 QF_4 处于分位。出口断路器 QF_1、QF_7 以及分段断路器 QF_2 ～ QF_6 处安装了保护装置并将其接入光纤以太网中；线路中安装有断路器（QF_8、QF_9）的大容量负荷点或分支线路，也配置了保护装置并将其接入以太网中。当配电线路发生故障时，本地保护装置与相邻保护装置通过光纤以太网交换故障电流检测结果，比较被保护线路区段的端部故障电流测量结果，判断故障是否在被保护的线路区段内，并在区内故障时发出跳开本端断路器以及其他端部断路器的命令。

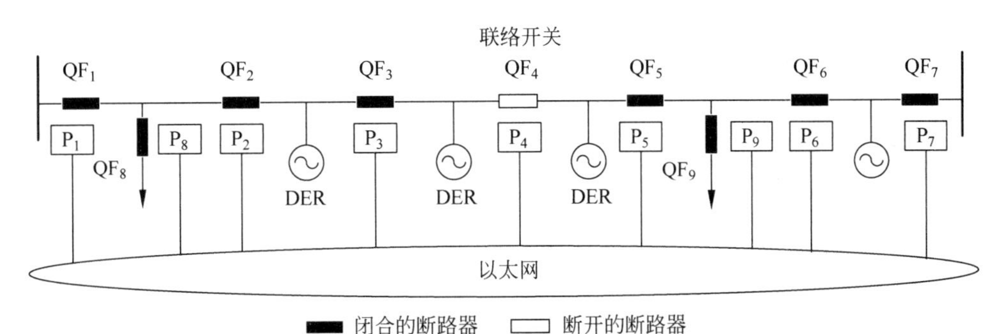

图 5-7 放射式架空线路分布式电流差动保护系统

架空线路中保护装置两侧的线路区段都属于自己的保护区，它要分别与两个区段对端的保护装置通信，获取对端的故障电流测量结果，以判断故障是否在该保护区内。由于线路区段测量电流的参考方向都是由断路器指向线路，因此，虽然保护装置实际测量的只是一个流过断路器的电流，但在对两侧相邻的区段执行差动保护算法时，要使用两个不同的故障电流相量，二者大小相等、相位相反。如图 5-8 中 QF_2 处的保护装置 P_2 的保护区有左侧 QF_1 与 QF_2 之间的线路区段和右侧 QF_2 与 QF_3 之间的线路区段，P_2 分别与 P_1 与 P_3 通信，获取其故障电流测量结果 $\dot{I}_{12}$ 与 $\dot{I}_{32}$；本地有两个故障电流测量值 $\dot{I}_{21}$ 与 $\dot{I}_{23}$，它们大小相等、方向相反；P_2 将 $\dot{I}_{21}$ 与 $\dot{I}_{12}$ 相比较，判断故障是否在其左侧的保护区内；将 $\dot{I}_{23}$ 与 $\dot{I}_{32}$ 相比较，判断故障是否在右侧的保护区内。

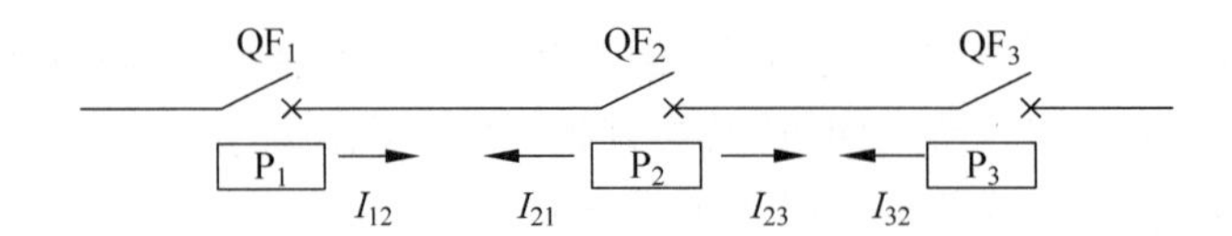

图 5-8　保护装置保护区与测量电流参考方向示意图

2. 电流相量差动保护

电流相量差动保护根据被保护区端部电流相量计算差动电流 I_{d}，比较差动电流是否超过门槛值 I_{setting} 以判断故障是否在保护区内，即

$$I_{\mathrm{d}}=\left|\sum_{j=1}^{N}\dot{I}_j\right|>I_{\mathrm{setting}} \tag{5-6}$$

式中：$\dot{I}_j$ 为端部电流相量；N 为被保护区装有保护装置的端部的个数。

1）保护区外故障时的差动电流

以图 5-9(a)所示的三端被保护线路区段为例，根据基尔霍夫电流定律，在保护区外部发生故障时，三个端部电流的差动电流为保护区内负荷电流 $\dot{I}_{\mathrm{L}}$ 与 DER 提供的短路电流 $\dot{I}_{\mathrm{gik}}$ 之差，即

$$\dot{I}_{\mathrm{d}}=\dot{I}_{\mathrm{L}}-\dot{I}_{\mathrm{gik}} \tag{5-7}$$

当线路发生故障时，负荷电流比较小，可忽略其影响，根据式(5-7)，在保护区外故障时，保护区端部差动电流近似等于保护区内 DER 提供的短路电流。

2）保护区内故障时的差动电流

仍以三端线路区段为例，假定采用单电源供电方式，在保护区内部发生故障时[图 5-9(b)]，保护区端部差动电流为系统提供的短路电流 $\dot{I}_{\mathrm{Msk}}$ 以及 P 与 N 两端下游 DER 分别提供的短路电流 $\dot{I}_{\mathrm{gPk}}$ 与 $\dot{I}_{\mathrm{gNk}}$ 之和，即

$$\dot{I}_{\mathrm{d}}=\dot{I}_{\mathrm{Msk}}+\dot{I}_{\mathrm{gPk}}+\dot{I}_{\mathrm{gNk}} \tag{5-8}$$

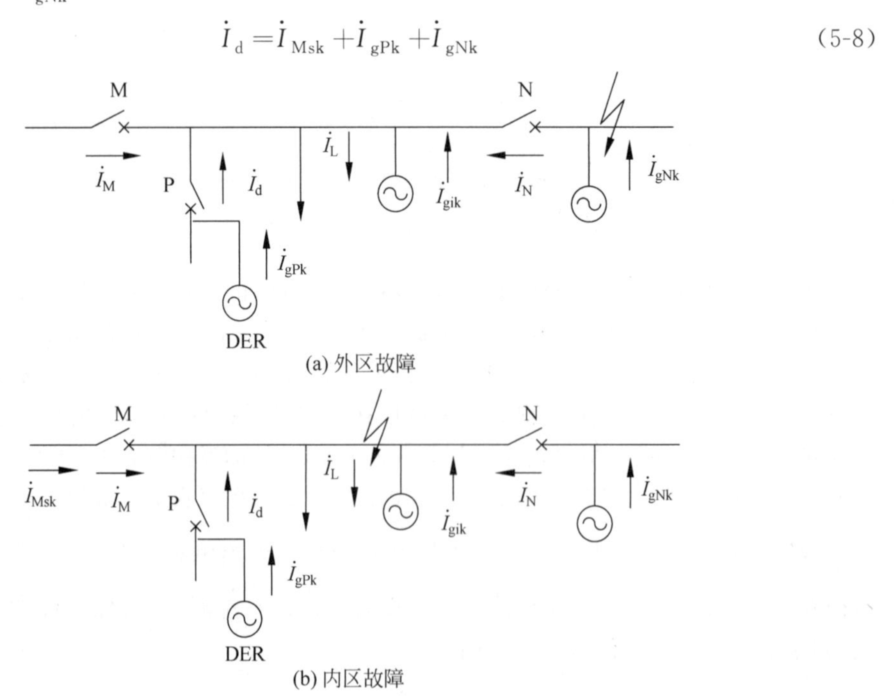

图 5-9　三端线路区段内外部故障时端部电流关系

当线路发生故障时，旋转发电机类 DER 向故障点注入的短路电流的相位与系统提供的短路电流接近；逆变器类 DER 提供的短路电流相位与其在故障时采取的控制方式有关。如果逆变器只发出有功电流，$\dot{I}_{gk}$ 与$\dot{U}$ 相位接近；如果只发出无功电流，$\dot{U}$ 相位超前于 $\dot{I}_{gk}$ 接近 90°。而线路电压$\dot{U}$ 与系统侧短路电流 $\dot{I}_{M}$ 之间的相位差在 30°～70°之间。逆变器短路电流 $\dot{I}_{gk}$ 与系统短路电流 $\dot{I}_{M}$ 的相量关系如图 5-10 所示。可见，在逆变器只发出有功电流时，$\dot{U}$ 与 $\dot{I}_{gk}$ 同相位，$\dot{I}_{gk}$ 超前于 $\dot{I}_{M}$，最大相位差达 70°；在逆变器只发出无功电流时，$\dot{U}$ 超前于 $\dot{I}_{gk}$ 90°，$\dot{I}_{gk}$ 滞后于 $\dot{I}_{M}$，最大相位差达 60°。因此，在线路发生故障时，任何情况下 DER 提供的短路电流与系统提供的短路电流的相位差都不会大于 90°，在保护区内发生故障时，端部差动电流大于系统提供的短路电流。

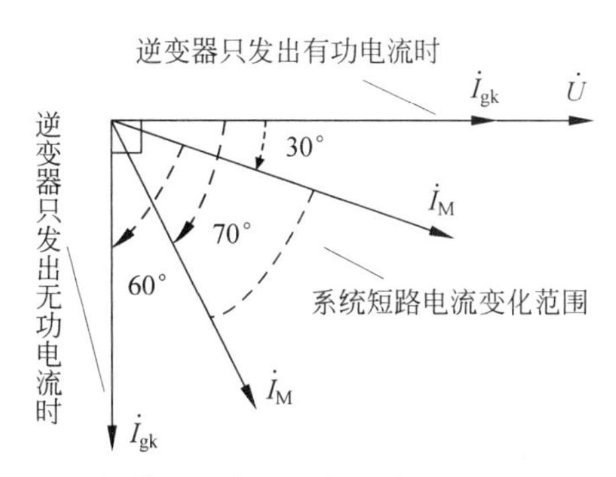

图 5-10　逆变器提供的短路电流与系统短路电流之间的相位关系

通过上面的分析可知，在保护区内接入 DER 后，保护区端部差动电流与 DER 接入前相比是增加的。这一结论对于双端电源供电的被保护线路区段也成立。

3）电流相量差动保护的整定

为防止电流相量差动保护在区外故障时误动，差动电流动作定值应按躲过保护区内 DER 提供的最大短路电流整定。

一般来说，在配电线路故障时，系统短路电流大于 3 倍的线路额定电流，如果保护区内 DER 短路电流小于 1.5 倍的线路额定电流（在线路上仅接入逆变器类 DER 时，这一条件总是满足的），按照上述整定原则，电流相量差动保护能够可靠地区分区内外故障。

当保护区距离变电站比较远时，区内发生故障时系统提供的短路电流比较小，可能只有线路额定电流的 3 倍，并且保护区下游没有接入 DER 或者 DER 的容量很小。这样，无法根据差动电流的幅值判断故障是否在保护区内。解决问题的途径之一是在并网开关处安装端部电流差动保护装置，将大容量的旋转发电机排除在保护区外。另一种解决方案是采用下面介绍的相位比较式差动保护。

3. 相位比较式差动保护

常规的相位比较式差动保护根据端部电流的相位判断故障是否在保护区内，区内发生故障时端部电流相位相同，区外故障时端部电流相位相反。而保护区内接入的 DER 会对端部电流之间的相位关系产生影响。

用于保护相间短路故障的相位比较式保护在检测到相电流超过门槛值时启动，启动电流门槛值按躲过最大负荷电流整定，为简单起见，可选为1.5倍的线路额定电流。因线路故障时负荷电流很小，以下分析忽略负荷电流的影响。

1）非故障区段两端电流之间的相位关系

单电源供电的两端非故障区段分为位于故障点上游与位于故障点下游两种情况，故障点上游的非故障区段有系统提供的短路电流（以下简称系统短路电流）流过，而故障点下游的非故障区段仅有DER提供的短路电流流过。在由双电源供电时，非故障区段总有系统短路电流流过，端部电流之间的关系与单电源供电时故障点上游非故障区段类似。

如图5-11所示的双端线路区段MN，假设主系统在M侧，故障点在N侧的下游，区段内部DER提供的短路电流为$\dot{I}_{gk}$，端部电流的参考方向由断路器指向被保护线路区段，被保护线路区段两端测量电流$\dot{I}_M$与$\dot{I}_N$之间的关系为

$$\dot{I}_N = -(\dot{I}_M + \dot{I}_{gk}) \tag{5-9}$$

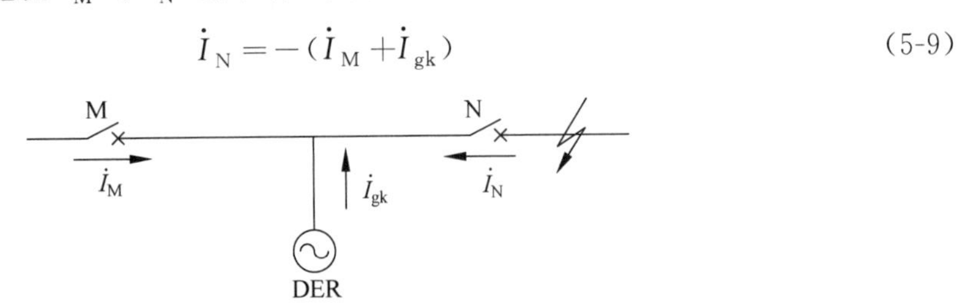

图5-11 故障点上游非故障区段端部电流关系

由于系统短路电流通过M端与N端流向故障点，因此，这两端的保护都会启动。下面假设保护区内的DER是单纯的旋转发电机与逆变器这两种情况，分析$\dot{I}_M$与$\dot{I}_N$之间的幅值与相位关系。

旋转发电机提供的短路电流可能接近甚至大于系统提供的短路电流，其暂态电动势相位与系统电源电压相差不会太大，向故障点注入的短路电流的相位也与系统提供的短路电流（$\dot{I}_M$）接近，因此，可以近似认为I_N等于I_M与I_{gk}之和，$\dot{I}_N$与$\dot{I}_M$相位相反。

逆变器提供的短路电流较小，考虑极端情况，假设达到系统短路电流的50%，即$\dot{I}_{gk}=0.5\dot{I}_M$，由图5-10可知，$\dot{I}_{gk}$与$\dot{I}_M$的相位差为70°～−60°，根据式(5-9)画出$\dot{I}_M$、$\dot{I}_N$与$\dot{I}_{gk}$之间的相量关系，如图5-12所示，得出$\dot{I}_N$与$\dot{I}_M$相位差大于162°，小于−160°。

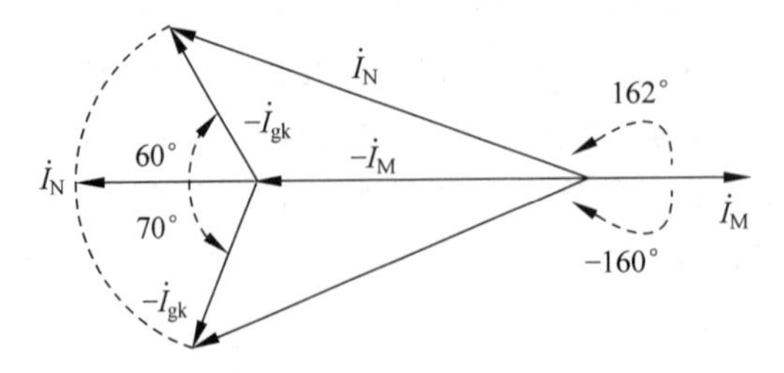

图5-12 区内接有逆变器时故障点上游非故障区段两端电流相量图

综上所述，考虑DER影响后故障点上游非故障区段端部电流$\dot{I}_M$与$\dot{I}_N$的绝对相位差大于160°。

单电源供电的配电线路中，当故障点在被保护区段的上游时，被保护区段仅有 DER 提供的短路电流流过。如图 5-13 所示，故障点在 M 侧上游，保护区段内 DER 提供的短路电流为 $\dot{I}_{gik}$，下游 DER 提供的短路电流为 $\dot{I}_{gok}$，$\dot{I}_M$ 与 $\dot{I}_N$ 与 DER 短路电流之间的关系为

$$\begin{cases} \dot{I}_M = -(\dot{I}_{gik} + \dot{I}_N) \\ \dot{I}_N = \dot{I}_{gok} \end{cases} \tag{5-10}$$

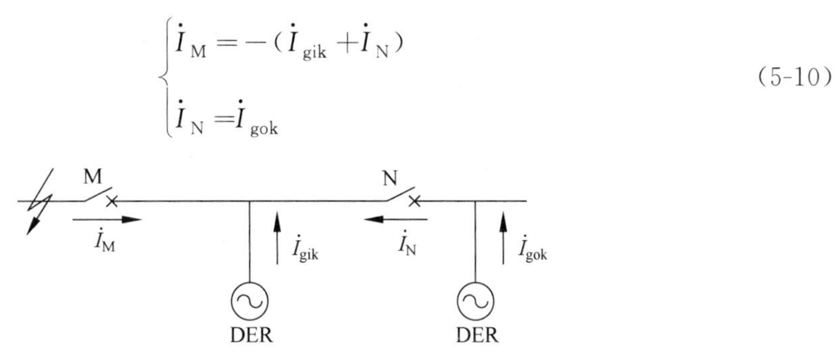

图 5-13 故障点下游非故障区段端部电流关系

根据 I_{gk} 与 I_{gok} 的大小关系，保护区两端保护的启动有以下三种情况：I_M 与 I_N 幅值均低于过电流门槛值，两侧保护均不启动；I_M 超过门槛值，而 I_N 小于门槛值，只有 M 侧保护启动。这种情况，属于弱馈问题；I_M 与 I_N 幅值均超过门槛值，两侧保护都启动。

下面分析保护区两端故障电流之间的相位关系。

如果下游 DER 类型一致，均为旋转发电机或逆变器，则 $\dot{I}_{gik}$ 与 $\dot{I}_{gok}$ 相位接近，$\dot{I}_N$ 与 $\dot{I}_M$ 的相位接近相反。

如果区内外接入的 DER 类型不一样，两端的相位关系将发生变化。

假设 $\dot{I}_{gik}$ 由逆变器提供，而 $\dot{I}_{gok}$ 由旋转发电机提供，这种情况下，I_{gik} 一般小于 I_{gok}，考虑极端情况，认为二者相等；由图 5-10 可知，$\dot{I}_{gik}$ 与 $\dot{I}_{gok}$ 的相位差为 $-60°\sim70°$，由此画出 $\dot{I}_M$、$\dot{I}_N$ 与 $\dot{I}_{gk}$ 之间的相量关系如图 5-14 所示，可见 $\dot{I}_N$ 与 $\dot{I}_M$ 之间的相位差大于 145°，小于 $-150°$。

假设 $\dot{I}_{gik}$ 由旋转发电机提供，而 $\dot{I}_{gok}$ 由逆变器提供，因为 N 侧的保护已经启动，说明 N 侧下游逆变器的短路电流超过线路额定电流的 1.5 倍，其容量接近线路额定容量，而保护区内旋转发电机的容量必然远小于线路额定容量，这种情况下，I_{gik} 一般也是小于 I_{gok}，考虑极端情况，认为二者相等，由此画出 $\dot{I}_M$、$\dot{I}_N$ 与 $\dot{I}_{gk}$ 之间的相量关系如图 5-15 所示，可见 $\dot{I}_N$ 与 $\dot{I}_M$ 的相位差小于 $-145°$，大于 150°。

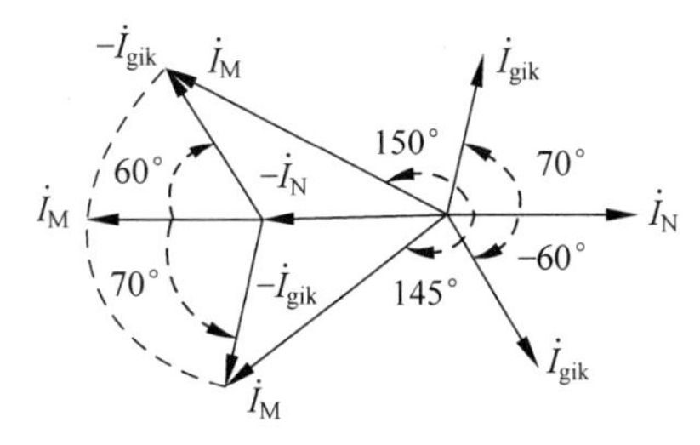

图 5-14 区内接逆变器、下游接旋转发电机时故障点下游非故障区段两端电流相量图

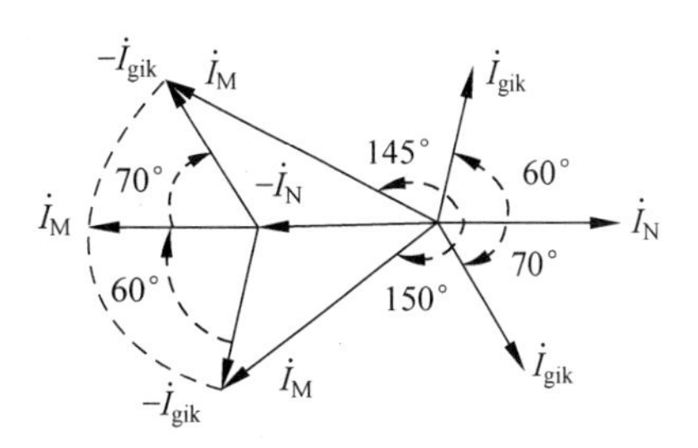

图 5-15 区内接旋转发电机、下游接逆变器时故障点下游非故障区段两端电流相量图

综上所述，对于故障点下游的非故障区段，如果两端的保护都启动，其端部电流$\dot{I}_M$与$\dot{I}_N$之间的绝对相位差大于145°。

2）故障区段端部电流之间的相位关系

对于闭环运行的配电线路来说，两侧系统的短路电流流向故障点，与输电线路中故障情况类似，被保护区段两端故障电流幅值都比较大，相位差很小。

对于单电源供电的配电线路来说，故障点上游一端流过的是系统短路电流，而另一端流过的是下游DER提供的短路电流。如图5-16所示的线路区段，M端靠近电源，流过是系统短路电流；N端流过的是下游DER提供的短路电流$\dot{I}_{gok}$。

如果I_{gok}小于过电流门槛值，则N端保护不启动，只有M端保护启动。如果I_{gok}大于门槛值，则两端保护都启动。

当两端保护都启动时，如果下游DER都是旋转发电机，则$\dot{I}_{gok}$的相位接近系统短路电流，因此，$\dot{I}_M$与$\dot{I}_N$的相位基本相同。如果下游DER都是逆变器，则$\dot{I}_{gok}$与系统短路电流之间的相位差为70°～－60°，因此，$\dot{I}_N$与$\dot{I}_M$之间的相位差也在70°～－60°范围内。为躲过负荷电流与冷启动电流的影响，保护启动电流的门槛值一般不会低于1.5倍的线路最大负荷电流。因为逆变器提供的短路电流较小，如果保护能够启动，则说明下游DER中旋转发电机容量占有一定比例，$\dot{I}_{gok}$与系统短路电流之间的相位差变小，实际$\dot{I}_M$与$\dot{I}_N$之间的相位差一般小于45°，大于－45°，如图5-17所示。

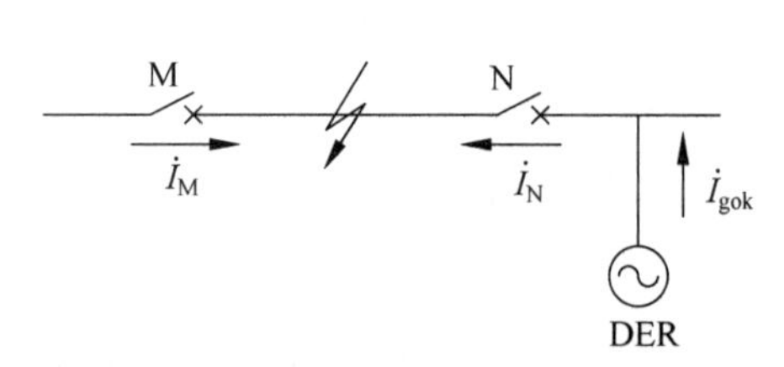

图5-16　分析故障区段两端电流关系的示意图

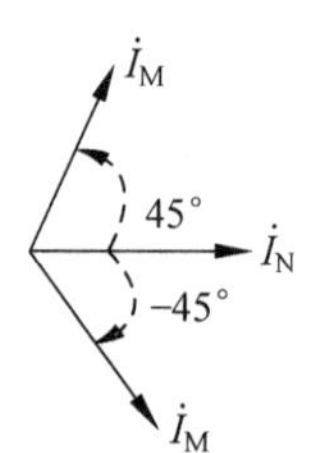

图5-17　故障区段两端电流相量图

综上所述，对于故障区段来说，考虑DER影响后，如果两端的保护都启动，其端部电流$\dot{I}_M$与$\dot{I}_N$之间的绝对相位差小于45°。

3）保护判据

对于两端线路区段来说，如果在线路故障时两端保护都启动，则在区内发生故障时，两端电流之间的绝对相位差小于45°；在区外发生故障时，两端电流之间的绝对相位差大于145°。据此得到两端电流保护都启动时基于端部电流相位比较的保护判据为：如果两端电流之间的绝对相位差φ大于95°，判为外部发生故障；否则，判为内部发生故障。

只有一端保护启动时，属于弱馈问题，需要将保护启动的端部电流与出口断路器处的电流相比较，判断发生故障是否在保护区内。

5.1.4　方向比较保护

方向比较保护工作原理简单、明确，可靠性高，不足之处是需要安装电压测量装置，以测量故障电流的方向。对于图 5-16 所示的具有两个端部的保护区来说，保护的启动以及测量到的故障线路方向有以下几种情况：

(1) 保护都不启动。这种情况出现在单电源供电线路中，故障点在保护区上游，保护区内以及下游 DER 提供的短路电流很小。

(2) 只有一端保护启动。这种情况出现在单电源供电线路中。区内发生故障时保护区下游 DER 提供的短路电流小，故障点下游一端保护没有启动。当故障点在保护区上游时，远离故障点的一端流过的是保护区下游 DER 提供的短路电流，而靠近故障点的一端流过的是区内以及保护区下游 DER 提供的短路电流之和，如果保护区下游 DER 的短路电流小于保护启动门槛值，但与区内 DER 短路电流之和大于保护启动门槛值，也会出现只有靠近故障点一端保护启动的情况。

(3) 两端保护都启动，区内发生故障时两端电流方向相同，区外发生故障时两端电流方向相反。双电源供电线路中，区内发生故障时，系统短路电流从两个端部流向故障点，两端保护都启动，测量到的故障电流方向相同；区外发生故障时，一侧系统的短路电流流过保护区，两端保护都启动，测量到的故障电流方向相反。在单电源供电线路中，如果故障点在保护区下游，短路电流流过保护区，两端保护都会启动，测量到的短路电流方向相反；如果故障点在保护区上游，保护区下游 DER 提供的短路比较大，两端的保护都会启动，DER 提供的短路电流通过两个端部流向故障点，两端保护测量到的故障电流方向相反；在保护区内发生故障时，如果保护下游 DER 提供的短路电流比较大，两端保护都会启动，DER 提供的短路电流经过下游端部流向故障点，两端测量到的短路电流方向相反。

根据上面的分析，得到方向比较保护的判据为：被保护区段有两端或两端以上的保护启动时，如果有一对端部保护测量到的短路电流方向相反，则判为故障在区外；如果启动的保护测量到的短路电流方向相同，则判为故障在区内。被保护区段只有一端保护启动时，将保护测量到短路电流方向与出口断路器保护测到的短路电流方向比较，如果方向相同，判为故障在区内，否则判为区外。

5.1.5　分布式电源并网保护

1. 分布式电源并网保护要求

分布式电源(DER)并网点的选择与其容量有关。一般来说，容量小于 400kVA 的 DER 接入低压配电网(低压配电线路或母线)；容量为 400kVA～10MVA 的 DER 接入中压配电网(中压配电线路或母线)，有的直接接入，也有的是通过专门的升压变压器(称为发电机-变压器组)接入，个别距离变电站较远的大型 DER 通过联络线接入变电站中压母线。在配电网出现孤岛运行状态时需要及时断开 DER 与配电网的连接，因此，DER 一般是经过一个可电动操作的并网开关(断路器)接入配电网。逆变器型 DER 一般具有故障检测与反孤岛保护功能，能够在故障或出现孤岛运行状态时自动停机，为节省投资，一些小型的逆变器往往经过一个隔离开关接入配电网。当 DER 通过专门的升压变压器并网时，为简化保护配置，一般是把可电动操作的并网开关布置在高压侧，而在 DER 与变压器低压侧之间仅安装一个隔离开关。

对 DER 并网开关保护(简称 DER 保护)的要求如下。

(1) 外部故障保护：指反应并网开关上游系统中故障的保护，其作用是防止短路电流损坏 DER。对于接入配电线路中的 DER 来说，当与并网开关相邻的上游配电线路中发生故障时，并网开关与故障点之前并没有遮断短路电流的保护设备，因此，需要在并网开关处布置外部故障保护。

(2) 内部故障保护：指反映并网开关下游的 DER、升压变压器内部以及引出线故障的保护，其作用是避免上级保护越级动作使停电范围扩大，同时也使 DER 免受短路电流危害。

(3) 反孤岛保护：其作用是在配电网失去与大电网连接形成供电孤岛时，断开 DER 与配电网的连接，消除孤岛运行的危害。反孤岛保护是专门针对接入配电网中 DER 的保护类型。

2. 分布式电源相间短路保护

DER 保护的配置根据其容量以及类型确定，DER 的类型分为旋转发电机（包括同步发电机与异步发电机，简称发电机）与逆变器两类。

1) 小型分布式发电机相间短路保护

小型分布式发电机指容量小于 1MVA 的分布式发电机。一般是配置电流 III 段保护或者反时限过电流保护作为发电机外部相间短路故障的保护（简称外部短路保护）。电流定值按发电机额定电流的 1.2～1.5 倍整定，动作时限的选择考虑两方面的因素：比上一级保护的相邻保护增加一个时间级差，以防止发电机外部短路保护在上一级保护区外发生故障时误动；动作时限要小于上一级断路器的重合闸动作时限，以使发电机在所接入的线路上发生故障时能够在上一级断路器重合闸之前断开与电网的连接，以防止重合闸对 DER 的冲击。

配电线路出口断路器以及分支线路断路器或熔断器保护的动作时限一般不大于 0.55s，重合闸动作时限一般设为 1s，因此，将发电机外部短路电流 III 段保护动作时限选为 0.8s，则能够保证其与上一级保护的相邻保护以及上一级断路器重合闸配合。

如果被保护线路比较长，在线路末端故障时，则可能由电流 III 段保护动作切除故障，保护的动作时限往往大于重合闸动作时限，给发电机外部短路电流 III 段保护动作时限的整定带来困难。以图 5-18 中的有源配电网为例，假设线路 L_2 比较长，在其末端故障时，线路出口断路器 QF_2 的电流 III 段保护动作切除故障，保护的动作时限为 1.7s，只有把 DER1 外部短路电流 III 段保护的动作时限整定为 1.95s 才能避免其误动，而 1.95s 的动作时限远大于线路出口断 III 路器 QF_1 重合闸的动作时限(1s)，在本线路故障时则无法保证在 QF_1 重合闸前跳开 DER1 的并网开关。因为当发电机上一级保护的相邻保护因故障距离远动作

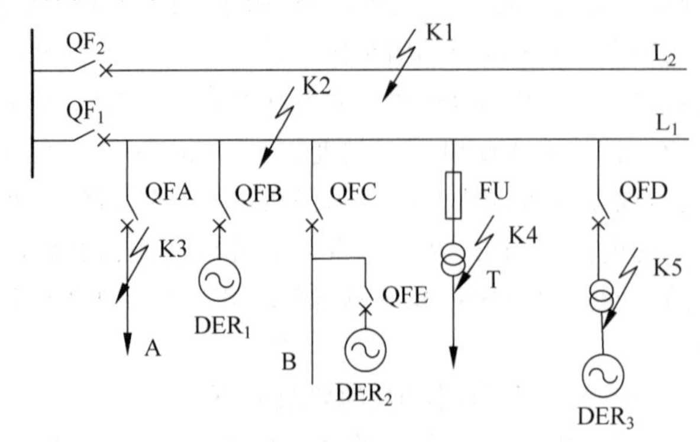

图 5-18　DER 外部相间短路 I 段电流定值整定示意图

时限比较长时，发电机短路电流往往也比较小，发电机外部短路电流 III 段保护不会启动，因此，在实际系统中，这种发电机外部短路保护无法与上级保护配合的情况是比较少见的。如果确实出现了配合困难的情况，可适当提高发电机外部短路电流 III 段保护的电流定值，改善发电机保护与上级保护的配合。

如果为发电机配置外部短路反时限过电流保护，一般选择与发电机发热特性相匹配的极端反时限特性。可将启动电流整定为 1.2 倍的额定电流，而动作时间系数的选择原则是在上一级保护出口处故障且发电机提供的短路电流最大时，外部短路反时限过电流保护的动作时限比上一级保护大一个时间级差。

因无法与上一级保护的相邻保护配合，实际工程中，一般不为发电机配置外部短路电流 I 段保护。仍以图 5-18 所示的有源配电线路为例，如果为发电机 DER_1 配置外部短路电流 I 段保护，其电流定值要躲开线路出口断路器 QF_1 处故障时发电机最大短路电流，以防止其在相邻线路 L_2 故障时误动；同时，也要躲开与 DER_1 相邻的分支线路 A 与 B 的断路器处、配电变压器 T 熔断器处以及发电机 DER_3 并网开关处故障时的最大短路电流，以防止 DER_1 外部短路保护在这些 QFB 相邻保护的区内故障时误动。

发电机内部（并网开关下游）发生相间短路时，系统提供的短路电流经并网开关流向短路点，发电机配置内部相间短路（简称内部短路）电流 I 段保护快速切除内部相间短路保护，以防止上级保护越级动作。配置电流 III 段保护作为内部短路的后备保护，电流定值按照发电机额定电流的 1.5～2 倍整定；动作时限比上一级电流 III 段保护小一个时间级差。

2）大中型分布式发电机相间短路保护

大中型分布式发电机（容量大于 500kVA）一般是接入中压配电网。对于容量大于 500kVA 的发电机，除上述过电流保护外，还要配置相电流差动保护作为发电机内部故障的主保护。对于以发电机-变压器组形式并网的中型发电机，为减少投资，可把发电机与变压器作为一个元件对待，配置电流差动保护。

容量比较大的（＞5MVA）的发电机配置负序电流保护，以提高相间短路保护的灵敏度。

3）逆变器相间短路保护

逆变器本身具备完善的短路保护，因此，逆变器并网开关一般只配置反应内部相间短路的保护。配置电流 I 段保护快速切除内部短路故障，电流定值按躲过逆变器最大输出电流来整定，可选为 1.5 倍的最大输出电流。增加 40ms 的动作延时，以防止在避雷器放电或外部短路时并网滤波电容的放电电流过大造成保护误动。

电流 I 段保护的电流定值比较低，保护具有很高的灵敏度，简单起见，不再配置后备内部相间短路保护。

3. DER 接地保护

DER 接地保护的配置取决于系统的接地方式、DER 的接地方式、发电机定子绕组的接线方式以及升压变压器绕组接线与接地方式。下面首先介绍旋转发电机的接地保护，然后对逆变器的接地保护的特殊要求做一简单说明。

1）直接接入配电网的发电机的接地保护

直接接入配电网指发电机不经过升压变压器接入配电网。接地保护的配置与配电网以及发电机中性点的接地方式有关。在中国，配电网中性点主要有小电阻与小电流接地两种方式，分布式发电机中性点一般采用不接地方式。下面针对中国配电网实际情况讨论发电机的接地保护。

小电阻接地配电网中,因为发电机定子绕组的中性点不接地,在外部(并网开关上游系统)发生接地故障时,流过发电机的接地电流(零序电流)是发电机对地电容的电流,幅值很小,因此,不必为发电机配置外部接地保护。在并网开关上游系统发生接地故障时,依靠反孤岛保护动作断开发电机与配电网的连接。对接入小电阻接地配电网以及直接接地配电网的发电机来说,如果配置了相电流差动保护,也能起到保护定子绕组接地故障的作用。

对于中压配电网广泛采用中性点不接地或谐振接地方式(小电流接地方式),接入的发电机的中性点不接地,在系统或发电机发生接地故障时,接地电流都比较小,允许继续运行2个小时,因此发电机不配置动作于跳闸的保护。容量比较大的发电机(>500kVA)需要配置接地绝缘监察装置。如果发电机采用Y形接线,可在其中性点安装电压互感器,通过监视中性点的零序电压判断是否发生了接地故障;如果DER采用△形接线,则需要在发电机端部安装电压互感器测量零序电压。为了能够在并网开关下游发生接地故障时及时给出指示,可安装专门的接地检测(故障分界)装置。

2)经升压变压器接入配电网的发电机的接地保护

当发电机经过升压变压器接入中压配电网时,不论变压器的低压侧绕组采用什么接线形式,其中性点一般是不接地的,发电机的中性点也是不接地的,因此发电机不配置动作于跳闸的零序电流保护,而是安装接地绝缘监察装置,在发电机以及低压侧绕组出现接地故障时给出指示。

如果发电机采用Y形接线,在中性点安装电压互感器,通过监视中性点的零序电压判断是否发生了接地故障。如果发电机采用△形接线,则需要在发电机端部安装电压互感器测量零序电压。

3)逆变器接地保护

逆变器类DER的中性点一般是不接地的。如果逆变器直接接入,在配电网中性点采用直接接地或小电阻接地方式(大电流接地方式)时,一般配置并网开关下游接地故障的零序电流保护;如果配电网中性点采用小电流接地方式,一般只配置接地绝缘监察装置。

经升压变压器并网的逆变器,因逆变器以及变压器低压侧中性点不接地,也是只配置接地绝缘监察装置。

4. 反孤岛保护

"孤岛"是指配电网与大电网的连接断开后形成的一个由DER供电的配电子系统。例如图5-18中变电站出口断路器QFM跳开后,其下游配电线路及其接入的DER形成了一个"孤岛"。这种意外的孤岛运行状态是不允许的,其主要原因有:

(1)由于孤岛内DER发出的功率与负荷功率难以取得平衡,供电电压与频率的稳定性得不到保障,给用电设备带来危害。

(2)如果孤岛运行是由配电网保护动作切除故障造成的,DER继续供电会影响故障电弧的熄灭,导致重合闸失败。

(3)系统断路器重合闸或进行恢复送电合闸时,对于同步发电机或异步发电机来说,将可能因为不同期合闸产生冲击电流,危害其安全。

(4)对于中性点有效接地的系统来说,一部分配电网与主系统脱离后,可能会失去接地的中性点,成为非有效接地系统,如果线路继续带电运行,可能会因为出现单相接地故障等而产生过电压危害。

(5) 如果孤岛是因为系统故障或停电检修引起的,其中的设备和线路继续带电,危害故障处理和检修人员的安全。这是绝对不允许的。

因此,需要在DER并网开关处配置反孤岛保护,防止出现上述危害。多个DER的公共并网开关以及DER与负荷的公共并网开关,也需要配置反孤岛保护。

DER在配电网出现孤岛运行状态时断开与配电网的连接,在配电网恢复正常运行状态、电压与频率在合格的范围时,再通过人工操作并网或自动并网。同步发电机并网时要进行同期检测,以防止不同期合闸引起的冲击电流。

需要指出,为保证重要负荷在系统停电时的供电,部分配电网可能会出现事先经过设计的计划孤岛(微电网)运行状态,计划孤岛显然不会存在上述危害。在计划孤岛脱离主系统独立运行时,DER需要继续并网运行,因此,DER的反孤岛保护需要退出运行。而计划孤岛与主系统的公共并网(连接)开关需要配置反孤岛保护,以在主系统故障或停电时使计划孤岛脱离主系统而独立运行。

根据保护的工作原理,反孤岛保护可以分为基于本地电气量的被动式保护与主动式保护,和基于通信的保护。

5.2 配电自动化

5.2.1 配电自动化系统

配电自动化系统从功能上可分为两个方面,一是配电网实时监控、自动故障隔离与供电恢复、电压无功控制等功能,称为配电网运行自动化;二是离线的或实时性不强的设备管理、检修管理与停电管理等,称为配电网管理自动化。

1. 配电网运行自动化

配电网运行自动化主要的功能有如下四种。

1) 数据采集与监控

数据采集与监控(Distribution Supervisory Control and Data Acquisition,DSCADA)是远动"四遥"(遥测、遥信、遥控、遥调)功能在配电网中的应用,它服务于配电网的生产指挥与运行调度,使运行人员能够从主站系统计算机界面上,实时监视配电网设备运行状态,并进行远程操作和调节。

DSCADA是配电网运行自动化的基础功能,是实现配电网"可视化"管理、克服"盲管"现象的关键。

2) 自动故障定位、隔离与供电恢复

自动故障定位、隔离与供电恢复(Fault Location,Isolation and Service Restoration,FLISR)功能又称馈线自动化功能,在线路发生永久性故障并切除后,自动定位线路故障点,跳开故障点两侧的分段开关,隔离故障区段,恢复非故障线路的供电,以避免造成停电或缩小故障停电范围,缩短停电时间,提高供电可靠性。

FLISR是线路发生故障后旨在缩短停电时间的纠正性操作措施,因此被当作配电网的一种"自愈"功能。国内外供电可靠性管理的实践中,只有历时超过一定时间(例如3min)的供电中断才算作一次停电，因此，如果能够将供电恢复的时间控制在规定时间内，即可减少一次停电记录，改善供电可靠性指标。显然，FLISR 并不能避免短时停电。

3）电压与无功控制

在对配电网电压进行实时监视的基础上，通过投切无功补偿装置、调整运行方式，达到优化无功、提高电压质量、降低损耗的目的。

理论上讲，可通过高级应用软件对配电网的无功分布进行全局优化控制，以保证供电电压合格、线损最小。由于实际的配电网结构非常复杂，而且不可能收集到完整的在线与离线数据，因此难以做到真正意义上的全局优化。实际工程中，更多的是以某控制点的电压及功率因数为控制参数，调整变压器分接头档位，投切无功补偿设备。

4）负荷管理

该功能监视用户电力负荷状况，并利用降压减载、对可控负荷周期性投切、事故情况下拉路限电三种控制方式，削峰、填谷、错峰，改变系统负荷曲线的形状，以提高电力设备利用率，降低供电成本。负荷管理涉及到变电、配电和用电三个环节，是一个多部门、多系统综合协调管理的技术。配电自动化中的负荷管理功能主要针对配电环节。

2. 配电网管理自动化

配电网管理自动化主要有如下的五个方面的功能。

1）设备管理

配电网包含众多的设备，星罗棋布地遍布于整个供电区域，传统的人工管理方式已不能满足日常管理工作的需要。设备管理（Facility Management，FM）功能在地理信息系统（Graphic Information System，GIS）平台上，应用自动绘图（Automatic Mapping，AM）工具，录入配电设备信息，可以地理图形为背景分层显示网络接线、用户位置、配电设备及属性数据等，支持设备档案的计算机检索、调阅，并可查询、统计某区域内设备数量、负荷、用电量等。设备管理实现配电设备台账的计算机管理，是管理信息化的基础。

2）停电管理

停电管理功能综合分析配电网设备信息、实时运行信息、用户信息，对故障停电、用户电话投诉（Trouble Call，TC）以及计划停电处理过程进行计算机管理，自动分析停电范围、定位故障点，并实现负荷转供方案、故障抢修调度、停电计划、停电统计管理的信息化，能够缩小停电范围，缩短停电时间，提高用户服务质量。

3）作业管理

对配电网的施工、试验、开关倒闸操作进行计算机管理。根据具体的任务，自动生成工作票、操作票。显示、存储、打印工作票和操作票，停电申请，并进行网上传递、签名。

4）检修管理

该功能在设备档案管理的基础上，制订科学的检修计划，对检修工作票、倒闸操作票、检修过程、检修记录进行计算机管理，提高检修水平与工作效率。

5）规划与设计管理

配电自动化系统对配电网规划所需的地理、经济、负荷等数据进行集中存储、管理，并提供负荷预测、网络拓扑分析、短路电流计算等功能，不仅可以加速配电网设计过程，而且还可使最终得到的设计方案经济、高效、低耗。

3. 配电网自动化系统的构成

配电网自动化系统(Distribution Network Automation System,DNAS)或配网自动化系统,完成配电网运行自动化功能,其基础功能是配电网数据采集与实时监控,其他应用功能包括馈线自动化、电压无功控制、配电运行辅助决策等。

配电网自动化系统分为DSCADA系统与配电网运行自动化高级应用软件两部分。DSCADA系统是配电网自动化系统的基础子系统,它服务于配电网调度与控制,完成配电网实时数据采集与运行监控的功能;高级应用软件包括故障信息管理、馈线自动化、网络拓扑、合环操作、状态估计等。配电网自动化系统功能逻辑结构如图5-19所示,分为系统支撑平台和应用软件2个层次,应用软件包括DSCADA应用软件、高级应用软件,系统支撑平台与DSCADA应用软件构成了DSCADA子系统。

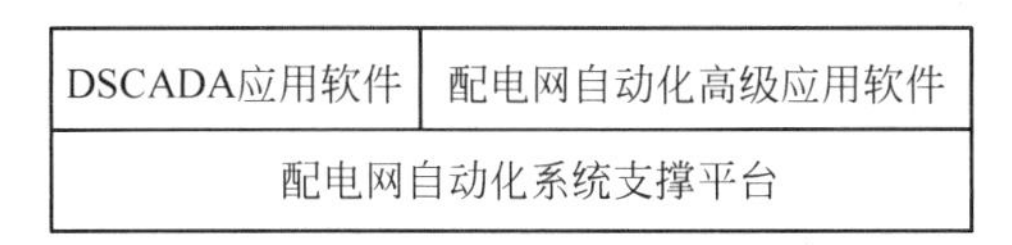

图5-19　配电网自动化系统的逻辑结构

配电网自动化系统完成配电网运行自动化的功能,由主站、配电子站、通信系统与各种配电网自动化远方终端(Distribution-automation RTU,DRTU)组成,如图5-20所示。

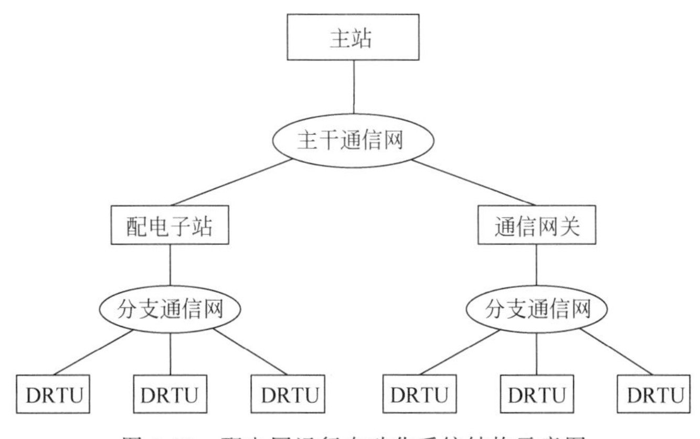

图5-20　配电网运行自动化系统结构示意图

(1) 主站。配电网自动化主站是安装在控制中心内的计算机局域网络系统,能够录入保存配电网拓扑信息,采集处理配电网实时运行数据,自动完成配电网各种协调控制功能,提供图形化配电网实时监控界面,并提供与配电生产管理系统(Distribution Production Management System,DPMS)等系统的接口。

(2) 配电子站。配电子站是一个安装在变电站或选定的开闭所、环网柜中的通信处理与监控装置,其主要作用是汇集并向主站转发DRTU的数据,优化通信通道的配置。不少早期的配电网自动化系统设计方案,采用配电子站完成所在区域内故障隔离与供电恢复的集中控制功能,以减轻配电网自动化主站数据处理负担、提高系统响应速度与可靠性。实践证明,这种做法多了一个管理层次,安装调试与管理维护十分不方便,弊大于利。随着配电网自动化主站技术的成熟,现在多数人的观点倾向于取消或弱化配电子站的监控功能,而只将其作为一个通信网关使用。

(3) 通信系统。通信系统提供DRTU与配电网自动化主站之间的数据传输通道。主站与配电子站之间的通信系统称为主干通信通道(网),而配电子站(通信网关)与配电网终端之间的通信系统则称为分支通信网。

(4) DRTU。DRTU即配电网自动化远方终端,包括安装在开闭所、配电所(室)、箱式变电站等站所处的配电站所终端,安装在电缆环网柜处的环网柜终端,安装在架空线路分段开关、联络开关、分支线开关、用户分界开关等柱上开关处的柱上开关终端以及安装在配电变压器处的配电变压器终端。它们采集并向配电网自动化主站传送断路器、负荷开关、变压器等配电设备的运行数据,接受主站控制命令,完成配电设备的操作控制。

配电网自动化系统的主要特点有:

① 监控对象为中低压配电网中的重合器、柱上开关、环网柜、开闭所、配电室、配电变压器、无功补偿电容器以及变电站中压出线断路器等,监控节点众多、分布面广。系统需要处理海量数据。

② 相当一部分配电网终端设备安装在户外,运行环境恶劣,还需要考虑防雨、防晒、防雷、防风沙、防震动与强电磁干扰等。

③ 一次设备标准化程度低,信息采集比较困难,主站系统难以完整、全面地获取配电网运行数据。

④ 需要具备完善的故障信息的采集与处理功能。除完成FLISR功能外,还要能够对故障信息进行存储、分析、查询、统计。

⑤ 配电网运行监控主要关注异常运行状态与故障的处理,系统对模拟量的测量精度要求相对较低,对数据刷新周期的要求也不高。为减轻通信与主站数据处理负担,配电网终端一般采用“主动报告”机制,正常量测数据的刷新周期可选为数分钟。

⑥ 配电网异动率很高,其结构经常因增容、技术改造、城市建设等原因变化,需要及时地更新系统网络拓扑与属性数据,参数配置、系统维护工作量大。

⑦ 配电网自动化系统需要与EMS、DPMS等系统频繁交换数据,对系统设计的开放性要求高。

4. 其他相关自动化系统

供电企业中,主要有以下五种与配电网自动化系统存在数据交换的自动化系统。

配电管理系统(Distribution Management System,DMS)完成配电网运行与管理自动化功能的综合自动化系统,它是若干自动化系统构成的集成系统,配电网自动化系统是其子系统之一。

配电网生产管理系统(Distribution Production Management System,DPMS)实现配电网设备管理、停电管理、检修管理、缺陷管理、作业(工作票、操作票)管理、规划设计管理等诸项管理的自动化与信息化。DPMS一般是以自动绘图/设备管理/地理信息系统(AM/FM/GIS)作为基础支撑平台开发的。

AM/FM/GIS利用通用GIS平台对配电设备和线路,按地理坐标或空间位置进行各种处理与管理,习惯上称为配电GIS。有的供电企业将配电GIS、DPMS作为两个相对独立的系统开发,这种情况下,DPMS需要与配电GIS通信,获取配电设备和线路的属性数据、网络拓扑与地理背景信息。为保证数据源的唯一、防止重复录入,配电网自动化系统需要从配电 GIS 获取配电设备属性、配电网拓扑数据、配电设备地理背景与空间信息；配电 GIS 和 DPMS 需要从配电网系统获取配电网实时运行数据与故障信息，以完成停电管理、作业管理、运行统计分析等功能。

停电管理系统(Outage Management System，OMS)与配电网自动化系统、配电 GIS、用户电话呼叫管理(Trouble Call Management，TCM)系统、自动读表(Automatic Meter Reading，AMR)系统、用户信息系统(CIS，又称用电营业管理系统)交换数据，实现停电流程管理的计算机化。OMS 主要服务于配电网故障处理的调度指挥，是 DPMS 的一种实现形式。

调度自动化系统或能量管理系统(Energy Management System，EMS)完成输变电系统的运行监控与调度管理功能。配电网自动化系统需要从 EMS 获得变电站中压开关测量与保护等信息，并且能够通过调度自动化下发对变电站出口开关的遥控指令，以实现对馈线的运行监控，完成馈线自动化功能。

电力营销管理信息系统简称营销管理系统，又称用电管理系统，完成用户信息与用电信息管理等面向用户的管理自动化功能。电力营销管理信息系统包括客户信息系统(CIS)、负荷管理(LM)系统、自动读表(AMR)系统、用户电话呼叫管理(TCM)系统等几个子系统。

配电网自动化系统需要上述系统有效地集成、配合，才能更好地完成配电网运行与管理自动化的功能。目前，供电企业中各种自动化系统开放性差，数据交换接口不标准，互相之间信息不能共享，形成一个个“自动化孤岛”，造成管理困难等问题。解决这些问题的关键是建设基于 IEC 61970、IEC 61968、IEC 61850 标准的企业信息集成总线，实现各种自动化系统的无缝集成，形成一个配用电综合自动化系统，如图 5-21 所示。

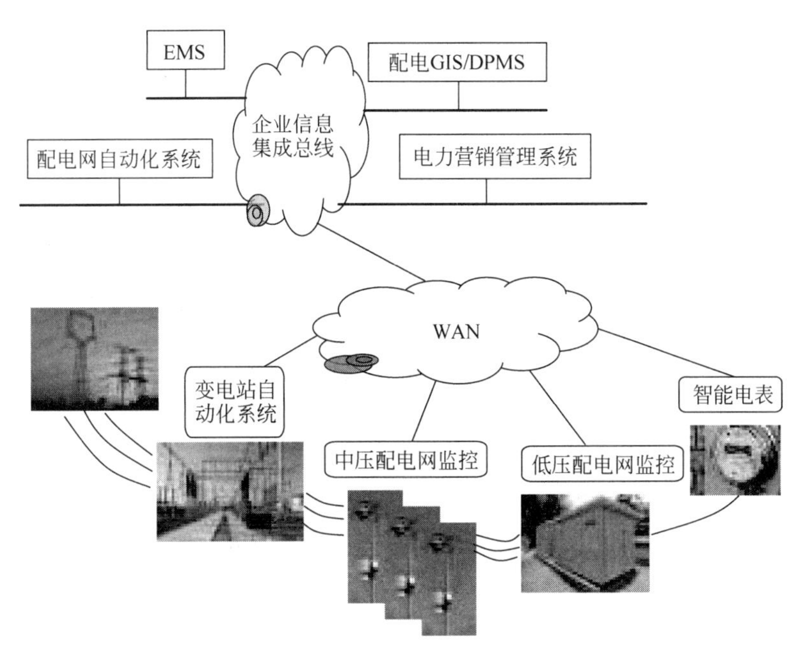

图 5-21 配用电综合自动化系统构成示意图

5. 配电自动化的作用

配电自动化是提高配电网运行管理水平的重要手段，其作用是提高供电可靠性、配电网容量利用率、DER 接纳能力、电能质量、用户服务质量、管理效率以及降低线损等方面。根据对实施配电网自动化经济效益的分析结果，在提高供电可靠性与配电网容量利用率方面产生的经济效益最为明显。

1）提高供电可靠性

配电自动化的首要作用是提高供电可靠性。配电自动化提高供电可靠性的作用主要体现在以下四个方面。

（1）降低故障发生几率。通过对配电网及其设备运行状态实时监视，改变“盲管”现象，及时发现并消除故障隐患，减少故障的发生。例如，可以及时发现配电设备过负荷现象，采取转供措施，防止设备过热损坏；通过记录分析瞬时性故障，发现配电网绝缘薄弱点，及时安排消缺，防止出现永久故障。

（2）缩短故障停电时间。受故障点查找困难、交通拥挤等因素的影响，依靠人工巡线进行故障隔离，往往要花费几个小时的时间，而应用配电自动化能够在几分钟以内完成故障隔离、非故障段负荷的自动恢复，可以显著地缩小故障影响范围与停电时间。

（3）利用配电网自动化系统、DPMS的故障定位的结果，可以及时发现故障点，快速调度抢修，缩短故障修复时间。

（4）缩短倒闸操作停电时间。配电网经常会因为用电扩装、设备检修安排计划停电，而需要进行负荷转供操作。依靠人工到现场对柱上开关或环网柜（简称开关）逐一进行倒闸操作，则不可避免地造成部分用户较长时间停电，而应用配电网自动化系统进行“遥控”控制，则可以避免这一问题。据部分供电局的统计，应用配电网自动化系统后的平均倒闸操作时间不到3min，而在此之前平均需要34min。

2）提高配电网容量利用率

配电网自动化系统为在不同的变电站、馈线之间及时地转供负荷创造了条件，从而可以在不影响供电可靠性的情况下，压缩备用容量，减少一次设备的投资。

以图5-22所示的变电站为例，有两路电源进线，采用单母线分段接线方式。假定每段母线的最大负荷均为12.5MVA，在变电站一台变压器停运时，为保证对应母线负荷能够全部迅速地转移到另一台变压器上，变压器的容量应比本母线最大负荷多1倍，即25MVA。如果变电站部分或全部出线与其他变电站出线有联络并能够通过遥控操作实现负荷转供，则在一台变压器停运时，可以将所在母线的一部分负荷改为由其他变电站的变压器转带。这样对本站变压器备用容量的要求就降低了，比如可由25MVA降为20MVA，容量减少20%，备用容量减少40%。

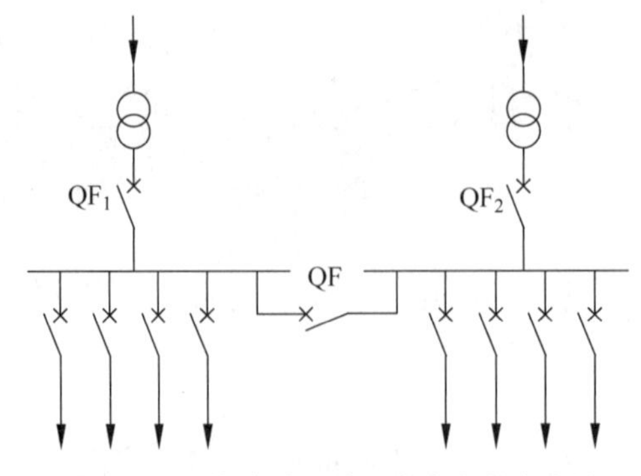

图5-22 主接线采用单母线分段的变电站

再如图 5-23 所示的三分段三联络架空配电网络，正常运行时，线路负荷为 3 个线路区段的负荷之和；在其他线路故障时，只需要转供其中一个非故障区段的负荷，因此，线路的备用容量可按 1/4 设计，容量利用率达 75%。而常规单联络的"手拉手"方式，由于线路载流量要按能够给全线路负荷供电设计，其容量利用率只有 50%。

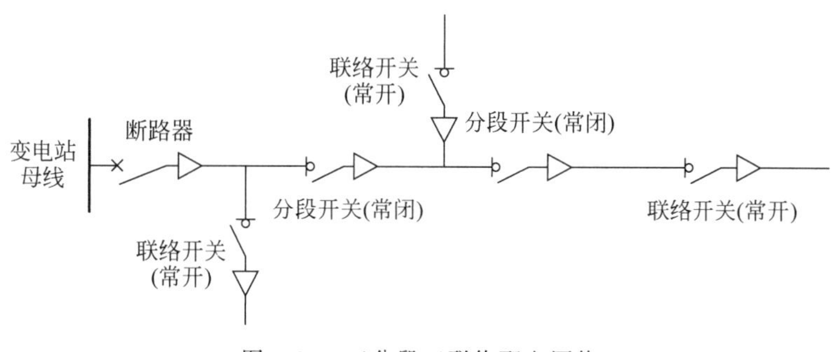

图 5-23　三分段三联络配电网络

3）提高 DER 接纳能力

DER 的接入使配电网由传统的功率单向流动电力分配网络转变为电力交换与分配网络，给配电网的运行控制与管理带来了新的挑战。配电网自动化系统为运行人员及时了解配电网运行工况、合理地调整 DER 出力以及配电网运行方式、保证配电网安全运行以及供电质量合格、提高配电网接纳 DER 的接纳能力创造了条件。

4）提高电能质量

配电网自动化系统可以实时监视配电线路供电电压的变化以及谐波含量等，使运行人员能够及时发现电能质量问题，通过调整运行方式、调节变压器分接头挡位、投切无功补偿电容器组等措施，保证电能质量合格。配电网自动化系统通过高级应用软件可对配电网的电压/无功分布进行优化控制，以保证供电电压合格并使线损最小，而在实际工程中做到这一点比较困难，更多是采用就地控制的方法。通过自动调整变压器分接头挡位，投切无功补偿设备改善电压质量。

5）降低损耗

应用配电网自动化系统可在改善电压质量的同时，优化无功的分布，实现无功功率就地平衡，降低线损。此外，配电网自动化系统为运行人员提供了监视并调整配电网变压器、馈线负荷水平的技术手段，使其合理地分配负荷，避免设备因过载或轻载增加损耗。

6）提高用户服务质量

实现配电自动化后，可以迅速处理用户用电申请，立即答复办理。在停电故障发生后，能够及时确定故障点位置、故障原因、停电范围及大致的恢复供电时间，立即给用户一个满意的答复。

7）提高管理效率

配电网自动化系统对配电网进行远程实时监视与控制，可节约大量的人工现场巡查故障与倒闸操作劳动力；同时，生产管理实现自动化、信息化，可以很方便地录入、获取各种数据，并使用计算机系统提供的软件工具进行分析、决策，制作各种表格、通知单、报告，将人们从繁重的工作中解放出来，提高了工作效率与质量。

5.2.2 馈线自动化

馈线自动化(Feeder Automation,FA)是指中压配电线路(馈线)发生故障后,实现故障的自动定位、隔离与供电恢复的自动化技术。包括就地控制、集中控制与分布式控制三种实现方式。

1. 就地控制型

就地控制型馈线自动化指基于重合器-分段器就地相互配合的馈线自动化,本书简称为A型馈线自动化。线路发生故障时,根据就地电压和(或)电流的变化,由安装在变电站线路出口的重合器(或配置保护的断路器)与线路上的自动分段器按照预先设定的逻辑顺序动作,完成故障隔离与非故障区段的恢复供电。该馈线自动化方式既不需要通信通道也不依赖于主站。

重合器是一种本身具有控制与保护功能的成套开关设备,它能检测故障电流并按预先设定的分合操作次数自动切断故障电流与重合,并在动作后能自动复位或自锁,其作用相当于安装了保护设备的断路器。自动分段器是一种本身配有控制器的开关设备(负荷开关或断路器加装外部智能控制器后,也可作为自动分段器使用),根据检测和控制原理的不同,自动分段器分为电压型、电流型分段器。检测到线路失压后即跳闸、来电后延时重合的称为电压型;检测到短路故障电流后跳闸再自动重合的称为电流型。

根据利用重合器与自动分段器检测电压和(或)电流信息的具体形式,A型馈线自动化包括电压控制型、电流控制型和电压电流控制型3种实现模式。

1) 电压控制型

电压控制型馈线自动化,又称电压-时间控制型,简称A-V型,其工作原理是通过检测分段开关两侧的电压来控制其分闸与合闸。在线路发生短路故障时,电源出口重合器分闸,随后沿线分段开关因失压而分闸;经过一段时间后重合器第1次合闸,沿线分段开关按照来电顺序依次延时重合;如果故障是瞬时性的,线路恢复正常运行;如果故障是永久性的,重合器和分段开关第2次分闸,与故障点相连的上游分段开关自动闭锁在分闸状态,再经过一段时间后,重合器第2次合闸恢复故障点上游非故障区段供电。

图5-24 辐射型线路A-V型馈线自动化系统

辐射型架空线路A-V型系统如图5-24所示,由电源出口重合器R与线路上的自动分段开关Q_1、Q_2组成。重合器R第1次重合时间整定为15s,第2次重合时间整定为5s。分段开关Q_1、Q_2工作在"常闭"状态,在开关两侧没有电压(失电)时立即分闸,在一侧有电时经过X时限(合闸延迟时限)合闸;合闸后在一预定Y时限(故障检测时限)内如再一次检测到失压,说明下一段线路有故障,分闸后闭锁。设定的时限X大于Y,以保证上一级开关可靠检测并切除故障,Q_1、Q_2时限整定为X=7s,Y=5s。

如图5-24所示,假定在线路上F_1点发生短路故障,电源出口重合器R分闸,分段开关Q_1、Q_2均因两侧失压分闸。延时15s后重合器R重合,Q_1在来电后延时7s合闸,若为瞬时性故障,则Q_1合闸成功,Q_2在来电后延时7s合闸,恢复线路供电。若为永久性故障,Q_1合到故障上导致重合器R再次分闸;由于Q_1在合闸后在设定的故障检测时限内(Y=5s)

就又检测到失压，因此失压分闸后闭锁。重合器 R 在分闸后延时 5s，第 2 次重合，由于 Q_1 已处于闭锁状态，不再合闸，从而隔离了故障区段（Q_1 与 Q_2 之间），恢复重合器 R 与 Q_1 之间的区段供电。F_1 点永久性故障时重合器 R 与分段开关 Q_1、Q_2 的动作时序如图 5-25 所示。

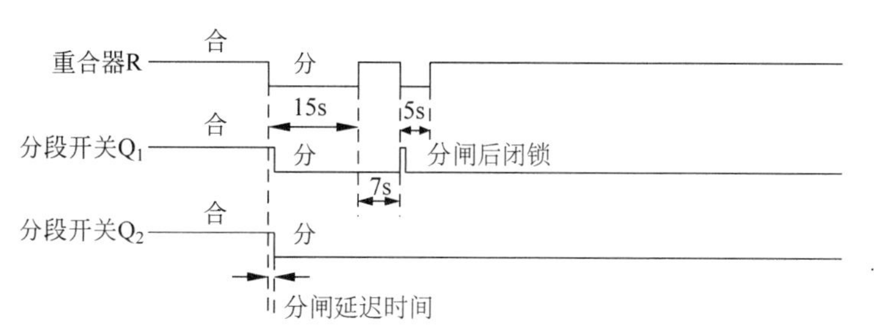

图 5-25　F_1 点永久故障时重合器与分段开关动作时序

2）电流控制型

电流控制型馈线自动化，又称过流脉冲计数型，简称 A-I 型，其工作原理是分段开关在连续计数到 2 次及以上故障电流后分闸隔离故障。在线路发生故障时，电源出口重合器分闸，分段开关维持在合闸状态；分段开关的过流脉冲计数器计数经历故障电流的次数，当计数次数达到设定值时，分段开关在无流状态下分闸；当重合器再次合闸后，故障区段被隔离，恢复非故障区段的供电。A-I 型具有快速切除故障的特点，但重合器动作次数较多。

典型的架空线路 A-I 型系统如图 5-26 所示，分段开关由电流互感器提供过流检测信号。设定电源出口重合器 R 计数到 4 次过流后闭锁，分段开关 Q_1 计数到 3 次过流后分闸，Q_2 与 Q_b 计数到 2 次过流后分闸。

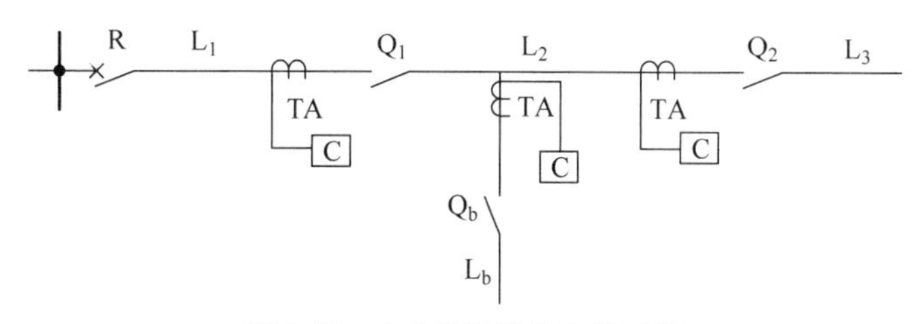

图 5-26　A-I 型馈线自动化系统

在图 5-26 所示系统中，假设在线路区段 L_3 上发生瞬时性故障，重合器 R 分闸，分段开关 Q_1 与 Q_2 均计过流 1 次，由于均未达到设定的过流次数，仍保持在合闸状态；经过一时限后重合器 R 第 1 次重合，由于故障已经消失，从而恢复线路的正常供电；Q_1 与 Q_2 经过一时限后计数器清零，为下一次故障做好准备。如果 L_3 上发生永久性故障，重合器 R 分闸，Q_1 与 Q_2 均计过流 1 次；经过一时限后重合器 R 第 1 次重合并分闸，Q_2 计数过流达到 2 次自动分闸，由于 Q_1 计数次数尚未达到设定值（3 次）仍保持合闸状态；再经过一时限后重合器 R 第 2 次重合，由于故障已经被隔离，从而重合成功恢复非故障区段 L_1、L_2 和 L_b 供电。如果故障发生在 L_2 段，若是瞬时性故障，重合器 R 第 1 次重合即可恢复线路的正常供电；若为永久性故障，重合器 R 需第 3 次重合才能恢复线路区段 L_1 的正常供电。

3）电压电流控制型

电压电流控制型又称电压-电流-时间控制型，简称 A-VI 型，其工作原理是分段开关采用断路器并同时检测开关两侧电压与电流信号，在重合到故障上时立即分闸闭锁隔离故障；与之配合，变电站出口重合器采用限时速断保护。A-VI 型能够在变电站出口重合器 1 次重合后快速切除故障，但分段开关需采用断路器，造价较高。

下面以图 5-27 所示的环网线路说明 A-VI 型系统的工作过程。电源出口重合器（断路器）R_1、R_2 配置限时速断保护（300ms）与 1 次重合闸，重合延时为 1s。分段开关 Q_1、Q_2、Q_3、Q_4 在两侧失压后自动分闸，一侧带电后延时（设定为 1s）合闸，配置在来电合闸时开放的瞬时速断保护，如果合闸到故障上则立即分闸并闭锁。联络开关 Q_t 正常运行时处于分闸状态，在检测到一侧失压后启动合闸计时（设定为 7s），两侧恢复供电时返回；与分段开关一样，配置在来电合闸时开放的瞬时速断保护功能。

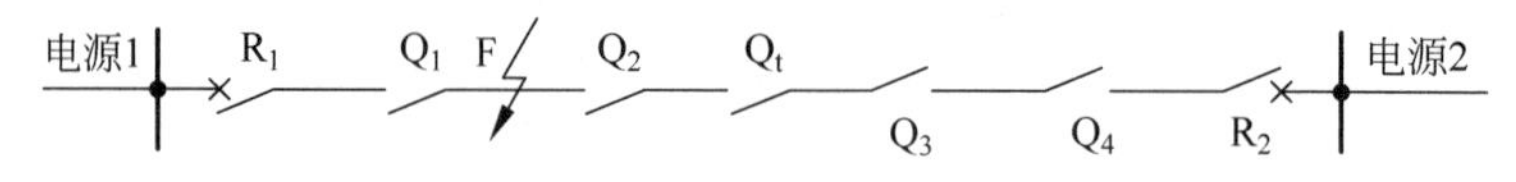

图 5-27　A-VI 型馈线自动化系统

在图 5-27 所示系统中，假设 F 点发生瞬时性故障，重合器 R_1 限时速断保护动作分闸，分段开关 Q_1、Q_2 因失压分闸，联络开关 Q_t 检测到一侧失压启动合闸计时。重合器 R_1 跳闸 1s 后再次合闸，Q_1、Q_2 各延时 1s 后顺序合闸，恢复线路供电。联络开关 Q_t 因两侧带电返回。

如果 F 点为永久性故障，重合器 R_1 跳闸后延时 1s 合闸，然后 Q_1 延时 1s 后合闸，由于合到故障上立即分闸并闭锁。故障 7s 后，联络开关 Q_t 因合闸计时到而合闸，再延时 1s 后 Q_2 合闸，由于合到故障上立即分闸并闭锁。这样，在故障处理过程中，R_1 只需重合 1 次、R_2 不动作，避免了因 R_1 再次分闸引起非故障区段再一次失压以及电源 2 供电区段的短时停电。

发达国家早在 20 世纪 50 年代就开始应用 A 型馈线自动化。A-I 型系统在美国、A-V 型系统在日本都有着相当广泛的应用。我国在 20 世纪 80 年代就引进国外设备，进行 A 型馈线自动化试点。进入 90 年代，随着自动重合器与分段开关的国产化，A 型馈线自动化获得了大量的使用。

2. 集中控制型

集中控制型馈线自动化，简称为 B 型馈线自动化，由配电网自动化主站（或配电子站）通过通信系统集中收集配电网终端的故障检测信息，根据系统拓扑结构和预设算法进行故障定位，并通过遥控或手工方式实现故障的自动定位、隔离与恢复供电。B 型馈线自动化系统由馈线终端（FTU）、通信系统及配电网自动化主站（或配电子站）3 部分组成。一般在配电网自动化系统主站（以下简称主站）里安装馈线自动化软件模块，与配电网终端通信，完成故障隔离与恢复供电。

1）架空环网 B 型馈线自动化

架空环网 B 型馈线自动化系统如图 5-28 所示，由控制主站、通信系统与安装在柱上开关上的配电网终端（馈线终端，FTU）这 3 部分组成，电源（变电站）出口断路器 QF_1、QF_2 安装具有测控与通信功能的保护装置，正常运行时联络开关 Qt 处于分位。为便于理解，图中保护装置直接与控制主站通信，实际工程中，其信息一般通过变电站自动化系统或调度自动化系统（EMS）转发。

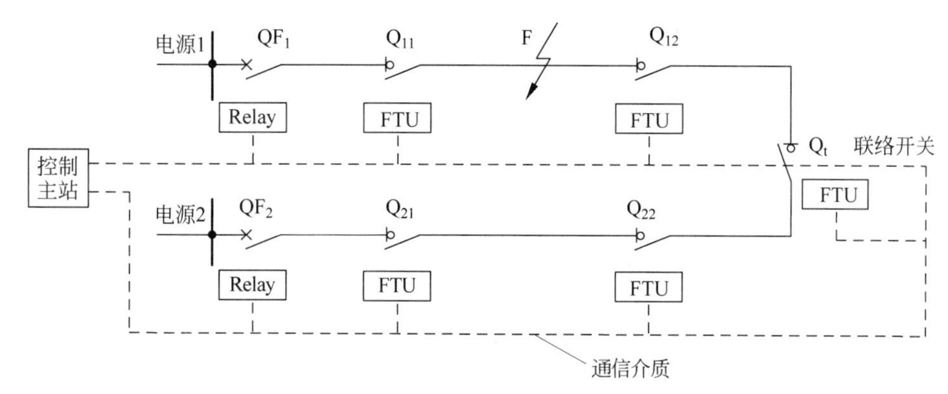

图 5-28 架空环网 B 型馈线自动化系统

如图 5-28 所示，假如 F 点故障，电源出口断路器 QF_1 保护分闸，然后重合。若为瞬时性故障，则重合成功，恢复线路正常供电。若为永久性故障，重合到故障上分闸后，控制主站启动故障处理程序。由于 Q_{11} 柱上开关终端检测到故障电流，其他柱上开关终端均没有检测到故障电流，控制主站因此判断出故障在 Q_{11} 与 Q_{12} 之间；遥控操作 Q_{11}、Q_{12} 分闸，隔离故障区段；然后通知电源出口断路器 QF_1 合闸并遥控操作联络开关 Qt 合闸，恢复 QF_1 与 Q_{11} 之间和 Q_{12} 与 Qt 之间非故障区段供电。

2）电缆环网 B 型馈线自动化

图 5-29 给出了采用环网柜的电缆环网，正常情况下，联络开关 Q_{22} 处于分闸位置。环网柜进线采用电动负荷开关，而出线采用负荷开关加熔断器的配置。为节省投资，一般只监控进线开关。

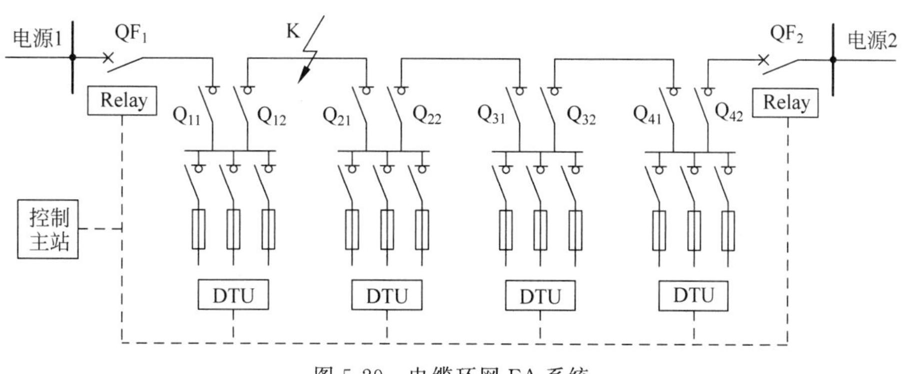

图 5-29 电缆环网 FA 系统

当 K 点发生故障后，变电所出线断路器 QF_1 跳开，主站系统根据现场终端传上来的故障检测结果，判断出故障点位置，遥控打开故障点两侧开关 Q_{12} 与 Q_{21}，隔离故障区段，然后合上 QF_1 及 Q_{22}，所有的环网柜恢复供电。

3. 分布式智能控制型

上述 A、B 型馈线自动化的供电恢复时间都在分钟级，而基于分布式控制型馈线自动化系统，简称 C 型系统，则能够在数秒内完成故障定位、隔离与恢复供电，使停电时间大为缩短。

图 5-30 给出了一个典型的电缆环网布式智能控制型 FA 系统构成，FTU 与出口处的保护装置(Relay)接入点对点对等通信网络(光纤工业以太网)，其中 CP(Communication Processor)为通信处理机，用于向配网自动化主站转发 FTU 数据。之所以称为分布式智能控制，是因为系统中的每一个 FTU 根据本地测量信息、相邻开关处 FTU 送来测量信息，进行故障处理控制决策，无需主站与子站的介入，也不需要知道整个网络的拓扑结构。

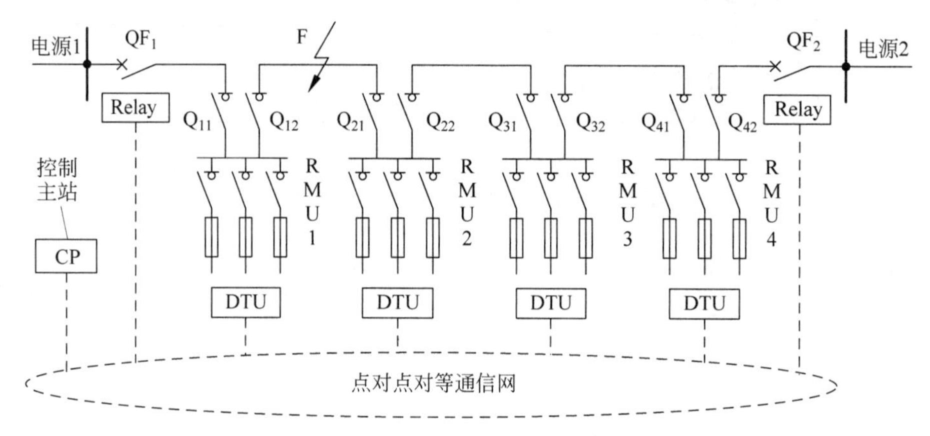

图 5-30 分布式智能控制型 FA 系统

设图 5-30 系统中环网柜 RMU2 处的开关 Q_{22} 为联络开关，下面以线路 F 点发生永久故障为例说明故障处理过程。在出口保护跳闸后，电源出口断路器 QF_1 处的 Relay、环网柜 RMU1 处 FTU 因检测到故障电流而发起通信，向相邻的 FTU 请求相邻开关的故障检测信息；因 RMU1 的进线开关 Q_{12} 有故障电流流过而 RMU2 的进线开关 Q_{21} 没有，RMU1 处 FTU 判断出故障在 Q_{12} 与 Q_{21} 之间的区段上，在控制 Q_{12} 跳开的同时向 RMU2 处 FTU 发出跳开 Q_{21} 的信息，并在确认 Q_{12}、Q_{21} 跳开后发出“故障隔离成功”的消息；QF_1 处 Relay 和联络开关 Q_{22} 处 FTU 在收到“故障隔离成功”的消息后，分别控制 QF_1 与 Q_{22} 合闸，恢复故障区段两侧环网柜 RMU1、RMU2 的供电。故障处理完成后，RMU1 处 FTU 将故障定位信息上报主站。

对于环网柜出线上的短路故障，在出线上不安装快速熔断器的情况下，FTU 在故障切除后打开负荷开关隔离故障，并向电源出口断路器处的 Relay 发出合闸命令，恢复主干线路供电。

5.2.3 配电自动化终端

配电自动化远方终端，简称为配电终端，英文缩写词为 DRTU(Distribution RTU)，采集处理反映配电网与配电设备运行工况的实时数据与故障信息并上传配电网自动化主站；接收主站命令，对配电设备进行控制与调节。智能配电网技术的发展，对配电网终端提出了更高的要求。现代配电网终端之间还能够通过对等通信系统交换数据，实现分布式控制，即不依赖主站根据当地与相关配电网终端送来的测量信息进行决策，实现对配电设备的控制与调节。配电网终端量多面广，是配电网自动化系统的重要组成分，其性能与可靠性，对整个配电网自动化系统能否正常运行并发挥有着决定性影响的作用。

1. 配电自动化终端类型

配电网自动化系统的监控范围是中低压配电网，被监控的配电设备包括变电站中压线路出口断路器、开闭所、配电所(室)、箱式变电站、环网柜、柱上开关、重合器、分界开关、配电变压器、无功补偿电容器等。实际工程中，变电站出口断路器的保护监控由变电站自动化系统中的间隔层单元完成，称为线路保护装置或保护测控装置，其余配电设备的监控则由配电网终端完成。根据监控对象的不同，配电网终端可分为三大类：

(1) 配电站所终端。配电站所终端(Distribution Substation Terminal Unit，DSTU)简称为DTU，安装在开闭所、配电所(室)、箱式变电站内，用于站所内电气设备(开关、配电变压器、无功补偿电容器等)的监控。

(2) 馈线终端。馈线终端(Feeder Terminal Unit，FTU)简称为FTU，用于中压馈线中环网柜与分段开关、联络开关、分支线开关、用户分界开关等柱上开关的监控。由于环网柜与柱上开关同属于线路开关设备，因此将它们都称为FTU；为将二者区分开来，根据FTU分别用于环网柜与柱上开关的事实，将用于环网柜的FTU称为RMTU(Ring Main Terminal Unit)，将用于柱上开关的FTU称为PSTU(Pole-top Switch Terminal Unit)。

(3) 配电变压器终端。配电变压器终端(Transformer Terminal Unit，TTU)用于配电变压器的监测。

2. 配电终端的技术特点

(1) 功能丰富。传统的RTU仅仅完成(遥测、遥信、遥控、遥调)任务，功能相对简单，而配电网终端要能够检测故障、记录故障信号，并且具备完成就地控制(分段开关顺序重合控制、无功补偿电容投切控制)与分布式控制(如基于对等通信的快速故障自愈控制)的功能。

(2) 种类众多。配电网终端应用于开闭所、配电所(室)、箱式变电站、环网柜、柱上开关、重合器、分界开关、配电变压器、无功补偿电容器等多种场合，具体的功能要求、I/O数量、接口方式、安装方式以及应用环境都有着很大的差异，使得配电网终端种类繁多，产品的设计、生产、安装调试以及管理维护工作量很大。据长期从事配电网终端研发与生产的厂家统计，其已定型的配电网终端有上百个品种。

(3) 适应恶劣运行环境。配电网终端多安装在户外，运行环境比较恶劣。户外配电网终端要能在$-40\sim+70$℃的温度范围内正常运行；防潮、防凝露，适应96%的环境相对湿度。机箱具有良好的防雨、防尘功能，防护等级要达到GB/T 4208规定的IP54要求。

(4) 抗电磁干扰能力强。配电网终端常靠近一次设备安装，易受高电压、大电流干扰的影响。户外配电设备的防雷设施、接地条件都不是很完善，对配电网终端的抗电磁干扰设计提出了更高的要求。一般来说，配电网终端抗电磁干扰的能力要达到GB/T 13729《远动终端设备》规定的Ⅳ级要求。

(5) 需配置后备电源。除开闭所、配电所外，配电网终端的应用场合一般没有不间断后备电源，这就要求其本身配备蓄电池，在系统停电时维持运行一段时间(4～8h)并提供开关操作电源。

(6) 功耗低。户外配电网终端一般采用电压互感器供电，后备电源的储电容量也有限，因此要求其功耗尽量小，以降低对电压互感器的容量要求、延长后备电源供电时间。

(7) 体积小。配电网终端一些应用场合(如环网柜)安装空间有限，其尺寸要设计的尽量小。

(8) 抗振动能力高。配电网终端安装在开关柜内时，要有很强抗振动能力，以防止开关分合操作产生的机械振动影响其性能。

3. 故障指示器

故障指示器是指示线路故障电流通路的装置，其原理是利用线路出现短路故障时电流正突变及线路停电来检测故障点。当短路故障指示器感应到故障电流，若超过动作的启动条件，则指示器的显示窗口翻牌(或发光)；具有通信功能的还可以向主站报告有无故障电流通过的脉冲信息，由主站根据配电网接线拓扑关系和传回的信息智能定位故障区段，判断故障在哪个区段。一旦线路发生短路或接地故障，巡线人员可借助指示器上有无故障信息，迅速确定故障点所在的线路区段。

图 5-31　架空型故障指示器

(1) 架空型故障指示器。直接安装在架空线路上，外观如图 5-31 所示，采用专用工具可以带电装卸，非常简单方便，不影响线路运行。如图 5-32 所示，线路故障时，3♯线 C 相 3、6、9 指示器翻红牌显示，表明均有故障电流通过；而 12 指示器仍未翻牌，表明无故障电流通过，从而可判断出 9 至 12 指示器之间发生故障。

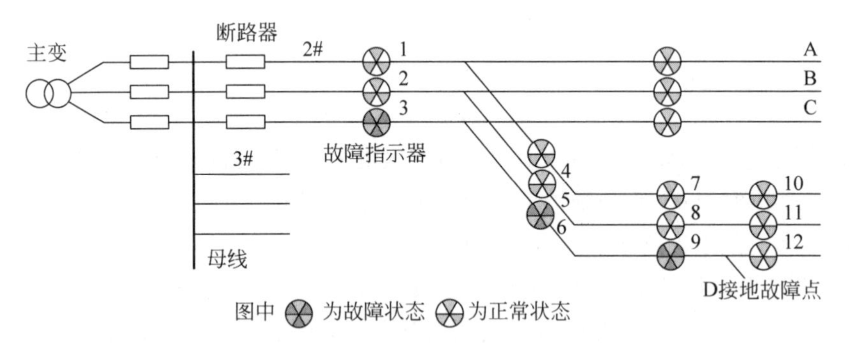

图 5-32　架空型故障指示器应用

(2) 电缆型故障指示器。安装在配电网络系统中的环网开关、电缆分支箱、箱式变压器的电缆头，用于指示相应电缆区段的短路或单相接地故障的一种实时监测装置，外观如图 5-33 所示。短路传感器必须安装在电缆的单相分支上，安装时可直接安装在被测电缆上，并进行紧固，防止滑动而造成脱落；接地传感器与零序电流互感器的安装方法相同，安装时应注意需将电缆的三相包围起来，电缆的接地线必须回穿传感器，并紧固，防止滑动而造成脱落。短路传感器和接地传感器可分别检测到电缆系统单相短路和总线接地故障，并同时根据故障信息以指示灯闪烁的方式告警，智能型通过通信传送到主站。

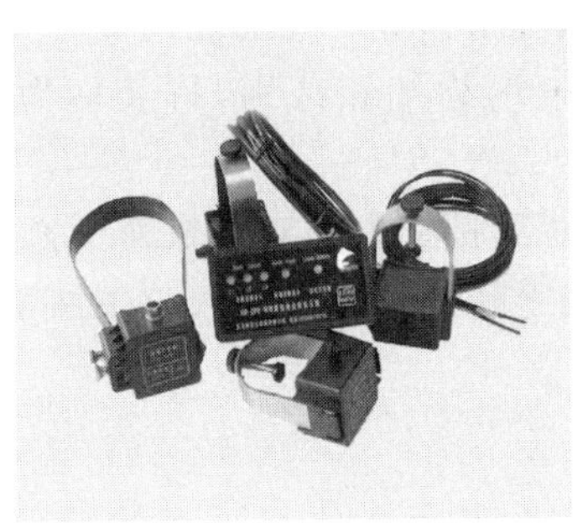

图 5-33 电缆型故障指示器

5.2.4 高级配电自动化

1. 基本概念

高级配电自动化(Advanced Distribution Automation,ADA)的概念最早由美国电科院(EPRI)在其"智能电网体系"(IntelliGrid Architecture)研究报告中提出。该报告对ADA的定义为"配电网革命性的管理与控制方法,能够实现配电网的全面控制与自动化并对DER进行集成,使配电网的性能得到优化",与配电自动化相比,高级配电自动化功能与技术的特点主要体现在以下四个方面:

(1) 满足有源配电网对配电自动化技术提出的新要求。首先,要满足DER监控与运行管理的需要,将其与配电网有效地集成;此外,相关的分析与控制方法,如潮流与故障分析方法、故障隔离与供电恢复方法、电压无功控制方法等,要能够适应DER接入,充分发挥DER的作用,优化配电网的运行。

(2) 性能更加完善。提供丰富的配电网实时仿真分析和运行控制与管理辅助决策工具,具备包括配电网自愈控制、经济运行、电压无功优化在内的各种高级应用功能。

(3) 实现对配电网的优化集成控制。除基于主站的集中控制应用外,还支持在终端上完成基于本地测量信息的就地控制应用和基于相关终端之间对等交换实时数据的分布式控制智能(简称分布式控制)应用,为各种配电网自动化以及保护与控制应用提供统一的支撑平台,优化自动化系统的结构与性能,解决"自动化孤岛"问题,实现软硬件资源的高度共享。

(4) 应用IEC 61850通信标准,采用标准的信息交换模型与数据传输协议,支持自动化设备与系统的互通互联与即插即用。

2. 高级配电自动化系统的构成及其特点

与常规的配电自动化系统类似,高级配电自动化系统分为高级配电网运行自动化系统与高级配电网管理自动化系统(高级DPMS)两类。

高级DPMS系统的物理结构及其各个组成部分的功能作用与常规的DPMS类似,而高级配电网运行自动化系统尽管物理结构与传统的配电网运行自动化系统类似,也是包括主站、通信系统、配电子站与配电网终端几个部分,但对配电网终端与通信系统的功能提出了更高的要求:

(1) 配电网终端具有更为丰富的硬件资源和强大数据处理能力,除传统的"四遥"功能外，还能够支持基于本地测量信息的就地控制应用和基于终端之间对等交换实时数据的分布式控制应用。为将这种终端与常规的配电网终端相区别，将其称为智能终端（Smart Terminal Unit，STU）。

（2）通信系统支持智能终端之间进行实时测控数据的对等快速交换，以实现分布式控制。采用 IEC 61850 通信标准，实现智能终端之间以及智能终端与主站系统之间的互通互联、即插即用。

3. 关键技术

高级配电自动化的关键支撑技术主要有先进的通信技术、高级测量技术、快速仿真与模拟技术、分布式控制技术、虚拟发电厂技术、信息集成总线技术等。下面简单介绍五项先进的通信技术内容。

1）高级测量技术

高级配电网自动化系统采集的数据更为全面、完整，除常规的遥测、遥信与故障检测信息外，还包括设备运行状态等数据，以实现配电网的全景“可视化”管理。有源配电网是一个功率与故障电流双向流动的复杂网络，必须使用实时快速仿真模拟、电压无功控制等高级应用软件，以对其进行有效控制与管理。为保证高级应用软件的运行效果，要求测量数据具有比较高的精度，能够提供电压与电流的同步相量信息。

2）快速仿真与模拟技术

配电网快速仿真与模拟（Distribution-Fast Simulation and Modeling，D-FSM）提供实时计算工具，分析预测配电网运行状态变化趋势，对配电网操作进行仿真并进行风险评估，向运行人员推荐调度决策方案。快速仿真与模拟技术是保证配电网安全可靠、高效优化运行的重要技术手段。

3）分布式控制技术

分布式控制建立在智能终端对等交换实时测控数据的基础上，既可以利用多个站点的测量信息实现更为丰富、完善的控制功能，又能避免主站集中控制带来的通信与数据处理延时长的问题。例如，利用分布式控制实现短路故障的自动定位、隔离与供电恢复，可在 1s 的时间内恢复供电，而采用常规的主站集中控制则使用数十秒甚至数分钟的时间。

分布式控制为配电网提供了一种性能优越的控制新手段，支持分布式控制是高级配电网自动化系统区别于常规配电网自动化系统的重要特征。

4）虚拟发电厂技术

高级配电网自动化系统为虚拟发电厂（VPP）提供技术支撑平台。VPP 是高级配电网自动化系统的一个高级应用功能，将配电网中分散安装的 DER 看成是一个虚拟的发电厂进行统一的调度，实现 DER 与配电网的有效集成与智能调控。高级配电网自动化系统采集、处理 DER 实时运行数据，并能够对其进行调节、控制；采用配电网快速仿真与模拟技术，辅助制定 DER 调度决策，使 VPP 得以实现。这是高级配电网自动化系统区别于传统配电网自动化系统的又一个重要特征。

5）企业信息集成总线

供电企业信息集成总线（Utility Integration Bus，UIB）用于将高级配电网自动化系统、高级 DPMS 以及 EMS、AMR 系统、用户信息系统（CIS）等自动化系统连接在一起，实现互相之间的互通互联、无缝集成，解决“信息孤岛”问题。

5.3 智能配电台区

智能配电台区是利用电力电子技术、自动控制技术、数字信号处理技术等新技术，将配变监测、计量、用电信息采集、电能质量监视、无功优化控制补偿、电能质量调节/谐波治理、剩余电流保护等功能有机地融合在一起，从而提高供电可靠性和电能质量。

5.3.1 系统功能

智能配电台区系统由数据采集与存储和分析与管理两大功能模块组成。数据采集与存储模块由终端设备、数据采集模块、实时历史数据库等部分组成，实现数据采集、上传，数据存储以及实时数据监测等功能；数据分析与管理模块实现台区信息监测、电能质量监控、台区异常报警、配变监测分析、用电信息采集管理等功能。

1. 数据采集与存储

1）采集数据类型

（1）电能数据：总电能示值、各费率电能示值、总电能量、各费率电能量、最大需量等。

（2）交流模拟量：电压、电流、有功功率、无功功率、功率因数等。

（3）工况数据：开关状态、终端及计量设备工况信息。

（4）电能质量越限统计数据：电压、功率因数、谐波等越限统计数据。

（5）事件记录数据：终端和电能表记录的事件记录数据。

（6）其他数据：预付费信息等。

2）采集方式

（1）定时自动采集：按采集任务设定的时间间隔（包括典型日）自动采集终端数据，自动采集时间、内容、对象可设置。当定时自动数据采集失败时，主站应有自动及人工补采功能，保证数据的完整性。

（2）随机召测数据：根据实际需要随时人工召测数据。如出现事件告警时，随即召测与事件相关的重要数据，供事件分析用。

（3）主动上报数据：在全双工通道和数据交换网络通道的数据传输中，允许终端启动数据传输过程（简称为主动上报），将重要事件立即上报主站，以及按定时发送任务设置将数据定时上报主站。主站应支持主动上报数据的采集和处理。

3）数据存储与维护

数据采集与存储模块通过不同通道采集终端设备的实时数据后，经数据预处理后存入实时历史数据库，并通过实时历史数据库独有的压缩算法实现数据的最优化存储，形成数据仓库，为各种应用系统提供唯一实时数据源。数据维护主要包括数据库维护、通道管理、实时数据监测等。

2. 数据分析与管理

数据分析与管理是对配电变压器（含公变、专变）信息进行采集、处理和实时监控的系统，实现台区信息监测、集中抄表、电能质量监控、漏电保护监测、低压线损分析、台区异常运行报警、配变环境监测、台区信息互动等功能。

主要具有以下功能：

1）台区信息监测

台区模拟量监测主要数据包括：台区电压、电流、有功功率、无功功率、功率因数等。

台区电能量监测主要数据包括：台区、总电能量、分时电能量、最大需量等。

台区状态量监测主要数据包括：开关状态、配电监测终端及计量设备工况信息等。

台区环境监测主要有：温度、湿度，变压器油温等。

2）电能质量监控

（1）台区电压监测：实时监测配变台区变压器的线路电压状况，并以图形方式实时显示选择监测的台区电压情况。

（2）台区谐波监测：监测各次谐波电流日最大值及发生时间，统计各次谐波电压含有率及总畸变率的日最大值及发生时间，以及电流电压谐波日统计数据，并可对谐波异常事件进行查询。

（3）台区三相不平衡监测：通过智能采集终端向主站发送变压器三相电流（或电压）幅值监测数据，根据配电变压器三相负荷或者台区下所属用户按相线电能量统计数据，计算三相不平衡度，并可以按照供电单位、线路、台区等进行查询。

（4）智能采集终端运行状况监测：自动监测终端设备的运行情况，当监测到终端设备故障时，产生故障事件，触发故障处理流程。

（5）台区漏电保护器远程测控：根据业务需要提供面向台区对象的控制方式选择，管理台区漏电保护器，并通过向终端下发控制投入和控制解除命令。

3. 台区异常报警

发生的所有报警都存储在历史数据库中，以便分析系统情况。用户可以采用如下方式进行查询：按地区、电压等级、用户类型等进行分类查询；按产生的时间查询；还可以根据需要以各种组合查询。

（1）台区电压越限报警：根据业务需要提供面向台区对象的控制方式。

（2）台区功率因数越限报警：对用户设定相应的功率因数分段定值。

（3）台区失压报警：根据业务需要提供面向台区对象的控制方式。

（4）台区缺相报警：根据智能配电台区系统采集的配变日常运行实时数据。

4. 配变监测分析

电压合格率统计分析：根据智能终端采集系统采集的配变监测数据，对电压合格率进行统计分析。

日负荷曲线统计分析：根据智能配电台区系统采集的配变日常运行实时负荷数据，对日负荷曲线进行统计分析。

配变监测信息日（月）统计。

配变功率因数统计。

5. 用电信息采集管理

主站系统应实现对电力用户用电信息分析、处理和实时监控的功能，实现用电信息的自动采集、计量异常和电能质量监测、用电分析和管理，具备电网信息发布、分布式能源监控、智能用电设备信息交互等功能。具体应具有以下功能。

数据采集任务管理：采集数据类型、数据采集方式、采集数据模型。

数据管理：数据合理性检查、数据计算分析、数据查询。

定值控制：功率定值控制、电量定值控制、费率定值控制、远方控制。

5.3.2 建设方案

智能配电台区改造建设内容包括配电变压器、智能低压配电箱/柜、智能电能表、智能用电终端、本地通信网络、上行通信网络以及主站建设。配电台区系统构成如图 5-34 所示。

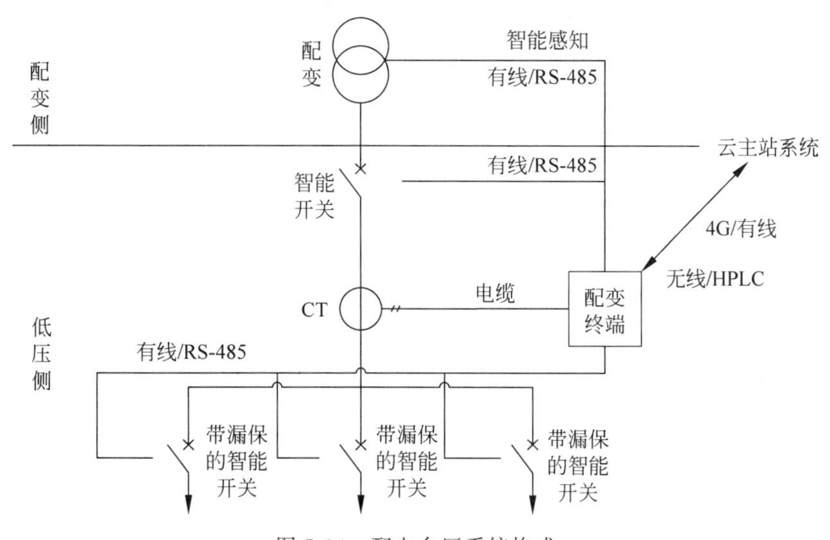

图 5-34　配电台区系统构成

1. 配电变压器

台区配电变压器积极使用节能型配变如 S11 型及以上、非晶合金铁芯变压器等。

2. 智能低压配电箱/柜

智能低压配电箱/柜面向间隔分层分布式结构，各间隔单元配置内面板并有明显标识，纵横分区布置，实现“即插即用”。

进出线开关单元配置带有电动操作机构，且具备明显断开标识的开关设备。剩余电流动作保护器选用智能型并具有通信功能。

计量和测量表计单元遵循智能电能表相关功能规范并具备防窃电功能的多功能智能电表。

还有智能配变监控终端及其附属配套设备。

电能质量管理单元配置一体化的与智能配变监控终端配套的电能质量管理设备，主要包括无功补偿单元、有源滤波单元。

3. 智能电能表

智能电能表配合智能配变终端完成智能配电台区的计量管理、负荷管理功能。

4. 智能用电终端

在用户侧安装智能用电终端，配合智能配变终端，完成智能配电台区状态监测，配用电信息管理和互动化管理功能。

5. 本地通信网络

变压器台下行通信信道主要有低压电力线载波、微功率无线通信、以太网无源光网络(EPON)等本地通信组网方式。

6. 上行通信网络

一般使用移动运营商GPRS通信方式。

7. 主站建设

智能配电台区的主站建设中主要包含智能管理系统及配电台区的监测、保护与控制的核心功能与设备。

5.4 工程实际案例

5.4.1 国外案例

1. 日本东京配电网自动化系统

日本东京电力公司(Tokyo Electric Power Co.,TEPCO)供电可靠性世界领先,用户年均平均停电时间只有几分钟,而其配电网自动化系统发挥了重要的作用。

TEPCO担负着东京地区39 504km^{2}的供电任务,人口4 172万,有用户2 483万。高压配电网电压等级66kV或154kV;中压配电网绝大部分电压等级为6.6kV,少部分采用22kV;低配电电压是100V或200V。66kV架空配电线路14 822km,电缆5 275km;6.6kV架空配电线路298 436km,电缆25 850km;66kV/22kV变电站29座,66kV/6.6kV变电站1 193座,6.6kV/100(200)V配电变压器2 144 719台。6.6kV中压配电网中性点不接地,配备零序电流保护作为单相接地保护。

东京中压配电网的典型结构是每条线路有6个分段,3个与其他电源的联络开关,如图5-35所示。

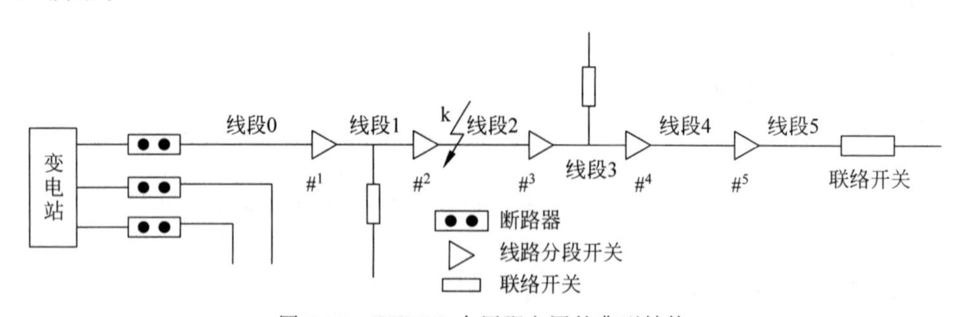

图5-35 TEPCO中压配电网的典型结构

TEPCO的一期配电网自动化系统覆盖了所有的126个营业所。通过安装在营业所的计算机系统对所有配电线路开关进行监控。架空线采用配电载波通信(DLC)、电缆线路有光纤通信与载波通信两种方式。主站系统使用通用工作站,采用标准的64位UNIX操作系统。向设备管理与自动绘图(AM/FM)系统、用户呼叫管理(TCM)系统传送配电网实时运行数据并从AM/FM系统里获取网络拓扑数据。

由于通信系统以 DLC 为主，通信速率很低，RTU 只能向主站传送少量的数据，限制了更高级功能的实现，2005 年开始，在一期配电网自动化系统的基础上，建设高级配电自动化系统。

高级配电网自动化系统使用光纤通信，安装功能丰富的高级 RTU。高级 RTU 设计有以太网接口，采用 TCP/IP 协议与主站通信，能够实时传输大量的测量数据，及时上报异常事件住处。

高级配电网自动化系统使用的线路开关内嵌电容分压器、相电流互感器与零序电流互感器，零序电流通过三个相电压测量值计算获得。高级 RTU 能够记录接地故障产生的零序电流与电压波形，进而实现接地故障定位，并检测电缆网络的绝缘闪络故障与架空线路的树枝碰线故障监测。此外，随着 PV 发电及其他类型的分布式电源越来越多地，TEPCO 对由此引起的电能质量扰动十分关注，因此增加了谐波与电压闪变监测功能。

2. 美国 ONCOR 公司智能配电网项目

ONCOR 公司是美国第 6 大供电公司，为美国得克萨斯州近 700 万个用户提供供电服务，约占该州人口的三分之一。自 2008 年起，ONCOR 公司开始建设智能配电网项目，是美国最大的智能电网项目之一。

2004 年之前，ONCOR 公司的配电网自动化系统仅限于达拉斯-沃斯堡国际机场的几个开关、分段器与重合器的监控，自动化程度比较低。2004 年之后，随着基于 Scada-mate 开关的 IntelliTEAM II 系统的安装，ONCOR 公司开始大规模的建设，至今已安装配电变电站、柱上开关、电缆环网开关、线路补偿电容装置的达 RTU4 500 余套。

ONCOR 公司建设了 900MHz 无线网络，用于配电网自动化系统与高级读表系统(Advanced Metering System，AMS)通信。无线网络路由器分别与安装在变电站内的配电网自动化数据转发器与 AMS 数据转发器连接，通过光纤通道与配电网自动化主站与 AMS 主站通信。配电网自动化与抄表数据在无线网络里是混合传输的，而在变电站与控制中心之间由不同的通道传输。这样，既减少了分支通信网的投资，又可以保证配电网监控数据传输的实时性。通信网络结构如图 5-36 所示。

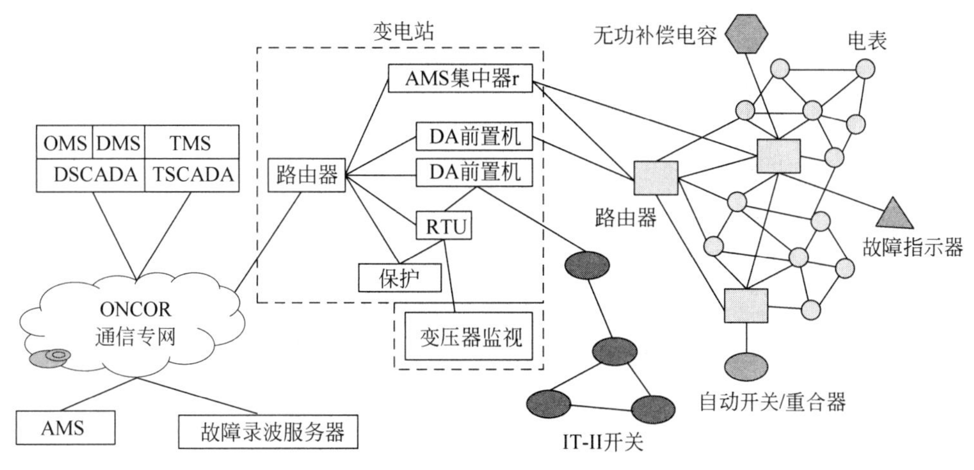

图 5-36　ONCOR 公司智能配电网通信网络结构

ONCOR 公司配电网自动化(DSCADA)系统与输电调度自动化(TSCADA)系统、停电管理系统(OMS)与输电管理系统(TMS)集成，形成功能完善的配电管理系统(DMS)。完成的主要功能有：故障定位与检测、电压无功控制、运行监视与告警管理等。

5.4.2 国内案例

2019 年年初，国网福建电力完成配电网故障"全研判、全遥控"智能化体系研发并试点应用，建立了配电网故障处置的在线化、标准化管控流程，实现了故障处置行为由线下依靠调度员经验研判，转到线上系统全程辅助研判，提升配电自动化水平。故障处置"全研判、全遥控"智能化体系完整贯穿了故障感知、分析、隔离转电、抢修、送电操作、事后分析等处理过程，全面覆盖短路、失地、缺相、重过载、大面积停电等故障类型，实现了配电网故障的全在线管控、全信息感知、全类型决策、全流程控制。试点期间，配电网故障研判在线化率达 100%，故障研判正确率由 72%提升至 95%，设备运行信息一致率达 100%。

智能架构的范围扩展到了用户终端设备及分布式电源，应用互联网技术最大限度地实现互联互通、资源共享。如图 5-37 所示系统中将分布式电源、供电系统和用户的设备集成在一个系统中，形成一个微电网系统，智能配电网动态地将多种应用程序集成到用户可以参与操作的环境中去，利用互联网的思维和理念，实现更高层次的整合。

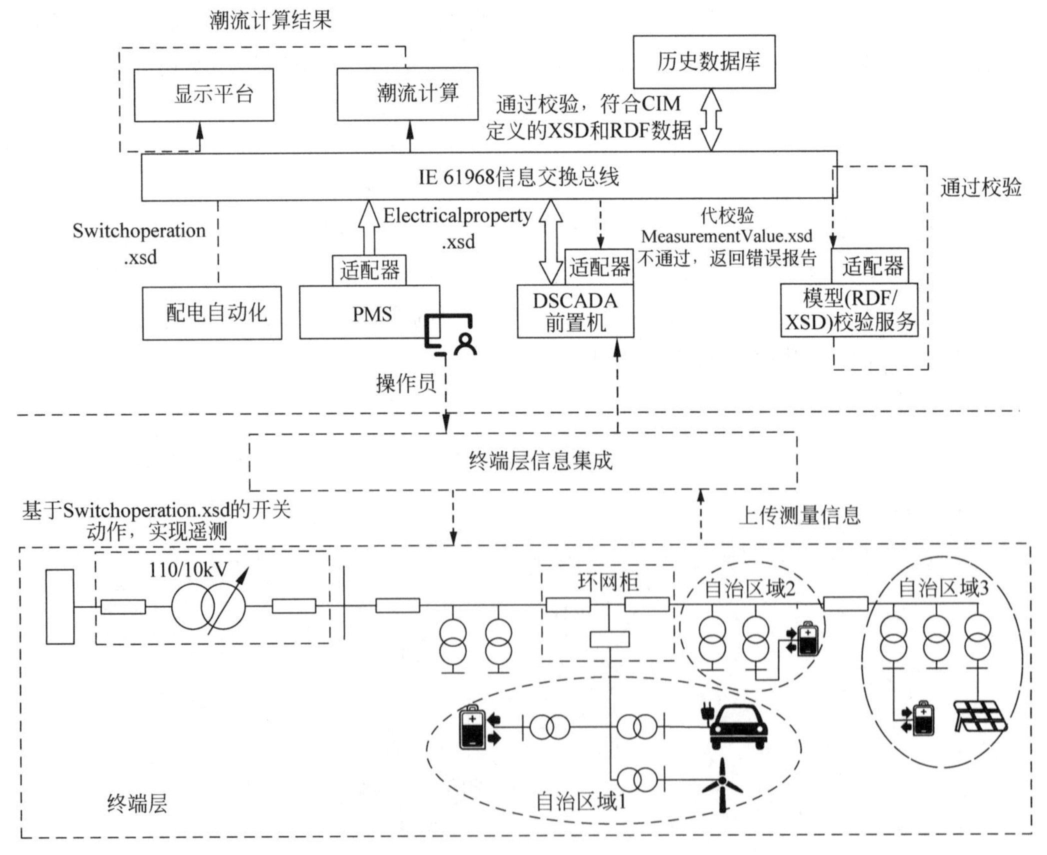

图 5-37 智能配电系统示意图

思考题与习题

(1) 简要分析智能配电网故障特征。
(2) 配电自动化系统的功能有哪些？简述其作用过程。
(3) 高级配电自动化系统与配电自动化系统在构成和功能上有什么区别？
(4) 智能配电台区的主要功能是什么？

第6章

>>>>>>>>>>>

智能用电

智能用电支持电能量的友好交互，满足用户的多元化需求，实现灵活互动的供用电新模式。本章介绍智能用电的内涵与特征，用电信息采集，需求侧响应及管理，而后以生活小区、楼宇的智能用电案例使读者能更深刻理解智能用电方面的相关知识。

6.1 智能用电概述

6.1.1 智能用电的内涵和特征

随着国民经济的持续较快增长和人民生活水平的持续提高，我国电力需求呈现持续较快增长的态势，用户多元化服务需求日益明显，用户参与电网调节、节能减排的主动性日益增强，各类营销业务、服务项目面临双向互动的发展需求；同时随着用户侧分布式发电、储能装置、电动汽车等的应用，供需双方能量流的双向互动也成为智能用电的重要特征。面对上述变化，基于传统电力营销机制和服务模式的原有供用电技术体系已经不能完全适应，需要进一步拓展用电服务内涵，构建新形势下的智能用电体系。

智能用电就是构建用户广泛参与的新型供用电模式，实现电网与用户能量流、信息流、业务流实时互动，不断提升供电质量和服务品质，提升智能化、互动化服务能力，提高资产利用率、终端用电效率和电能占终端能源消费的比重；实现"互动服务多样、市场响应迅速、接入方式灵活、资源配置优化、管理高效集约、多方合作共赢"的智能用电服务目标，满足我国经济社会快速发展的用电需求，达到科学用电和节能减排的目的，推动国家"双碳"目标的实现。

智能用电的主要特征为灵活互动、节能高效、安全可靠、技术先进、友好开放等。

(1) 灵活互动。实现电网与用户之间能量流、信息流和业务流的双向交互，为电力用户提供智能化、多样化、互动化的用电服务，建立即插即用、灵活互动的供用电模式。

(2) 节能高效。智能用电技术的广泛应用，可以有效提高清洁能源接纳和利用效率，提升终端用能效率，优化用户用电行为，产生显著的节能、低碳效益。

(3) 安全可靠。为用户提供更为可靠的电力供应，提供更为优质的电能质量，同时还可以有效指导用户科学用电、安全用电的行为。

(4) 技术先进。智能用电广泛应用于高级量测、智能控制、混合通信、信息处理、储能等先进技术领域，是多种先进技术的综合应用和展示载体。

(5) 友好开放。充分发挥电网资源的社会资源属性，充分利用电网资源为用户提供便捷、友好、开放的增值服务。

智能用电的核心特征是灵活互动，按照智能用电互动业务承载的内容，可以分为信息互动服务、营销互动服务、电能量交互服务和用能互动服务等四类业务。

(1) 信息互动服务。信息互动服务是智能用电互动业务中的基础服务。信息互动包括两方面含义：一是供电企业根据客户对信息查询的定制要求，借助于网站、互动终端、手机等多种方式，向客户提供用电状态、缴费结算、电价政策、用能策略建议等多种信息；二是用户可以通过网站、互动终端、热线电话等多种渠道将自身信息传送给供电企业，如业扩报装信息、故障报修信息、举报建议信息等。

(2) 营销互动服务。营销互动服务是智能用电互动业务中的基础专业服务。营销互动是指通过互动终端、95598 服务网站(或热线)、智能营业厅、自助服务终端等多种服务渠道，为用户提供多样化的营销服务渠道和服务方式，支持业扩报装、投诉、举报与建议、用电变更、故障处理、故障抢修以及多渠道缴费等电力营销业务。

(3) 电能量交互服务。电能量交互服务是智能用电互动业务中的高级专业服务，是指为具备电能量双向流动条件的分布式电源、储能装置、电动汽车等提供便捷的接入服务，实现包括双向计量计费、保护控制、智能调配等在内的服务功能，支持电能量的友好交互。

(4) 用能互动服务。用能互动服务也是智能用电互动业务中的高级专业服务，是指以优化用户用能行为、提高终端用能效率为目标的相关服务业务。包括用户用能设备管理与控制、用能诊断与优化策略、自动需求响应等业务，为优化用户用能模式、实现供需优化平衡提供技术服务手段。

四类智能用电互动业务实质是一体化运作的，是信息流、业务流和电力流实现双向互动的表现形式。信息互动服务是信息流双向互动的表现形式，也是其他类别互动服务的基础，不论营销互动服务、电能量交互服务还是用能互动服务，都需要借助供电企业与用户之间的信息双向交互实现；营销互动服务是“信息流＋业务流”双向互动的表现形式，借助于多元信息交互手段和营销支持系统，实现电力营销业务的渠道多样化和服务人性化，同时也为电能量交互、用能互动提供营销业务支持；电能量交互服务和用能互动服务都是“信息流＋业务流＋电力流”双向互动的表现形式，以供需双方的信息交互为基础，以多样化、人性化的营销服务为保障，借助用能智能决策与控制相关系统，实现供需双方之间电力流的友好交互，如图 6-1 所示。

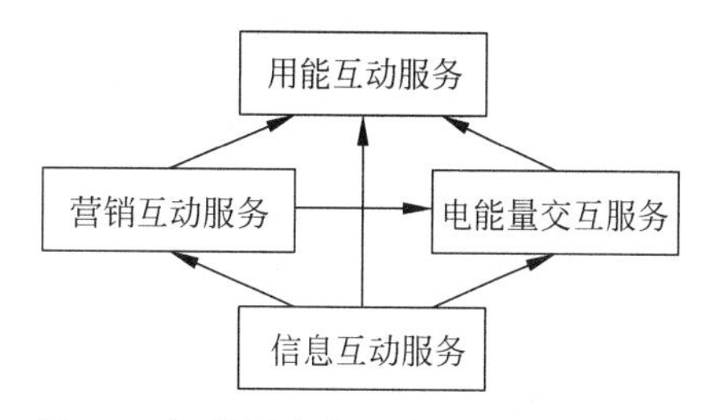

图 6-1　智能用电的互动业务之间关系图

智能用电互动化可以有多种实现渠道、实现模式，例如可以通过 95598 门户网站、数字电视、自主终端、智能交互终端、智能电能表、智能手机等手段，利用互联网络、电话、邮件等多种途径给用户提供灵活多样的交互方式，实现用户的现场和远程互动，为用户提供各类型智能用电互动业务。

在现场互动方式中，目前比较主流的实现方式包括智能交互终端、智能营业厅等。远程互动方式中，比较主流的是95598互动服务网站、手机、电话等方式。

6.1.2 智能用电的发展需求

1. 适应用户与电网间电能量交互的趋势

随着新能源的不断发展，用户侧分布式电源、储能装置以及电动汽车等新型能量单元作为能源结构调整优化的重要方式，这些新型能量单元可以与电网产生直接的电能量交互，并且具有分布广泛、数量众多、随机性强等特点，因此大规模应用情况下必然对用电技术带来很大的技术挑战。

1）分布式电源接入的有效管理

各类分布式电源分散、灵活地建在居民小区、建筑物，甚至是每户家庭，不仅为本地供电，还可能向电网倒送电，其发电特性具有随机性、间歇性等特点，会对配电网规划、能量调度、运行维护等电网企业业务环节产生较大影响，也会对电能质量、网络损耗、供电可靠性、安全性等产生重要影响。

合理接纳小容量分布式电源接入，一方面需要加强其本地化管理，可以纳入家庭能量管理系统、楼宇能量管理系统等的管理范围内，有效监测其输出功率状态、负荷匹配情况；另一方面要注重与电网的信息交互，重视用户的上网收益，同时充分发挥分布式电源对电网的支撑作用。

2）电动汽车充放电的有序管理

随着电动汽车保有量的提高，电动汽车车载电池如果能够作为分散式储能单元与电网进行合理的双向能量转换，将会对电网经济高效运行起到良好的辅助作用，但如果电动汽车的充放电过程不加以合理引导而无序进行，则会对电网运行的安全性、可靠性、经济性等带来很大的压力。因此电动汽车与电网的电能量交互模式，肯定需要从单向无序充电模式过渡到双向有序充放电模式，最后实现充电、放电两个方向的有序能量转换模式发展。

电动汽车与电网间的电能量双向友好交互，需要有效获取车辆能量状态、电网运行情况等信息，借助于一定的电价政策或引导措施，优化电动汽车蓄电池充放电策略，安排好充放电时间，发挥好对电网削峰填谷等方面的作用，同时有效降低用户电动汽车的用能成本。

3）分布式电源/储能元件/电动汽车充放电设施的即插即用

各类用户侧分布式电源、储能元件以及电动汽车等新型能量单元实现与电网的电能量友好交互，首先需要实现上述新型能量单元可以方便、灵活地接入电网。因此支持用户侧分布式发电、储能元件以及电动汽车充放电设施即插即用的接入技术十分重要，需要把并网安全监测、无缝切换控制、双向计量、即时结算以及信息模型标准化等技术进行高效集成，从并网控制装置、营销结算机制等各个方面支撑从小到大各种不同容量的分布式电源、电动汽车、储能装置等新能源新技术的即插即用式接入。

2. 提高终端电力用户用能效率

随着社会各界节能减排、保护环境意识的不断增强，政府部门、电网企业和电力用户已经意识到，共同推动改变传统的用电模式及习惯，提高终端用电效率乃至用能效率，在满足同样用电功能的同时减少电量消耗和电力需求，节约社会资源和保护环境，是各方应尽的社会责任。

提高终端用户用能效率有3个层面需求：一是对用户各类用能设备进行一定的技术改造或升级，从而提高设备本身的能量转化效率，例如高耗能设备的节能改造；二是从终端用户自身的整体用能效率出发，通过对用户内部用能设备各类信息的采集、处理和分析，并借助一定的智能控制和人机交互手段，实现用户用能行为的精细化管理，即实现电力用户的用能管理；三是从促进供电侧、需求侧的动态优化平衡，促进社会资源优化配置的角度出发，通过供需两方面信息的高效交互，配套一定的激励机制或电价政策，鼓励用户优化自身用电行为、主动参与供需平衡调节，进而提升发电、输配电等各类社会公共设施的运营效率，增强电力系统安全可靠运行水平，同时还可以在一定程度上减少客户的整体电费开支，使各参与方获得共赢。

3. 满足用户日益多元化用电服务需求

随着电力用户服务需求的升级，用户对电网企业的服务理念、服务方式、服务内容和服务质量不断提出新的更高的要求，需要用电服务体系、技术体系适应友好互动、便捷多样的服务需求，充分考虑客户个性化、差异化服务需求，实现能量、信息和业务的双向交互，不断提高服务能力，提升客户满意度。

1）主动参与电力市场运作

随着用户侧分布式发电、储能设备、电动汽车的发展，用电客户可能转变为既向电网购电，又向电网卖电；在需求响应的广泛参与下，用户不再是单纯被动接受电源受电，还可能主动参与供需平衡调节。因此，用电服务技术需要适应用户主动参与电力市场运作的需求。

2）灵活的信息定制服务

用户可以根据各自的需求，通过多种方式灵活定制供用电状况、电价电费、停复电、能效分析、社会新闻等信息，通过多种信息交互渠道实时获取所定制的信息。

3）选择更加便捷多样、友好互动的电力营销服务

通过便捷、高效的信息交互手段，用户可以详细了解自身的电力消费情况，方便选择各类营销互动服务，享受多渠道缴费结算、故障报修、业扩报装、电动汽车充放电预约服务等多种电力营销服务。

4）享受多种增值服务

如通过电网企业的电力线载波通信信道、电力光纤到户等通信网络资源，以及相应的配套设备，实现家庭用电设备的统一管理控制，为用户提供多种网络服务资源。还可以助力社区智能化进程，实现物业管理、社区服务、社区公告、社区电话、可视门禁等智能化功能。

4. 提升电网企业运营效率

智能用电服务一方面是为电力用户提供灵活互动、友好开放的全方位、多元化服务，另一方面也有电网企业提升自身业务能力、提高资源运营效率的诉求。尤其是在海量用户信息、多项新型营销业务、电力市场机制转变等条件下，对智能用电技术也提出了更高的要求。

1）加速形成电力营销现代化管理模式

电力营销业务是电网企业的核心业务之一，也是直接面向广大电力用户的业务环节。为适应智能电网条件下的诸多新条件、新要求，势必需要依托高级量测、控制、通信以及信息化等手段，加大集约化发展、精益化管理、标准化建设力度，不断提升工作自动化、信息化、规范化水平，提高工作效率和效益。

2）海量用户信息条件下的营销业务处理

随着电力用户用电信息的全采集、全覆盖进程的推进，目前相对集中的营销自动化支持系统建设模式，以及未来大量用户内部用能信息的采集处理和各类新型营销业务信息的承载处理，营销业务系统、用户用电信息采集系统等将会面临海量信息采集、处理、分析等任务，如何高效处理海量用户信息，并开展有效的信息挖掘、高级分析决策，成为智能用电技术面临的重要挑战之一，也是提高电网企业营销管理能力、业务运营效率的关键之一。

3）面向营销服务对象的业务资源优化管理

一方面，针对海量规模智能用电信息与多种新型智能用电互动业务出现等情况，传统营销技术系统由于流程设计、信息安全、业务管理习惯等因素，不能很好地承载各类互动营销业务、互动服务项目和电能量友好交互，因此需要建立面向各类用户、兼容多种交互渠道、适应互动化业务流程、支持各类应用系统高效集成的智能用电互动化统一支撑环境，实现各类智能用电互动业务资源的优化管理。另一方面，传统配电管理与用电管理之间相对脱节的情况普遍存在，因此需要贯通配电台区到终端用户的营配业务一体化分析与管理，提高配用电信息融合和业务集成水平，更好地服务于终端用户。

4）提高电网安全可靠运行水平，提升电网资产运营效率

目前，我国电力需求尚处于相对较快增长的发展阶段，电网的供电能力和安全可靠运行水平在相当长一段时间内都将面临较大压力，传统的仅依靠扩大电厂容量、加快电网建设来满足用电增长的相对粗放发展模式已经不能适应时代的要求。在智能电网新环境、新条件下，如何合理利用、有效调度分布式电源、电动汽车等资源，充分调动各类用户作为需求侧资源的优化调节作用，提高发/供电设备利用效率，促进电网安全可靠运行水平，也是智能用电技术面临的重要任务。

6.2 用电信息采集

6.2.1 智能电能表

1. 电能表的发展简史

自从19世纪末出现感应式电能表以来，迄今已经经历了感应式电能表、机电一体化式电能表、全电子式多功能电能表和目前广泛应用的智能电能表等的发展历程。

感应式电能表是采用电磁感应原理，通过三个不同空间和相位的磁通建立起来的交变移进磁场，在这个磁场的作用下，转盘上产生了感应电流，根据楞次定律，这个感应电流使得转盘总是朝一个方向旋转。转盘的转动经蜗杆传递到计数器，累计转盘的转数，从而达到计量电能的目的。到20世纪末，针对电能表实现多功能、高精度以及支持自动抄表等需求，促使了各种新型的电子式电能表的发展。首先出现的是机电一体式电能表，一般是采用感应式电能表作为基表，同时应用电子电路实现分时和复费率、预付费等功能，具备RS-485或红外接口。

随着电子技术的发展，模拟-数字转换技术、大规模集成电路技术的逐步完善，全电子式的多功能电能表逐步成为电子式电能表的主流。它集成了电能多功能计量、自动采集、预付费、阶梯电价等多方面功能，硬件平台的选择和产品设计更加注重运行速度、存储空间、功耗

等因素，注重多种通信方式的兼容，即除原有的 RS-485 接口、载波 PLC 为基本接口配置外，还可以选配以太网、微功率无线通信等方式。进入 21 世纪，尤其是随着近几年世界各国开始的智能电网的建设，电能表已经不再仅仅作为测量关口电能量的计量设备，而是作为智能电网中获得各类用户用电信息的“感知设备”，由此引出了智能电能表的概念。

2. 智能电能表主要功能

智能电能表由测量单元、数据处理单元、通信单元等组成，目前主流设计框架是基于集成计量引擎的模拟前端（AFE）和独立微控制器（MCU），在硬件平台的选择和产品设计上更加注重运行速度、存储空间、功率损耗等因素，具有高可靠、低功率损耗、高安全等级以及大存储容量等特点。另外，在通信接口和性能方面有较大的提升，除传统的 RS-485 接口、载波 PLC 为基本接口配置外，还可以集成以太网、微功率无线等通信方式。

主要功能除传统计量功能外，智能电能表一般根据应用场景还具备以下功能：

（1）提供有功电能和无功电能双向计量功能，能够支持分布式电源的接入方式。

（2）除电能量信息外，还需要可以监测电能质量和环境参数。

（3）具备阶梯电价、分时电价、实时电价等多种电价形式情况下的计量计费，支持需求响应。

（4）具备预付费及远程通断电功能。

（5）具备异常用电状况在线监测、诊断、报警及智能化处理功能，满足计量装置故障处理和在线监测的需求。

（6）可以进行远程编程设定和软件升级。

（7）配备专用安全加密模块，保障电能表信息安全存储、运算和传输。

3. 智能电能表的结构

智能电能表由测量单元、数据处理单元、通信单元等组成，主要包括电压/电流采样电路、计量芯片、微处理控制器（Micro Control Unit，MCU）、电源模块、存储单元、控制回路、各类通信接口、载波通信单元等，智能电能表对外通信接口主要有红外通信接口、RS-485 通信接口、载波、以太网、无线公网等。图 6-2 为智能电能表的硬件结构示意图。

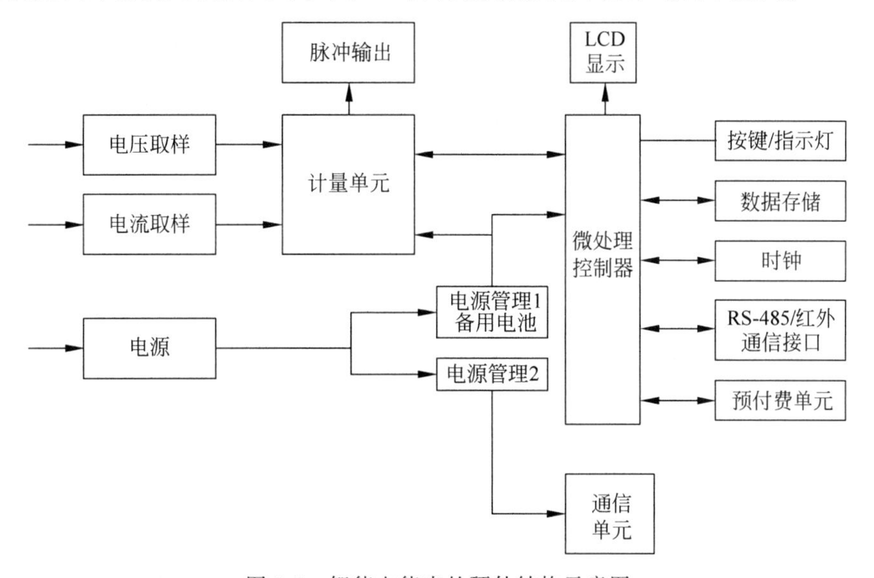

图 6-2　智能电能表的硬件结构示意图

智能电能表的数据信息安全传输和可靠存储十分重要。智能电能表的数据安全防护包括硬件开关、密码验证和硬件数据加密等方式。硬件开关方式是指通过在编程开关外置封印来实现权限管理；密码验证是在数据传输中预留固定字段用于密码验证，在密码验证通过后进行数据读/写操作；硬件数据加密是指采用国家认可的硬件安全模块以实现数据的加/解密，其硬件安全模块内部集成有国家密码管理局认可的加密算法。各类数据安全防护方式各有侧重，在实际中需要合理配合使用，其中硬件数据加密方式是最重要的方式。

6.2.2 用电信息采集系统

用电信息采集系统是对电力用户用电信息采集、处理和实时监控，采集不同类型用户的电能数据、电能质量数据、负荷数据等信息，实现用电信息的自动采集、计量异常和电能质量监测、用电分析和管理。可以说，用电信息采集是作为智能用电技术体系中的核心基础环节，为营销业务自动化、智能用电互动服务、各类电能量交互业务、需求响应等各方面提供用电相关数据信息，为推进双向互动营销、快速响应用户需求、提升用户体验、优化营销业务奠定基础。

用电信息采集主要包括系统数据采集、数据管理、控制、综合应用、运行维护管理、系统接口等方面的功能。简单来说，用电信息采集可以按照设定的日期和时间，以实时、定时、主动上报等方式，采集不同类型用户的电能数据、电能质量数据、负荷数据、工况数据、事件记录数据等信息，实现自动抄表管理、预付费管理、有序用电管理、电费电价分析、用电情况统计分析、信息发布，以及系统的自身运行维护、与外部系统接口等功能。

用电信息采集系统作为智能用电管理、服务的技术支持系统，为管理信息系统提供及时、完整、准确的基础用电数据，可以说用电信息采集是一种集成技术，智能电能表、通信网络等都是其中的核心支撑技术。

1. 主站的部署

用电信息采集系统主站的部署方式应综合系统服务用户的规模、覆盖范围大小、内部信息网络基础条件等因素，合理选择部署模式。主站部署分集中式部署和分布式部署两种类型。

1）集中式部署模式

集中式部署是在某一较大范围内（例如某一个省/直辖市/自治区）仅部署一套主站系统，使用一个统一的通信接入平台，直接采集范围内的所有现场终端和表计，集中处理信息采集、数据存储和业务应用。下属的各地区（如地级市/州）不设立单独主站系统，通过电力信息网络统一登录访问用电信息采集系统主站，根据各自权限访问数据和执行本地区范围内的运行管理职能。集中式部署方式主要适用于用户数量相对较少（如小于500万用户规模）、覆盖面积不特别大、企业内部信息网络坚强的地区。

集中式部署模式下，需要在系统主站部署完整的软件架构，包括数据层、服务支撑层、业务应用层和表现层。下属地区由于没有独立的主站系统，只是通过电力信息网访问系统，因此在只需部署表现层。对于无法实现通信信道统一接入的情况，某些信道可以作为通信子层在下属地区完成。

2）分布式部署模式

分布式部署是在某一较大范围内（如某一个省/直辖市/自治区）的下属各地区（如地级市/州）分别部署一套主站系统（可以称为下级主站系统），独立采集本地区范围内的现场终端和表计，实现本地区信息采集、数据存储和业务应用。上级地区也部署一套主站系统（可以称为上级主站系统)，通过电力信息网络从各下属地区抽取相关的数据，完成汇总统计和监管业务应用。分布式部署模式主要适用于用户规模大(如大于500万用户规模)、覆盖面积广、企业内部信息网络相对薄弱的地区。

分布式部署模式下，下级主站系统承担较为完整的用电信息采集业务，因此需要部署完整的软件架构，包括数据层、服务支撑层、业务应用层和表现层。对于上级主站系统，数据层主要存储的是从各下级主站系统抽取的汇总统计信息和部分重点客户档案信息，业务应用层则不需要部署数据采集等功能，表现层主要是满足业务需要的访问功能，可以访问上级系统提供的业务，也可以直接访问各下级系统的业务层。

2. 终端用户的采集部署

用电信息采集的对象种类很多，大致可以分为大型专用变压器用户、中小型专用变压器用户、一般工商业用户以及居民用户等几类，其中居民用户的用电信息采集具有用户数量大、覆盖范围广、通信条件差等特点，因此居民用户的用电信息采集是建设的难点和重点之一，下面针对居民用户的用电信息采集模式进行介绍。

居民用户用电信息采集一般是以公用配电台区为采集单位，通过集中器采集该配电台区各个居民用户的用电信息，再通过远程通信信道将所辖的用户用电信息传给系统主站，并接受主站的各项管理控制命令。根据本地信道条件智能电能表功能的不同，居民用户的用电信息采集可以有以下两种模式。

(1) 集中器直接到电能表。配电变压器台区的集中器与具有载波通信模块(或RS-485通信等其他方式)的电能表直接交换数据，集中器与电能表的抄表数传通信主要采用低压电力线载波技术，电能表内需要内置载波通信接口(通称载波表)。具体如图6-3所示。

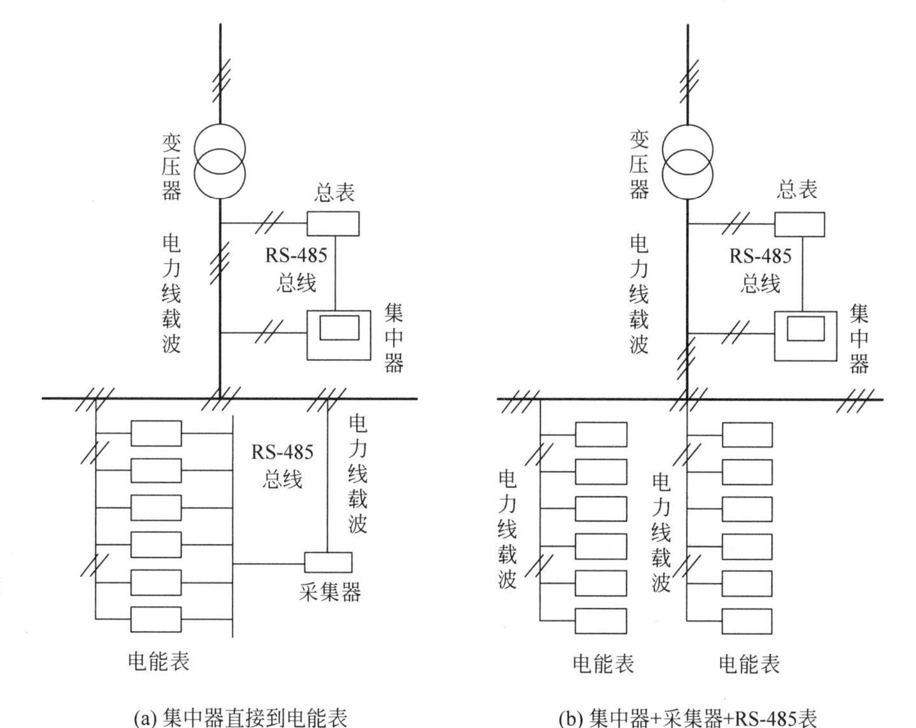

图6-3　居民用电信息采集模式

(2) 集中器+采集器+RS-485表。在配电台区范围内由采集器通过RS-485方式采集若干用户的用电信息,以表箱或楼层等为单位实现小范围集中,由集中器与各个采集器进行数据交换,实现配电台区范围内的用电信息采集。这种方式对本地通信信道的选择较多,除去低压电力线载波方式外,还可以采用微功率无线通信等方式。

6.2.3 高级量测体系

发达国家在20世纪80年代中期开始研究和应用远方抄表技术,即应用AMR(Automatic Meter Reading),该技术利用当时主要的通信技术手段,如无线通信技术、电力线载波通信技术等来远程完成用电信息采集任务,AMR主要服务于电力营销中的“抄、核、收”业务。随着新型信息通信技术、电力芯片、信息安全技术等的快速发展,以及清洁能源接入、需求响应、节能减排等方面的现实发展需要,一些发达国家本世纪开始逐渐推行高级量测体系(Advanced Metering Infrastructure,AMI),即利用现代通信技术手段,实现用电信息的实时抄收和信息双向通信,同时为用户侧分布式电源接入、电动汽车的充电及监控等提供条件,为优化能源管理提供基础信息。

高级量测体系是实现供需双方信息交互的基础,是用来测量、收集、储存、分析和运用用户用电信息的完整的网络处理系统,由安装在用户端的智能电能表、采集终端,及位于供电企业内的量测数据分析管理系统和连接它们的通信系统组成。其显著特点是基于开放式的双向通信网络,可以灵活、准确地定制远程读取信息的时间间隔,采集的信息量更加全面,支持多种电价机制,支持量测设备的高级管理,可以远程实现软/硬件升级,支持用户用电自动化,集成停电管理、需求响应等高级应用等。

高级量测体系建设的重要性已经得到国内外广大智能电网研究者的高度重视,在部分国家和地区已经开始实施并取得很好的效果。由于各个国家的电力营销组织机制、技术基础条件等因素的不同,国内外对于高级量测体系的理解也存在一定的差异。在一些发达国家或地区,高级量测作为与用户建立通信联系、实现的基础,是智能电网建设项目的基础和首选,他们对高级量测技术的理解,除去要实现传统AMR中用户关口处电能量的信息采集处理,另外要支持更大范围内的电气及非电气参量信息采集,如用户侧供用电设备运行状态及用能信息、分布式电源运行信息、电动汽车有序充放电监控信息等,同时强调要支持与用户之间的友好交互;在高级应用层面,除去传统的用电营销应用,更加强调为用电信息采集、负荷管理、需求响应、停电管理、用能管理等提供统一的技术支撑平台,并且可以支持配电自动化、配网规划、窃电分析、资产管理等多种高级业务应用。因此,可以说国外的高级量测体系基本涵盖了整个智能配用电技术体系。

国内对于高级量测体系的实践,主要集中在电力用户用电信息采集系统的大力实施、智能电能表的大规模应用,主要服务于自动抄表、预付费管理、负荷控制管理等电力营销业务。对于用户侧分布式电源接入管理、电动汽车充放电管理、用户侧用电自动化、用户用能管理等智能用电互动化服务业务的实践,基于信息安全、资产运维管理等方面的考虑,一般是采取单独建设配套装置、通信信道以及后台支持系统的方式,没有与用电信息采集系统等电力营销支持系统来共享通信信道、后台支持系统等资源,在应用层面也未进行有效地集成。

6.3 需求侧响应及管理

6.3.1 需求响应的概念与内涵

需求响应(Demand Response,DR)是指通过一定价格信号或激励机制,鼓励电力用户主动改变自身消费行为、优化用电方式,减少或者推移某时段的用电负荷,以确保电网电力平衡、保障电网稳定运行、促进电网优化运行的运作机制,同时用户获取一定补偿的运作机制。可以说,需求响应本质上是一种基于用户主动性,以电力资源优化配置为目标的市场行为。它是电力需求侧管理的实现形式之一。

需求响应使用的电价有分时电价(Time Of Use,TOU)、实时电价(Real Time Pricing,RTP)、尖峰电价(Critical Peak Pricing,CPP)等;奖励措施包括直接负荷控制(Direct Load Control,DLC)、可中断负荷(Interruptible Lord,IL)、需求侧竞价(Demand Side Bidding,DSB)、紧急需求响应(Emergency Demand Response,EDP)、辅助服务项目(Ancillary Service Program,ASP)等,这一般是通过事先签订协议合同的方式明确需求响应的实施。用户的需求行为包括调整可平移负荷(热水器、洗衣机、电动车等)的用电时间,使其避开高电价时段用电;运用自有分布式电源(如蓄电池储能装置等)在低电价时储能,在高电价时发电自用或向电网送电。需求响应能够提高供电可靠性与资产利用效率,并支持可再生能源发电的大量接入和适应电动汽车的充电需要。

需求响应是用电环节与其他各环节实现协调发展的重要支撑措施,是智能用电技术架构中的高级应用部分。各类终端电力用户、用电设备,包括用户分布式电源(含储能设备)、电动汽车等,相对于电网侧来看,都可以当作需求侧资源。需求响应作为用户(需求侧资源)参与电网供需平衡调节的重要途径,强调供需双方的互动性,重视电力用户的主动性,综合供需两方面信息来引导用户优化用电行为,可以实现缓和电力供求紧张、节约用户电费支出、提高电网设备运营效率等优化的目标。

需求响应的技术实现,需要先进的量测、营销、信息通信、控制等方面的技术支持,涉及电力市场、电网优化调度与运行、智能决策等方面的理论研究,需要电价政策、激励机制、能源政策等宏观政策,可以说,需求响应是个复杂的系统级问题。

6.3.2 电力用户用能管理

1. 电力负荷特性

本书1.2.2小节介绍了电力负荷及其分类,下面介绍的是与需求响应相关的电力负荷特性。

1) 电力负荷的时间弹性

电力负荷的时间弹性是指电力用户的用电负荷在用电时间上的灵活伸缩性程度。负荷时间弹性概念能直观地描述电力负荷在时间上的分布特性。“弹性”形容用电量在时间上的可多可少、可大可小的伸缩性,即反映了电力用户在用电时间上的选择余地。伸缩性的量化即为用户负荷转移程度,负荷转移程度即是“弹性”的具体衡量方式,如负荷时间弹性小的用户,若某个时段停电,该用户本该在停电时段使用的电量,几乎均不会转移到其他时段使用,则可能对用户正常生产生活产生比较大的影响，电力企业的售电量将大幅减少；而负荷时间弹性大的用户，某个时段因停电而少用或不用的电量，较大程度会在其他时段补用，对用户用电量造成影响较小，电力企业的总售电量变化将不太大。

负荷时间弹性主要由用户本身的用电特性决定，但可中断负荷及自备发电设备、储能设备等的投入和电力用户需求侧管理及政策因素等均会对其造成一定的影响。负荷时间弹性随着用户可中断负荷比例的增大而提高。准确评价量化负荷的时间弹性需要建立在全面、准确掌握用户信息的基础上。用户的负荷曲线反映了其用电情况及特性，故通过负荷曲线可以初步定性识别负荷的时间弹性性能。

2）负荷率

用户的负荷率是指实际用电负荷与假定连续使用设备的最大需量的比值，它反映用户实际负荷在各时间段的均衡状况。若用户负荷率较高，则表明用户已比较充分利用用电容量，负荷在不同的时间段间移动的难度较大，时间弹性则较小。

2. 用户用能管理

电力用户用能管理是通过用户用能信息的采集、分析，为用户提供用能策略查询、用能状况分析、最优用能方案等多种用能服务，实现电能的高效利用。用户用能管理可以为能效测评和需求侧管理提供辅助手段。

电力用户用能管理主要是借助于智能用电交互终端、智能插座、各类传感器等智能设备以及互联互通网络，实现对用户内部用能、环境、设备运行状况以及新能源等信息的及时采集、传递和分析管理。主要功能包括：用户用能信息的采集，为用户提供用能状况分析、用能优化方案等多种用能管理服务功能；提供内部各类智能用电设备的控制手段；可以对用户各类用能系统能耗情况进行监视，找出低效率运转及能耗异常设备，对能源消耗高的设备进行一定的节能调节；实现分层、分类的能耗指标统计分析功能；为能效测评和需求侧管理提供辅助手段。

电力用户用能管理是优化用户用能行为，提高用电效率、降低用能成本、减少能源浪费的重要手段，是智能用电技术架构中的高级应用部分。用能管理与需求响应都属于需求侧管理领域，二者既有共同点和关联性，同时也具有各自的定位。需求响应侧重于通过改变用户用电行为来实现供需双方优化的动态平衡，用能管理则是偏重于用户内部用能行为的精细化管理，以此来优化用户用能行为、提高自身用能效率。就二者关联性而言，用户参与需求响应项目离不开用能管理系统的支持，需要通过用能管理系统确定用户内部用电设备的具体控制策略来实现响应行为。

6.4 智能用电实践案例

6.4.1 居民小区的智能用电

居民小区的智能用电是通过综合运用现代信息、通信、计算机、高级量测、能效管理、高效控制等先进技术，满足居民客户日趋多样化的用电服务需求，满足电动汽车充电、分布式电源、储能装置等新能源、新设备的接入与推广应用需求，实现小区供电智能可靠、服务智能互动、能效智能管理，提升供电质量和服务品质，提高电网资产利用率、终端用能效率和电能占终端能源消费的比重，创建安全、舒适、便捷、节能、环保、智能的现代居住小区（下面简称智能小区）。

1. 智能小区功能定位

智能小区的建设出发点包括：电网灵活开放，支持新能源新设备接入；客户广泛参与，用电需求自由响应；立足节能减排，能源资源最优配置；实时友好互动，服务方式便捷多样；多方合作共赢，经营领域不断拓展。从上述问题出发，结合国内外的智能小区建设实践，提出智能小区功能模型如图 6-4 所示。

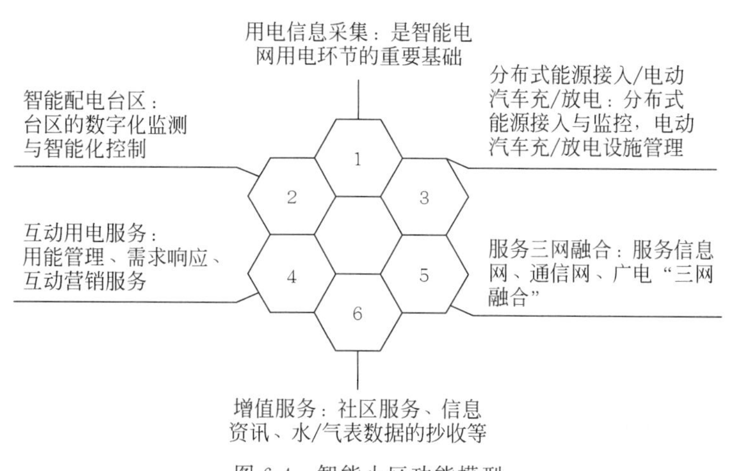

图 6-4　智能小区功能模型

智能小区的功能定位包括核心功能和拓展功能两大类。核心功能是指智能小区中与电能输送、使用和服务相关的功能，主要包括用电信息采集、互动用电服务、智能配电台区管理、电动汽车充电和分布式电源接入；拓展功能是指充分利用智能小区的信息通信资源，实现核心功能以外的延伸性功能，主要包括社区管理、智能家居、服务“三网融合”等。

智能小区的建设模式应根据当地实际业务需求和技术经济现状，因地制宜地选择建设内容。一般而言，用电信息采集、智能配电台区等由于其在智能小区中的基础性作用，应作为重点建设内容；分布式清洁能源应用、互动用电服务、电动汽车充电站、智能家居、增值服务等可根据情况酌情开展。

2. 建设原则

智能小区用电的建设原则是：

（1）通过优化低压电网结构、提高装备水平，部署自动化装置，确保配电网控制系统和用户用电系统安全，提供更加安全可靠的电力供应。

（2）通过用电信息采集、交互终端设备、双向通信网络以及各类互动渠道，实现电网与用户双向交互，提供多样化的供电服务。

（3）优化调整用户用电行为，实现能效智能化管理，提高终端用能效率。

（4）支持新能源、新设备接入，提高清洁能源利用效率。

（5）开展增值服务，深化商业运营模式研究与实践，制定有效的激励措施和管理机制，探索适合智能小区可持续发展的商业运营模式。

3. 智能小区系统构成

智能小区系统的基本架构方案如图 6-5 所示。由于智能小区建设模式的多样化特性，其功能配置、通信组网方式等也根据实际情况会有所不同。

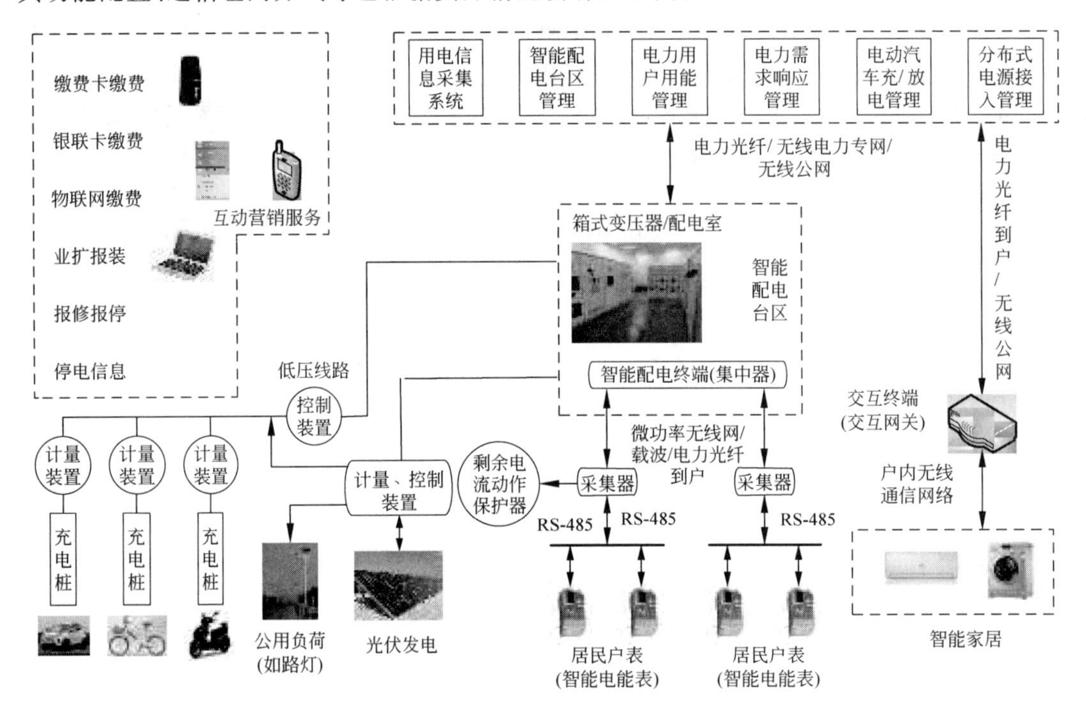

图 6-5 智能小区系统的基本架构方案

4. 主要建设内容

智能小区的主要建设内容：

(1) 用电信息采集。用电信息采集系统通过采集终端、智能电能表、智能监控终端等设备，实现智能小区范围内用户(包括居民电能表、分布式电源计量电能表等)的用电信息进行实时采集、处理和监控，可以支持用电信息的自动采集、计量异常监测、电能质量监测、用电分析和管理、相关信息发布、分布式电源监控等多项功能。

(2) 小区用户用能管理。小区用户用能管理是通过智能传感器、智能插座、智能交互终端等智能终端设备各获取用户内部用能信息，通过一定的信息挖掘、分析，为用户提供用能策略、能效管理、科学用电和安全用电服务等，达到提高能源利用效率、科学用电、安全用电、提高电能占终端用能比例等目的。主要包括用户用能信息采集、用能信息分析、用能控制等功能。

(3) 小区用户需求响应管理。小区用户需求响应是指通过智能交互设备、95598 互动网站、手机等渠道，向用户提供当前电网供需信息、检修计划及用电策略和建议，改善小区用户用电模式，引导用户科学用电，实现避峰填谷，高效使用电能的目的。主要包括供需信息发布、供需平衡策略与响应策略制定、用户负荷响应等内容。

(4) 电动汽车充/放电管理。电动汽车充电管理系统对充电桩运行状态进行实时监控，并与用电信息采集等系统进行信息交互，通过柔性充电控制技术的应用，完成对充电桩充电控制；根据电网负荷情况，合理安排充电时段，实现电动汽车有序充电。未来根据电价政策、技术条件，可以逐步过渡到电动汽车充电、放电过程的有序管理，更好地发挥电动汽车对电网的支持作用。主要包括充电补给、充/放电状态监测、计量计费、充放电有序控制等内容。

(5) 分布式电源接入管理。分布式电源与储能管理是指通过合理配置储能装置，同步部署双向计量、控制装置及分布式电源与储能管理系统，综合小区能源需求、电价、燃料消耗、电能质量要求等，结合储能装置，实现小区分布式电源就地消纳和优化协调控制。主要实现分布式电源和储能装置的灵活接入、并网监测与控制、双向计量计费、优化运行等功能。

(6) 互动营销服务。互动营销服务是通过自助终端、智能交互终端、电脑、电话、手机等设备，借助于95598互动网站、短信、语音、邮件等多种渠道，实现多种便捷、灵活的电力营销服务业务。主要包括停电计划、实时电价、用电政策、用户用电量、电费余额或剩余电量，以及分布式电源和电动汽车充电桩运行状态等信息查询，多渠道电费缴纳，以及故障报修、业扩报装、用电变更、服务定制等多种营销服务业务受理等功能。

(7) 增值服务。借助于智能小区的信息系统、通信网络和各类智能终端设备，可以为小区用户提供更为丰富的增值服务。主要包括服务“三网融合”、智能家居服务、社区服务。

服务“三网融合”，利用智能小区高速、可靠的统一通信网络，实现电信网、广播电视网、互联网的三网信源接入小区通信网络，并开展相关业务，服务“三网融合”；智能家居服务，基于家庭内部部署的各类传感器和互联互通网络，实现对家庭用能、环境、设备运行状况等信息的快速采集与传递，实现智能家电控制、三表抄收、视频点播、家庭安全防护等智能家居服务；社区服务，接收物业公司提供的社区内部信息、房间信息、用户信息等查询，还可以具备设备维护、事件通知等功能。

6.4.2 智能楼宇

随着智能用电的研究及实践工作不断发展，以及低碳环保、清洁能源利用等宏观需求，在传统智能楼宇概念和技术基础之上，新的智能楼宇概念更加强调楼宇的能量智能化管理和供用电增值服务，结合建筑光伏一体化、冷(热)储存、电蓄冷(热)、多能源互补等多种先进节能技术、清洁能源技术，进而实现办公楼宇的用能服务、自动化控制、多网集成业务管理、安全防范等各方面的高度集成，为用户提供安全、舒适、便捷、节能、可持续发展的工作环境。其主要建设内容如下：

(1) 楼宇内主要用能设备装设采集现场信号的各类传感器、量测装置和执行机构，例如智能电能表、光强传感器、热工表、电能质量监测装置、控制单元等，动态感知楼宇内各类用能设备实时状态。

(2) 按照供电回路、楼层等分类依据，适当位置安装智能量测设备，测量各类负荷和各楼层的用电情况，包括电能及电能质量等用能数据。

(3) 因地制宜开展建筑光伏、储能装置、电动汽车充电设施、冷(热)储存、电蓄冷(热)等建设内容，并在保证楼宇正常用能需求的条件下，以实现低碳节能为核心目标来进行楼宇内的能量优化管理与控制。

(4) 传统楼宇控制中的各类项目，例如电梯监控、暖通空调控制、照明控制、给排水控制等。

(5) 根据技术经济性比较结果,可选择在楼宇内低压线路通道中铺设光电复合缆,应用无源光网络技术,为电视、电话、数据三网融合接入提供支撑。

(6) 楼宇安全防护系统,包括电视监控系统、防盗报警系统、门禁一卡通、巡更系统、无线对讲系统和停车场管理系统等。

(7) 通过楼宇智能交互终端、信息交互网关等智能终端设备,借助电力通信网络、无线公网、Internet 等通信信道,实现智能楼宇系统与外部系统的信息交互,支持能效远程评测、需求响应等高级功能。

(8) 智能用电楼宇综合管理系统,以网络集成、数据集成、软件界面集成、功能集成等一系列系统集成技术为基础,整合楼宇智能化设备及管理系统,实现楼宇用能管理、楼宇自动化控制、通信系统、安全防范系统、内外部信息交互、效果展示等功能的集成应用。

思考题与习题

(1) 智能用电与普通用电的主要区别是什么?

(2) 智能用电互动业务的主要内容?并画出互动业务之间的关系图。

(3) 居民用户的用电信息采集的部署模式。

(4) 谈谈你对"需求响应"内涵的认识。

第7章

>>>>>>>>>>>>

智能配用电通信技术

本章介绍智能配用电的相关通信技术，包括光纤通信和配电线路载波等有线通信技术，无线专网、无线公网、5G等无线通信技术，通信协议，IEC 61850标准及相关应用，最后以实际应用案例帮助读者更好地理解本章内容。

7.1 光纤通信技术

光纤通信技术指的是采用光纤介质的通信技术，具有传输速率高、抗干扰性能强、可靠性高的优点，在条件允许的情况下，应是接入层通信网的首选。

7.1.1 光纤专线通道

专线通道是通信节点之间，通过通信介质直接相连，实现点对点或点对多点的通信。光纤专线通道是以光纤作为通信介质的点对点或点对多点的串行数据传输通道，利用光调制解调器（光Modem）将串行数据信号直接调制到单模或多模光纤上进行远距离传输，如图7-1所示。光调制解调器是一种简单的光纤数据传输收发设备，具有发送（Transmit，T）和接收（Receive，R）2个光端口，与光缆连接，数据通信接口与数据终端设备（主站、配电子站、配电终端等）相连接，通信接口采用RS-232/485标准接口。其工作原理是：当一端的数据终端设备向另一端发送数据时，首先通过通信口将数据送到该端的调制解调器上，调制解调器将电信号转换为光信号，通过光纤进行传输，对端调制解调器将光信号转换为电信号，送到数据设备接收。

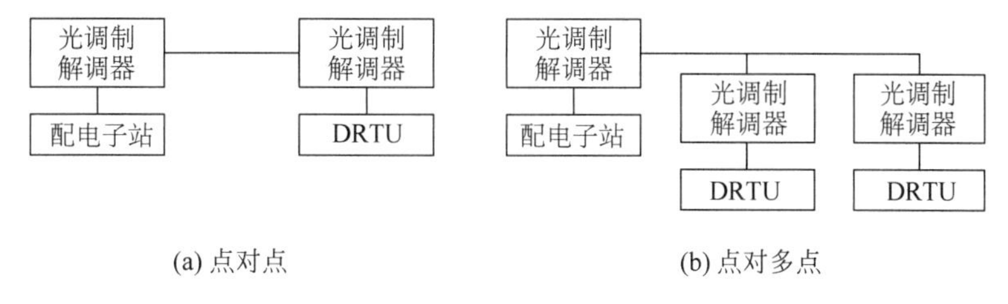

图7-1　光纤专线通道

光纤专线通道有以下配置方式：

(1) 主从方式。主从方式是环形通信系统，支持多点通信，只有 1 个作为主单元，如图 7-2 所示。这种配置方式比较适合配电系统多点、分散通信的特点。

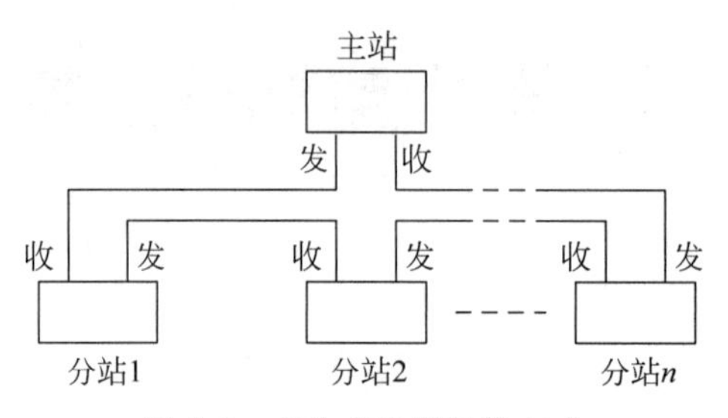

图 7-2 主从式光纤通信方式

(2) 环路通信对等配置。该配置方式物理结构与图 7-2 一样，但环路上各点都可以设置为主单元。不过，每次传输数据时，只能选择环路中 1 个单元作为主单元，其余各单元都处于从单元状态。

(3) 双环自愈网。当环路上节点比较多时，为防止光缆或光端设备故障，造成通信中断，采用双光纤环路自愈网，如图 7-3 所示。环网上每个站配置支持具有自愈功能的光纤收发器，该收发器具有自动切换和自愈功能。

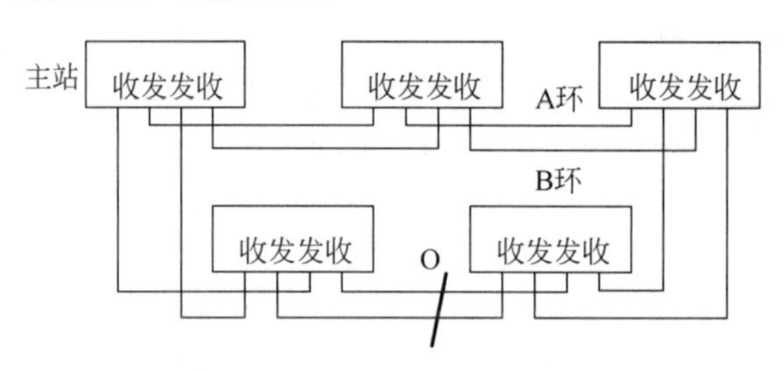

图 7-3 双环路光纤自愈环网

正常情况下，通信报文分别在 A 环和 B 环里传输。配电网终端同时接收来自 A 环和 B 环的信息，光端设备只选择其中一个环路的信号传送给配电网终端。主站由一个串行口发送信息，同时在 A 环与 B 环里传送，由 2 个串行口分别接收 A 环和 B 环的信息。

当光缆出现故障时，如 O 点断开，两侧的光端设备只能接收到一个环路信息，经过一段延时，双环路切换控制器自动把接收的信号切换到另一个环路发送端，生成新的环路，即断点两侧的光端设备，A 环和 B 环相互链接，自动构成回路而形成双环工作，实现光纤环路自愈功能。

光纤专线通道结构简单、易于实现，传输延时小并且可控，不足之处只能采用轮询的方式访问配电网终端，不支持主动上报通信机制，更不能实现配电终端之间的点对点对等数据交换，不能充分发挥光纤介质的传输速率高的优点。

7.1.2 光纤工业以太网

光纤以太网是以光纤为通信介质的以太网。配电网自动化系统采用以太网通信，可以充分地利用光纤带宽，提高数据传输速率与容量，更重要的是能够更好地适应配电网自动化应用特点，主动上报数据，支持“例外报告”机制。此外，接到以太网上的配电网终端之间能够对等交换数据，支持快速故障自愈控制等分布式控制应用。

工业光纤以太网是面向工业现场应用的光纤以太网。工业以太网技术上与以太网(IEEE 802.3 标准)兼容，并在产品设计、材质选用等方面考虑了实时性、互操作性、可靠性、抗干扰等工程应用的需要。

工业以太网有以下技术特点：

(1) 交换机通过快速生成树冗余、环网冗余到主干冗余等技术可以实现光纤环网及多环耦合功能，其中环网冗余技术可以在 300ms 内完成自愈。

(2) 交换机采用了工业级元器件，无风扇设计，可以在高温、强电磁辐射的环境下使用，适用能力较强。

(3) 交换机的功耗较小，双光口配置的设备功率约为 6W。

(4) 网管系统可在线监测网络运行状态。

(5) 工业以太网各个厂家都有一部分专用协议，无法在环网冗余等层面上实现互联；如果要实现不同厂家之间的互联，网络只能支持到快速生成树冗余，网络自愈能力将从 300ms 增加到 1～2min。

(6) 用工业以太网组建网络需要严格的整体规划。环网冗余等技术应用的是数据链路层协议。根据以太网组网规定，一个两层网络，网内节点需限制在 200 个左右，才能很好控制网络风暴。

采用工业以太网的配电网自动化通信网络如图 7-4 所示。

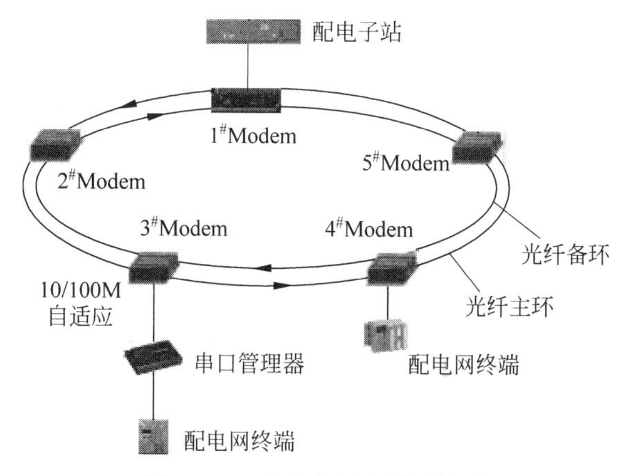

图 7-4　工业以太网光纤系统图

7.1.3　以太网无源光网络

以太网无源光网络(Ethernet Passive Optical Network，EPON)是无源光网络技术中的一种，EPON 采用点到多点网络结构、无源光纤传输方式，是一种能够提供多种综合业务的新型的宽带接入技术，目前已经广泛应用于宽带接入市场。作为一种拓扑灵活、支持多种业务接口的纯光介质的接入技术，EPON 已在配电网自动化系统中获得应用并呈现了广阔的前景。

EPON 是一种无源网络技术，比工业光纤以太网更加适合配电网自动化通信。因为在 1 个站点失去电源时，站点上的工业以太网交换机不能正常工作，可能导致整个光纤环路的通信中断；而对 EPON 来说，仅仅是该站点无法正常通信，并不影响整个光纤环路的正常工作。电源是目前配电网终端应用的薄弱点，故障率比较高，EPON 的这一优点，对于提高配电网自动化系统的可用性十分重要。

EPON 系统由网络侧的光线路终端（Optical Line Terminal，OLT）、用户侧的光网络单元（Optical Network Unit，ONU）和光分配网络（Optical Distribution Network，ODN）组成，可以灵活组成树型、星型、总线型等拓扑结构。所谓“无源”指 ODN 中不含有任何有源电子器件。在下行方向（OLT 到 ONU），OLT 发送的信号通过 ODN 到达各个 ONU。在上行方向（ONU 到 OLT），ONU 发送的信号只会到达 OLT，而不会到达其他 ONU。为了避免数据冲突并提高网络利用效率，上行方向采用时分多址（Time Division Multiple Access，TDMA）接入方式并对各 ONU 的数据发送进行仲裁。ODN 由光纤和 1 个或多个无源光分路器和相关无源光器件等组成，在 OLT 和 ONU 间提供光传输通道。

EPON 系统参考结构如图 7-5 所示。

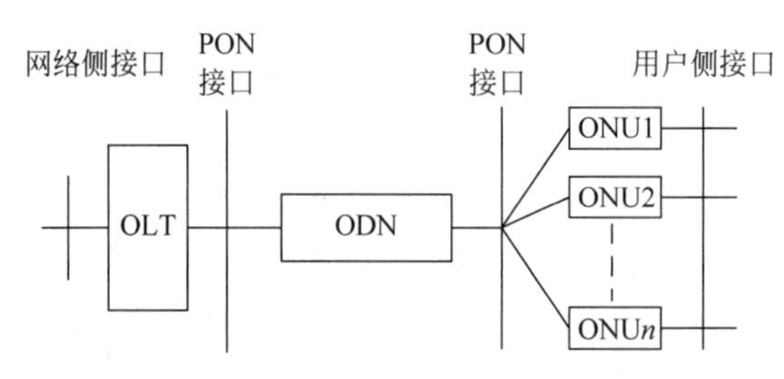

图 7-5　EPON 系统参考结构图

按照 ONU 在接入网中所处位置的不同，EPON 系统通常的应用类型有：①光纤到路边（FTTCurb）；②光纤到楼宇/分线盒（FTTB/C）；③光纤到户（FTTH）；④光纤到办公室（FTTO）等。

配电网自动化系统中应用的 EPON 光纤网络主要有以下 3 个部分组成：

（1）OLT：光线路终端，是 xPON 网络的头端设备，负责 ONU 的接入汇聚功能。

（2）POS（Passive Optical Splitter）：光分配网络，打通 OLT 同 ONU 的通信光路。

（3）ONU：光网络单元，是 xPON 网络的终端设备，负责监控数据的采集和主站命令的下发。

网络层次结构如图 7-6 所示。

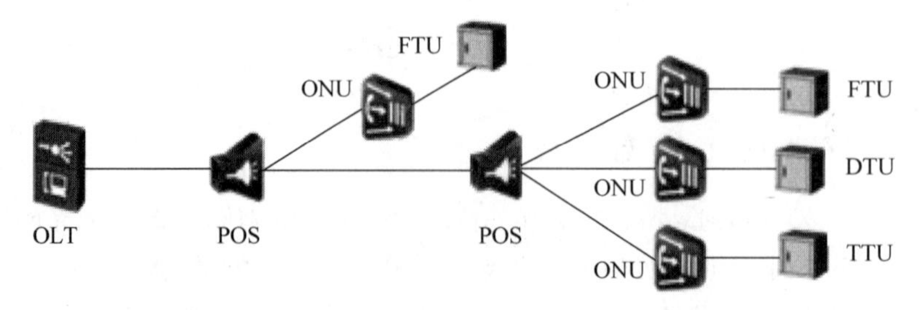

图 7-6　EPON 层次结构

EPON 技术的优点为：

（1）长距离，高宽带（20km，1.25GB）是 EPON 的一大优点。光纤化的 ONU/OLT，非常适合于 FTTB 和 FTTO 模式，光纤可以直接到用户，很好地解决了通信宽带“最后一公里”的问题。

（2）带宽分配灵活，服务有保证。EPON 对带宽的分配和保证都有一套完整的体系，可以根据需要对每个用户甚至每个端口实现基于连接的带宽分配（区别于普通交换机的基于端口的速率限制），并可根据业务合约保证每个用户连接的通信质量。

（3）节省光纤资源、对网络协议透明传输。

EPON 技术也有不足之处，主要有：

（1）组网结构相对单一，组成树形和链型网，无法实现 ONU 级别的通道保护。

（2）对以太网之外的业务支持能力较差。对于话音业务，其通信质量无法得到保障。

（3）虽然理论上链路上可以实现无限次分光，但设备厂家的建议是 2 级分光，链路的延伸受到一定的限制。

基于多级分光的组网方式如图 7-7 所示。采用单纤波分复用技术（下行 1 490nm，上行 1 310nm），仅需要 1 根主干光纤和 1 个 OLT，传输距离可达 20km。此方案适合于呈带状或者链状分布的 10kV 线路。

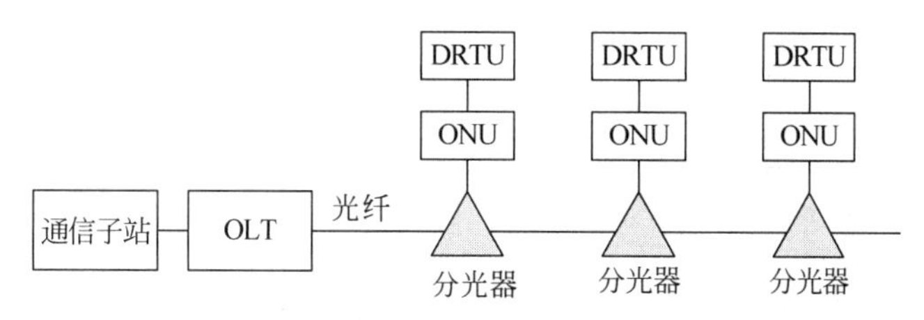

图 7-7　基于多级分光的 EPON 组网方式

7.2　配电线路载波技术

电力线路载波（Power Line Carrier，PLC）利用电力线作为信号传输通道，具有投资小、覆盖面广的优点，被认为是一种理想的电力系统通信方式。尽管 PLC 在高压与超高压线路中有着广泛的应用，但将其用于架空配电线路却有着许多实际的困难：

（1）出于成本等方面的考虑，架空配电线路载波（Distribution Line Carrier，DLC）不像在输电线路中那样使用阻波器将信号的传播限制在线路两端之间，载波信号受电源、分支线与负荷的影响，衰减比较大。

（2）配电网结构多变，对信号耦合与传播有影响。分段开关打开后造成信号通路断开，需在开关两侧安装信号耦合中继设备。

（3）信号经过变压器时的衰减大。

（4）信号在线路端点或阻抗不匹配点产生反射，反射信号与入射信号相互叠加可能造成“陷波”现象，使得一些点处于信号的波谷位置，信号幅值很小，影响检测灵敏度。

（5）线路故障影响通信可靠性。

鉴于以上原因，利用架空配电线载波的难以满足配电网监控对可靠性与实时性的要求，因此在配电网自动化系统中应用得较少。目前，主要应用于自动读表系统中，解决用户电表到安装公共配电变压器处的数据集中器之间的通信问题。

7.2.1 中压电缆载波

城市配电网中大量使用电力电缆，而利用电缆的绝缘屏蔽层（外屏蔽层）在电缆两端进行载波通信，信号在屏蔽层与大地（金属铠装）之间传播，减少了电源、负荷等因素的影响，提高了通信可靠性。

典型的三相统包型中压交联聚乙烯电缆的结构如图 7-8 所示，各导体线芯绝缘外为分相铜丝或铜皮屏蔽层，用于将电缆电场限制在电缆内部与保护电缆免受外部电场干扰作用；缠绕铜屏蔽的 3 个线芯与填充料放置在一起，由内绝缘护层统一包裹，内绝缘护层的材料为塑料，起到防水、防潮作用；内绝缘护层外为钢带或钢丝铠装，称为金属铠装，起到保护电缆免受外力破坏的作用；金属铠装外为外绝缘护层。可见，铜屏蔽层与金属铠装之间有一层绝缘与防水性能都较好的内绝缘护层，这样在铜屏蔽层与金属护层之间就构成了一个良好的信号回路，可用来传输载波信号。

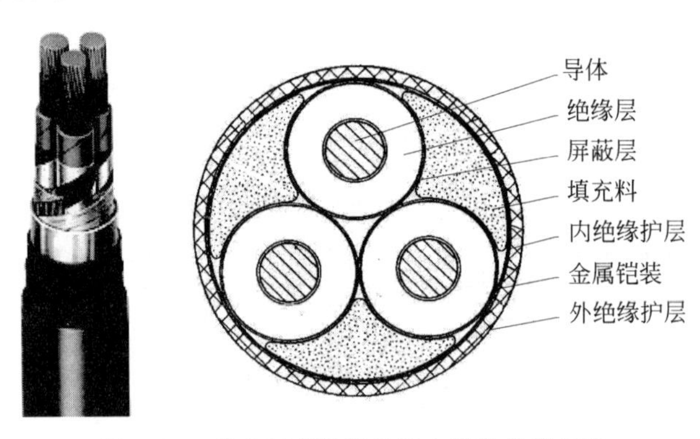

图 7-8　3 芯中压交联聚乙烯电缆的典型结构

利用电缆屏蔽层的载波有 2 种信号耦合方式（见图 7-9）。

(1) 注入式耦合，如图 7-9(a)所示。载波信号通过耦合变压器注入到电缆屏蔽层与大地之间回路中。电缆正常运行时，3 个线芯的屏蔽层和金属护套都是接地的。安装耦合设备时，需把屏蔽层的接地解开，将耦合变压器接在屏蔽层与大地之间。注入式耦合的信号耦合效果好，但为安全起见，安装时需要停电。

(2) 卡接式耦合。卡接式耦合器的铁芯采用开合式结构，安装时卡在电缆上，铁芯上的装有高频线圈用于将载波信号耦合到电缆上去。这种耦合方式的信号耦合效果相对较差，好处是安装时不需要停电，施工方便。实际工程中，耦合器往往直接卡接到电缆金属护层外面，如图 7-9(b)所示，这样信号实际上是在屏蔽层、金属护层（二者均在电缆头处接地）与大地之间传播的，受护层绝缘不良、大地导电率等因素的影响，传输距离有限。

屏蔽层载波一般用于一段电缆两端之间的通信，当跨越两段电缆时，则需要使用信号耦合网桥进行通信连接，卡接式耦合器网桥实现两段电缆之间的通信连接，如图 7-10 所示。网桥对载波信号的衰减较大，当级数较多时（如 3 级以后），可能因为信号衰减过大而无法可靠通信。必要时，可使用载波中继技术，进行分级组网。

电缆屏蔽层载波具有投资小、易于实施，受外力破坏的机会较小的优点，对于光缆施工困难的场合，是一种很好的替代通信方案，因此，在我国配电网自动化工程中有着一定量的

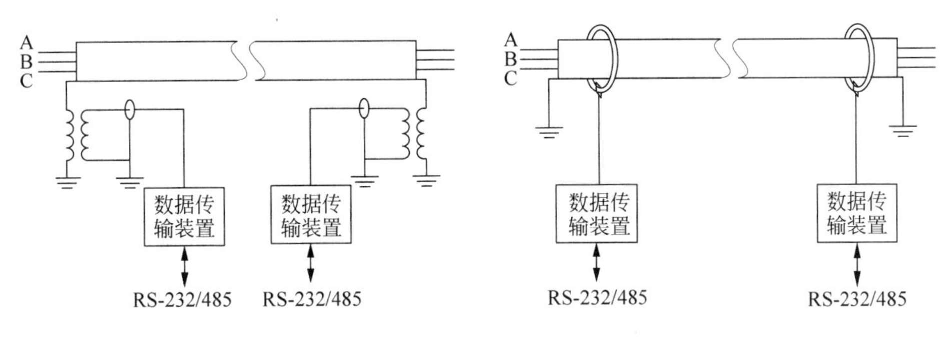

(a) 注入式耦合方式 (b) 卡接式耦合方式

图 7-9 电缆屏蔽层载波系统

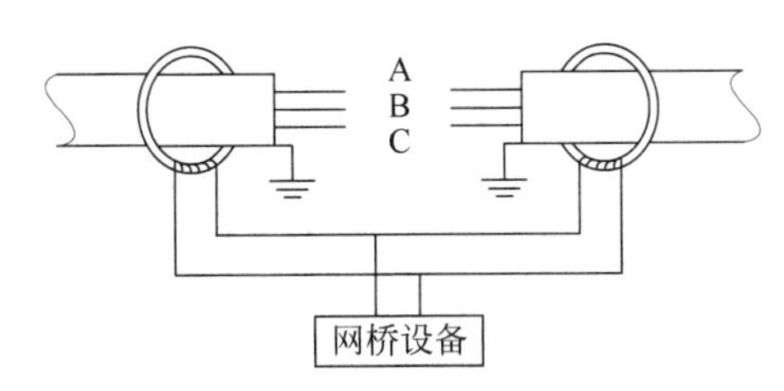

图 7-10 卡接式耦合网桥实现两段电缆之间的通信连接

应用。其不足之处是通信受一次系统电压、电流变化的干扰影响，易出现误码；而在电缆故障以及屏蔽层对地绝缘下降时，会影响通信可靠性。

7.2.2 低压载波

低压电力线通信(Power Line Communication) 又称低压载波通信，是指利用电力线，通过载波方式将模拟或数字信号进行传输的技术，是电力系统特有的通信方式，具有成本低、不需另外布设通信线路、维护简单、通信可靠等诸多优点。低压载波主要用于自动抄表与低压台区监控，

低压载波通信系统构成如图 7-11 所示，主要由信号处理器、调制解调器、信号放大电路、信号耦合电路、低压电力网络组成。

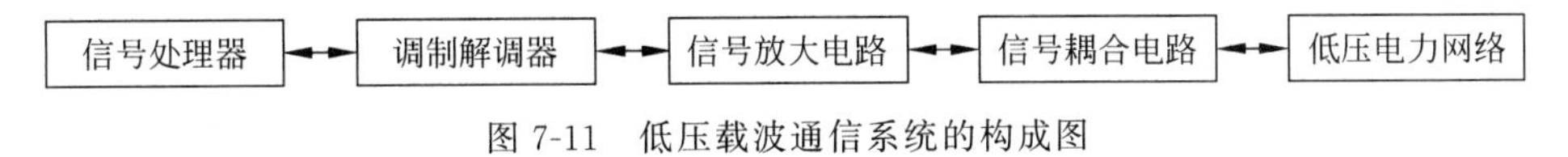

图 7-11 低压载波通信系统的构成图

(1) 信号处理器。向电力线发送一连串数字控制信号，并且能够接收识别电力线返回的数字代码信号。

(2) 调制解调器。由于从信息变换过来的原始信号(基带信号) 具有频率较低的频谱分量，这种信号在许多信道中不适宜直接进行传输，因此在通信系统中通常需要有调制的过程，而在接收端则需要有反调制的过程，也就是解调的过程。通过调制，可进行频谱搬移，把调制信号的频谱搬移到所希望的位置上，从而将调制信号转换成适合于信道传输或便于信道多路复用的已调信号。

(3) 信号放大电路。电力线对于高频信号衰减非常大,提高载波通信性能的其中一种手段就是将信号进行幅度放大,以此保证接收端的信噪比指标,从而进行可靠接收。

(4) 信号耦合电路。将已经过调制并放大后的信号通过信号耦合电路耦合到电力线上,并能将载波发送接收电路与电力网隔离,可提高系统的抗干扰能力。

(5) 低压电力网络。对低压电力载波通信而言,低压电力网络是载波模块之间传输的通道。

低压载波技术分为窄带低速载波与宽带高速载波。窄带低速是采用传统 FSK(频率键控)、PSK(相移键控)调制的单载波技术,存在抗衰减和抗干扰能力差、通信速率低(数千比特每秒以下)、数据采集一次成功率不高等问题。宽带高速载波(High Speed PLC,HPLC)采用 OFDM(正交频分复用)调制的多载波窄带技术,抗衰减和抗干扰能力强,传输速率高,能够很好地满足低压抄表与低压台区监控的通信要求。

OFDM 的基本思想是通过相互重叠的子信道同时应用并行数据传输技术以及频分复用技术。它将原信号分解为 N 个子信号,再用 N 个子信号分别调制 N 个相互正交的子载波,然后一起发送,在接收端在将数据进行合并,从而提高了数据的传输速率。并行数据传输可通过扩展多信号的效率来有效抵抗脉冲干扰噪声的影响。

图 7-12 给出了采用 OFDM 技术的 HPLC 系统实现原理框图。首先将需要发送的串行数据信号转换为并行数据,然后以基带形式通过 IFFT(快速傅里叶变换)进行调制,同时在码元间插入循环前缀,再转换为串行数据,该数据信号经过滤波后被耦合到低压电力线进行传输。在接收端,对接收到的信号经过相应的处理后,通过 FFT(快速傅里叶变换)便可以恢复原来的基带信号。

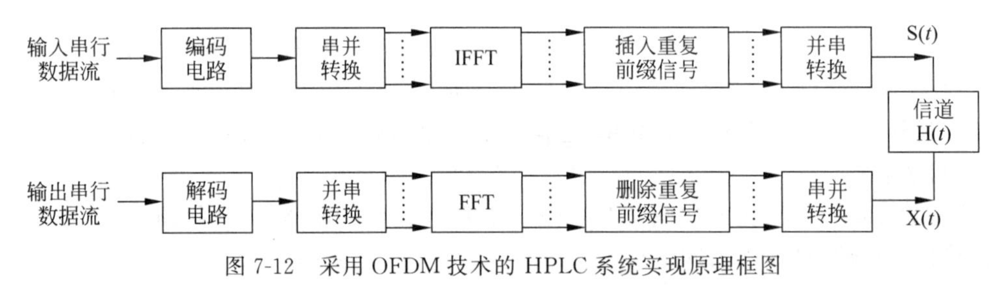

图 7-12 采用 OFDM 技术的 HPLC 系统实现原理框图

OFDM 调制技术具有较强的抗干扰能力以及较高的带宽利用率,由于它能够把信息灵活地分配到不同的载波频带,从而在克服窄带干扰和频率选择性衰落方面具有很强的鲁棒性,并且它与前向纠错码的结合也可很好地克服脉冲噪声干扰。

HPLC 通信网络一般会形成以中央协调器(Central Coordinator,CCO)为中心、以代理协调器(Proxy Coordinator,PCO)为中继代理,连接所有站点(Station,STA)多级关联的树形网络,如图 7-13 所示。中央协调器是通信网络中的主节点角色,负责完成组网控制、网络维护管理等功能,其对应的设备实体为集中器本地通信单元。站点是通信网络中的从节点角色,其对应的设备实体为通信单元,包括智能电表、低压终端、智能断路器等。代理协调器是中央协调器与站点或者站点与站点之间进行数据中继转发的站点。

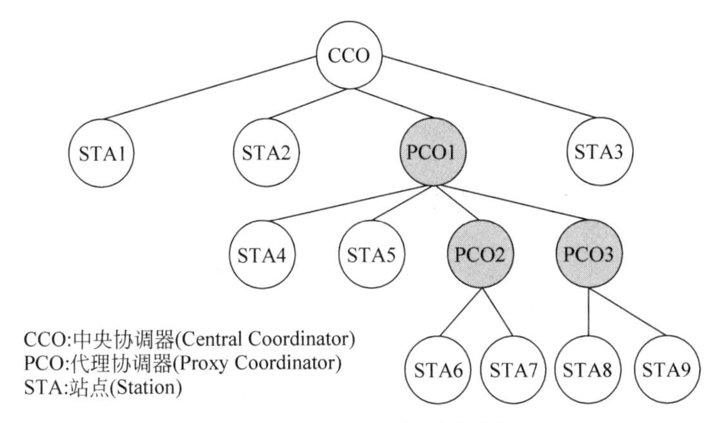

图 7-13　HPLC 通信系统结构

7.3　无线通信技术

配用电系统应用光纤通信遇到的最大的问题，是在一些建筑密集的城市中心区施工难，此外，还存在易受外力破坏，站点布局调整工作量大的缺点；而无线通信具有安装方便、成本低、抗自然灾害能力强等优点，是对光纤通信的很好补充。对于城市郊区电网、农村电网中一些偏远的站点来说，敷设光纤成本比较高，无线通信是一种很好的替代解决方案。无线通信按照网络性质分为无线公网和无线专网。

7.3.1　无线公网

无线公网指通信运营商(公司)提供的移动通信网络，具有覆盖范围广、一次性投资低、接入方便的优点，广泛用于配电网自动化终端与主站以及自动抄表系统的数据集中器与营销管理系统主站之间的通信。

1. 无线公网通信技术

1) GPRS 通信技术

GPRS (General Packet Radio service，通用分组无线业务)是本世纪初投入使用的无线公网通信技术，其理论带宽可达 171.2kb/s，实际应用带宽在 40～100kb/s。在此信道上提供 TCP/IP 连接，可以用于 Internet 连接、数据传输等应用。GPRS 通信网络能够满足可持续传送业务数据的需求，并且能够进行实时的交互数据传送，业务数据以数据包为单位，每个数据包的大小不超过 1 024 字节，通信网络传送 1 包数据的时延不超过 1 500ms。

2) 3G/4G 通信技术

随着移动通信技术的进步，先后诞生了 3G/4G 通信技术。3G 指第三代移动通信技术，采用扩频通信高效利用频谱，极大地增加了系统容量，提高了端到端通信质量，具有更高的数据传输速率、更好的通信保密性。4G 是目前广泛使用的第 4 代移动通信技术，它在 2G、3G 通信技术基础上，进一步提高了数据的传输速率，而且兼容性更好，通信质量也更高。4G 网络的理论峰值速率可以达到上行 50Mbps，下行 100Mbps。

3）5G 通信技术

5G 通信是最新一代蜂窝移动通信技术，能够提供 0.1～1Gbps 的用户体验速率，数十吉比特每秒(Gbps)的峰值速率，毫秒级的端到端时延，99.999%的超高可靠性，每平方千米 100 万的连接密度。国际电信联盟(ITU)定义了 5G 的三大类应用场景，即增强移动宽带(eMBB)、超高可靠低时延通信(uRLLC)和海量机器类通信(mMTC)。增强移动宽带(eMBB)主要面向移动互联网流量爆炸式增长，为移动互联网用户提供更加极致的应用体验；超高可靠低时延通信(uRLLC)主要面向工业控制、远程医疗、自动驾驶等对时延和可靠性具有极高要求的垂直行业应用需求；海量机器类通信(mMTC)主要面向智慧城市、智能家居、环境监测等以传感和数据采集为目标的应用需求。

5G 通信时延低，其空中接口时延(网络设备之间的传输延时)的期望性能指标为 1ms；能够实现网络切片通信，不同切片之间严格隔离，资源独享且不可互相访问，这保证了传输数据的安全可靠隔离。此外，经过专门设计的 5G 模块，还可以提供精度高于 1μs 的时间同步信号。

5G 不足之处一是穿透力弱，单个基站的覆盖面小。一个 4G 基站可以覆盖 1km，一个 5G 基站仅能覆盖 300m；二是耗电量大，5G 基站单系统的典型功耗超过 3kW 约是 4G 的 3 倍。

4）NB-IoT 技术

NB-IoT 是窄带物联网(Narrow Band Internet of Things)的简写，采用超窄带、重复运输、精简网络协议等设计，通过牺牲一定的速率、时延、移动性能等，获取面向 LPWA(低功耗广域)物联网的数据通信承载能力。由于 NB-IoT 构建于蜂窝网络，只消耗大约 180kHz 的带宽，可直接部署于 GSM 网络、UMTS 网络或 LTE 网络，与 2G/3G/4G 网络基站共用天线，以降低部署成本，实现平滑升级。

NB-IoT 用于广域网内低功耗、低速率物联网设备的通信，其覆盖范围广。一个 NB-IoT 基站可以覆盖 10km 的范围，同时 NB-IoT 比 LTE 和 GPRS 基站提升了 20dB 的增益，能覆盖到地下配电室、地下管道等信号难以到达的地方。支持海量连接，200kHz 的频率可以提供 10 万个联接。NB-IoT 的主要不足是部署频率是授权的，必须由运营商来部署。相对 2G/3G/4G 网络，目前 NB-IoT 网络覆盖面和覆盖质量还是非常有限。

2. 无线公网通信技术的应用

使用无线公网可以实现点对点以及点对多点的数据传输。无线公网通信技术在传输速率、信号覆盖范围等方面有突出的优势，比较适合故障指示器、远程电能抄表、远程低压台区监控等领域的通信要求。对于一些分散在边远地区的配电网监控点来说，建设专用的通信通道投资比较大，使用社会上电信运营商提供的移动通信服务是一种比较合适的选择。相对于其他通信方式，无线公网不足之处是有“掉线”现象，GPRS 以及 3G、4G 技术的传输延迟较大，但能够满足大部分配用电应用要求，是可以接受的。

考虑到安全防护要求，无线公网和配电网自动化系统主网络之间需要加入物理隔离装置。根据 2005 年中国电监会 5 号令《电力二次系统安全防护规定》，公网通信不能用于遥控场合，在中国无线公网只能用于“一遥”“二遥”终端的通信。事实上，国际上很多配电网自动化工程都使用公共电话或移动通信网，在采取适当的防护措施后，其安全性是有保证的。

基于无线公网的配电网自动化系统主要由配电网终端子系统、无线公网通信子系统和主站监控子系统(包括防火墙,各种服务器和工作站)组成,系统组成结构图如图 7-14 所示。

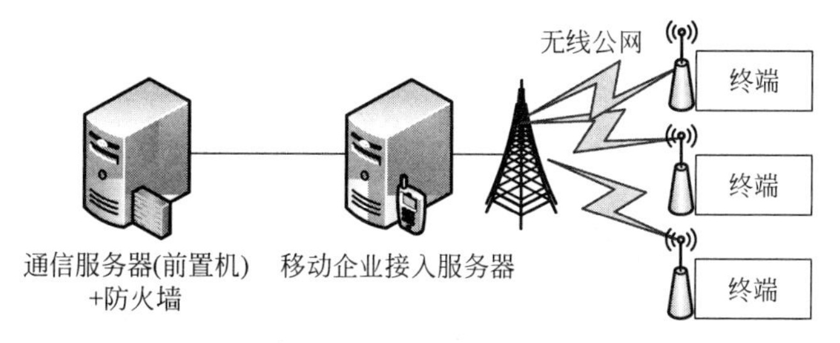

图 7-14　使用无线公网的配电网通信系统

基于无线公网技术的配电网自动化系统已经在多个供电企业投入使用,从实际运行情况来看,系统设计达到了规划的要求,可以满足现阶段配电网自动化系统和各种配电网终端的通信要求,不需要各供电公司自己建立专用通信系统,可以把配电网终端快速部署到移动信号覆盖的广大区域,而不受地形、建筑等各方面的影响。

5G 通信具有切片通信功能,数据传输延时小,因此特别适用于配电线路差动保护。有部分供电公司建设了基于 5G 的配电线路差动保护示范工程。

7.3.2　无线专网

1. 窄带数传电台

窄带数传电台(简称数传电台)应用无线超短波信号传输数据,由发射、接收机与调制解调器(Modem)3 部分组成,支持点对点或点对多点串行通信方式,发射功率在 1～50W 之间,传输距离在数千米到数十千米之间,通信数率有 300b/s、600b/s、1.2kb/s、4.8kb/s、9.6kb/s、19.2kb/s 几种。中国无线电管理委员会给用于工业控制的数传电台分配的频段为 223.025～235.000MHz 与 821～870MHz。

窄带数传电台具有发射功率大、覆盖范围广、传输时延小的优点,既可用于配电网自动化系统接入层通信网中配电子站与配电网终端之间通信,亦可用于配电子站与主站之间的通信。不足之处是电台发射功率大,需要向无线电管理委员会申请频点。此外,它只能采用查询式通信协议,不支持主动上报功能,更不能支持点对点(Peer-to-Peer)对等数据传输。

尽管安装比较方便,但需要根据通信距离、两个通信站点的之间障碍物情况,对电台的发射功率、工作频率以及天线的安装位置与方向,进行合理的配置与选择,否则将达不到应有的通信效果。参数的配置与天线的安装,需要专业人士来完成并且要有一个调试的过程。这可能是除了需要申请频点外,影响输出电台应用的重要障碍。

2. 扩频电台

常规无线通信,其载波频谱宽度集中在其载频附近的窄的带宽内,而扩频通信采用专门的调制技术,将调制后的信息扩展到很宽的频带上去传输,然后在接收端采用与发送端相同的扩频码进行解调,还原出发送的数据信息。

扩频通信特点主要有:

(1) 扩频电台发射功率大都在 1W 以内,不用申请无线频点。

(2) 扩频电台具有网络(IP)与串行(RS-232)通信接口,支持点对点、点对多点、点对点对等通信方式。

(3) 通信速率高,达数百比特每秒(b/s)。

(4) 通信距离数千米到数十千米。

(5) 具有网络自愈功能,可靠性高。若干个扩频电台构成一个网络。网络中的每一个电台既是一个数据收发终端,也同时起到中继器的作用,向其他电台转发数据。数据传输的路径是动态的,当一个电台出现故障时,可以重新建立传输路径,防止通信中断。

(6) 采用扩频码调制,信噪比大为提高,抗干扰能力强,保密性好。由于信号的接收要用扩频码进行相关解扩处理才能得到,所以即使用同类信号进行干扰,在不知道信号扩频码的情况下,利用不同扩频码编码之间的不相关性,可以极大地抑制干扰。

扩频通信可用于配电网自动化系统接入层通信网与主干通信通道。由于不用申请频点,且组网灵活,因而扩频通信在配电网自动化系统的应用多于窄带电台。其不足之处,也是参数配置与调试工作量大。

应用于配电网自动化的无线扩频通信系统一般工作在 2.4～2.483 5GHz 频段,数据通信速度通常可达几十百比特每秒(kb/s)以上,误码率可低达 10^{-10},通信距离可达 50km。通过话音复用器,还可以利用无线扩频通信系统在进行数据通信的同时,传送话音信号。由于无线扩频通信系统的工作频率较高,因此其信号传输受到视距的限制,在遇到障碍物或进行更远距离的传输时,可采用中继器。无线扩频通信系统比较适合于构成 10kV 开闭所、小区变电站或用于集结分散测控对象的区域工作站的数据通信。

3. LoRa 广域通信技术

LoRa 是一种低功耗广域通信(LPWAN)技术,融合了数字扩频、数字信号处理和前向纠错编码技术,具有简单、抗干扰能力强、低功耗、大容量的特点。目前,LoRa 主要在全球免费频段运行,包括 433MHz、868MHz、915MHz 等。

LoRa 网络主要由终端(LoRa 模块)、网关(或称基站)、网络服务器以及应用服务器组成。其网络架构是一个典型的星形拓扑结构,在这个网络架构中,LoRa 网关是一个透明传输的中继,连接终端设备和后端中央服务器。终端设备采用单跳与一个或多个网关通信。所有的节点与网关间均是双向通信。

LoRa 的终端节点可能是各种设备,比如监控终端、低压智能断路器、智能电表等。这些节点通过 LoRa 无线通信首先与 LoRa 网关连接,然后用以太网络或无线公网连接到网络服务器中。网关与网络服务器之间通过 TCP/IP 协议通信。

LoRa 采用低频信号调制方式,传输速率是可调的,最高通信速率达 30kbps,通常使用 1.1kbpsLoRa,速率变快,传输距离会缩短。接收的灵敏度高,通信距离大于 10km(与环境有关);降低了功耗,接收电流仅 10mA,睡眠电流 200nA,大大延迟了电池的使用寿命;支持多信道多数据速率的并行处理,每个网关可以连接成千上万个终端。其不足之处是随着 LoRa 设备和网络部署的增多,其相互之间会出现一定的频谱干扰。

7.4 通信协议

7.4.1 基本概念

通信协议是为保证数据通信网中通信双方能有效、可靠通信而规定的一系列约定,也称作通信规约。这些约定包括数据的格式，顺序和速率，数据传输的确认或拒收，差错检测，重传控制和询问等操作。

早期的电力系统远动通信协议是自发形成的，各个电力自动化设备制造商以及电力企业根据自身的设备及应用情况，开发出了许多不同的通信协议。世界各地应用的不同版本的电力远动通信协议有近百种，它们互相之间不兼容，各种自动化设备之间难以直接互联，给自动化系统集成带来了极大的不便，造成了很大的投资浪费。为改变这一局面，国际电工委员会(IEC)在上世纪80年代初期成立了TC57技术委员会，开始制定电力远动通信协议。已颁布的通信协议有IEC 60870-5系列远动通信协议体系、IEC 60870-6系列计算机(控制中心)数据通信协议体系以及IEC 61334-4(我国等同采用的标准DL/T790.4)系列使用配电载波的配电网自动化通信协议。

早期的电力自动化通信协议有Modbus、SC1801等，近年来，IEC 60870-5-101/103、104获得了广泛的应用。我国是IEC成员国，原则上是等同采用IEC标准，相应颁布了DL/T634.5101/104标准。现在，我国新建的配电网自动化系统普遍采用IEC 60870-5-101/103/104远动通信协议。

现在国际标准化组织(International Organization for Standardization，ISO)新颁布的电力系统通信协议，都是依据开放式系统互联模型标准(Open System Interconnection，OSI)制定的。OSI是国际标准化组织ISO为保证不同的计算机系统之间能够相互通信交换数据定义的。OSI模型将通信协议分成物理层、数据链路层、网络层、传输层、会话层、表示层和应用层七个层次的内容。但并不是所有的通信协议都符合OSI模型，如早期的部颁循环远动协议DL451-1991、查询式远动协议SC1801就没有OSI模型规定的层次划分。目前，在计算机网络通信中应用比较广泛的TCP/IP协议，由于制定时间较早，只是包含了一部分传输层及网络层的内容也不完全符合OSI模型。

根据协议的层次结构，目前电力自动化通信协议可分为两种：用于点对点连接的专线通道(如IEC 60870-5-101/103)，包括物理层、链路层以及应用层三个层次的内容，如图7-15(a)所示；用于IP通信网络(如IEC 60870-5-104)，除前述3个层次上的内容，还使用TCP/IP作为网络层传输协议，如图7-15(b)所示。

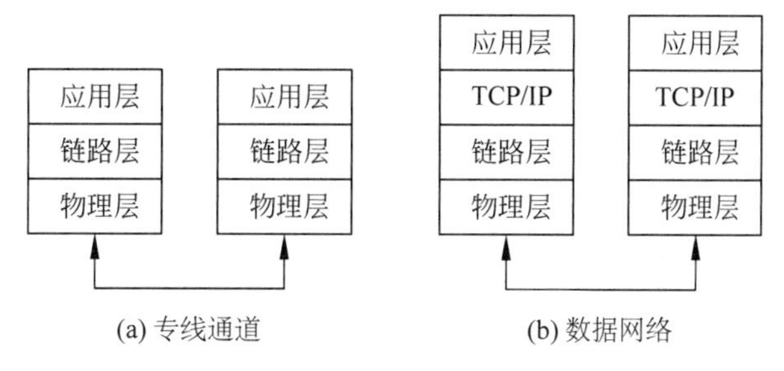

图7-15　配电网自动化通信协议的层次

7.4.2 远动通信协议

常规配电网自动化通信协议指现在配电网自动化系统普遍使用的协议，主要有IEC 60870-5-101、IEC 60870-5-103、IEC 60870-5-104。IEC 60870-5-101用于点对点通道上的远动数据传输；IEC 60870-5-103 用于点对点通道上继电保护数据传输，与 IEC 60870-5-101 的区别主要体现所传输的数据类型有所不同；IEC 60870-5-104 用于网络通道上的远动数据传输。

下面介绍 IEC 60870-5-101 与 IEC 60870-5-104 协议。

1. IEC 60870-5-101 协议

上世纪 90 年代初期，IEC 颁布了 60870-5 系列远动协议。它遵循 OSI 的 7 层参考模型，规定了物理层、链路层和应用层 3 个层次之间的内容，其中 IEC 60870-5-101、IEC 60870-5-102、IEC 60870-5-103 的 3 个通信协议，分别适用于电力远动、电能计量、继电保护设备通信。

我国已把 IEC 60870-5-101 协议（简称 101 协议）作为电力远动通信行业标准（等同采用标准 DL/T634，GB/T18657）。

1）物理层

物理层规定了连接器机械特性、逻辑电平、位元宽度、接口线的定义与功能、连接线建立和切断等内容，提供传送“1”“0”码的物理条件。

101 协议适用于点对点、点对多点等网络结构，通道可以是双工或半双工，所规定的数据传输基本方式为 8 个数据位、1 个起始位和 1 个奇偶校验位。101 协议采用国际电信联盟 ITU（CCITT）推荐的 V 和 X 系列数据终端设备（DTE）数据连接设备（DCE）标准。常用的是 RS232/422/485 电气接口。

2）链路层

链路层规定了建立链路联系、从一点向另一点的传送数据帧功能，包括数据“发出站”“目的站”地址、连接控制信息、纠错处理等内容。

101 协议数据帧格式包括帧头、应用服务数据单元（Application Service Data Unit，ASDU）、校验码及帧尾，其中 ASDU 是协议所传送的信息体。数据帧又分为传送链路信息的固定长度帧、传送应用数据的长度可变帧以及握手信息帧。1 帧中的应用数据长度不超过 255 个字节。

3）应用层

101 协议应用层定义提供的应用服务与应用服务数据单元（ASDU）。

101 协议提供的应用服务有：站点初始化，召唤模拟量，模拟量循环传输，召唤状态量，总召唤，时钟同步，控制命令传输，累加量传输，参数上载，测试过程，文件传输，获取传输延时等。

ASDU 应用数据单元的格式如表 7-1 所示。表中类型标识说明信息体类型、结构、格式。类型标识表明信息体数据的类型（如 1 代表单点信息等）；可变结构限定词中包含了信息体的数目；信息体顺序说明信息体数据元素是否按顺序排；公共地址指的是分站地址；信息体地址是数据序号，在数据按顺序排时，所有的数据序号是连续的，只有 1 个地址，是第 1 个数据的序号，而在数据是任意排列顺序时，每一个数据前都有该数据的地址；信息体元素包括远动数据，如模拟量输入、数字量输入、事件输入等；信息体时标是时间标签，在传送遥信与遥测事件记录时使用。

表 7-1　ASDU 应用数据单元格式

<table>
<tr><th>ASDU</th><th colspan="2">ASDU 的域</th></tr>
<tr><td rowspan="5">数据单元标识</td><td rowspan="3">数据单元类型</td><td>类型标识</td></tr>
<tr><td>可变结构限定词</td></tr>
<tr><td>信息体顺序</td></tr>
<tr><td colspan="2">传送原因</td></tr>
<tr><td colspan="2">公共地址</td></tr>
<tr><td rowspan="3">信息体</td><td colspan="2">信息体地址</td></tr>
<tr><td colspan="2">信息体元素</td></tr>
<tr><td colspan="2">信息体时标</td></tr>
</table>

101 协议有平衡式与非平衡式两种传输方式。在点对点全双工通道结构中采用平衡式传输方式，在其他通道结构中采用非平衡式传输方式。平衡式传输方式下，主站端和分站端都可以作为启动站；在非平衡式传输方式时，只有主站端可以作为启动站。

2. IEC 60870-5-104 协议

为满足在电力系统中应用 IP 网络传输远动信息的要求，IEC TC57 在 IEC 60870-5-101 基本远动任务配套标准的基础上制定了 IEC 60870-5-104 协议（简称 104 协议）。它增加了 TCP/IP 协议层次，以满足在广域数据网络上的两点之间进行对等通信的需要。

IP 网络对于主站端和智能设备来说都是一个全双工高速网络，使得 104 协议能够采用平衡传输方式，在智能设备有数据变化时，不管主站有没有进行召唤，设备都可主动上报；此外，还支持智能终端之间对等交换数据，实现分布式控制控制。

1）104 协议的体系结构

104 协议的结构遵循开放式系统互联的 ISO/OSI 参考模型，采用了其中的 5 层，如图 7-16 所示。基于 TCP/IP 的应用层协议很多，每一种应用层协议都对应着 1 个网络端口号。其中 TCP 协议是一种面向连接的协议，为用户提供可靠的、全双工的字节流服务，具有确认、流控制、多路复用和同步等功能，适用于数据传输；而 UDP（用户数据包协议）则是无连接的，每个分组都携带完整的目的地址，各分组在系统中独立地从数据源走到终点，它不保证数据的可靠传输，也不提供重新排列次序或重新请求功能。为保证数据的可靠传输，104 协议传输层使用的是 TCP 协议，其对应的端口号为 2404，已经得到互联网地址分配机构（Internet Assigned Numbers Authority，IANA）的确认。

<table>
<tr><td>根据IEC 60870-5-101从
IEC 60870-5-5中选取的应用功能</td><td>初始化</td><td>用户进程</td></tr>
<tr><td colspan="2">从IEC 60870-5-101和IEC 60870-5-104中选取的ASDU
APCI(应用规约控制信息)传输接口(用户到TCP的接口)</td><td>应用层(第7层)</td></tr>
<tr><td colspan="2" rowspan="4">TCP/IP协议子集(RFC2220)</td><td>传输层(第4层)</td></tr>
<tr><td>传输层(第3层)</td></tr>
<tr><td>传输层(第2层)</td></tr>
<tr><td>传输层(第1层)</td></tr>
<tr><td colspan="3">注：第5、第6层未用</td></tr>
</table>

图 7-16　IEC 60870-5-104 协议参考模型

2）应用协议数据单元协议

104 协议的应用协议数据单元（APDU）由应用协议控制信息（Application Protocol Control Information，APCI）和应用服务数据单元（ASDU）组成，如图 7-17 所示。

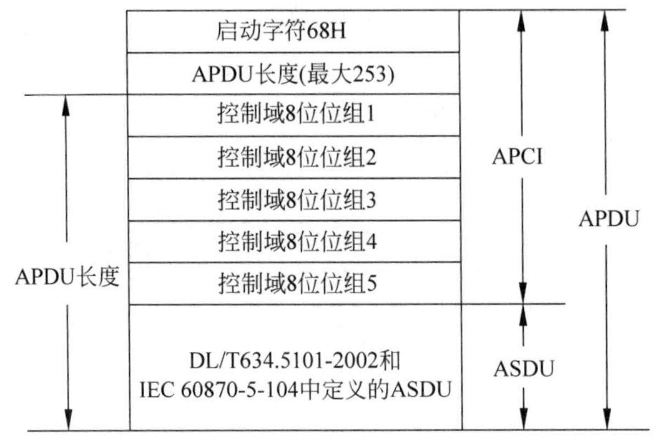

图 7-17　IEC 60870-5-104 协议应用协议数据单元

传输接口（TCP 到用户）是一个定向流接口，它没有为 ASDU 定义任何启动或者停止机制。为了检测出 ASDU 的启动和结束，每个 APCI 包括下列定界元素：启动字、APDU 长度以及控制域。启动字符 68H 定义了数据流中的起点。APDU 长度定义了 APDU 的长度。控制域包括 4 个 8 位位组，根据其定义，将 APDU 分成 3 种报文格式：I 格式报文，包含 ASDU，用于传送应用数据；S 格式报文，不包含 ASDU，用于当报文接收方收到发送方的 I 格式报文且没有 I 格式报文需要发送给对方时，对所接收到的报文进行确认；U 格式报文，也不包含 ASDU，其作用主要是启动终端进行数据传输（STARTDT）、停止终端的数据传输（STOPDT）与 TCP 链路测试（TESTFR）。

104 协议规定 1 个 APDU 报文（包括启动字符和长度标识）不能超过 255 个字节，因此，APDU 最大长度为 253（255 减去启动和长度标识共 2 个 8 位组），ASDU 的最大长度为 249。

104 协议的 ASDU 与 101 协议的 ASDU 兼容，增加了类型标识为 58 到 64，以及类型标识为 107 的新 ASDU，主要用于带时标的命令。

3）防止数据丢失与重复传输的措施

IP 网络所提供的服务是不可靠的分组传送。当传送过程中出现错误以及在网络硬件失效或网络负荷太重时，有可能会造成数据包的丢失、延迟、重复和乱序，因此，应用层协议必须使用超时和重传机制。

104 协议的 I 格式报文控制域，定义了发送序号 N(S)和接收序号 R(S)。

发送方每发送 1 个 I 格式报文，其发送序号应加 1；接收方每接收到 1 个与其接收序号相等的 I 格式报文后，其接收序号也应加 1。

每次重新建立 TCP 连接后，主站（配电子站）和智能设备的接收序号和发送序号都应清零。因此，在双方开始数据传送后，每当接收方收到 1 个 I 格式报文，都应判断此 I 格式报文的发送序号是否等于自己的接收序号。若二者相等，说明报文传送正常，将自己的接收序号加 1。若此 I 格式报文的发送序号大于自己的接收序号，说明发送方发送的一些报文出现了丢失；若此I格式报文的发送序号小于自己的接收序号，则意味着发送方出现了重复传送。

7.5 IEC 61850标准

IEC 61850是国际电工技术委员会(IEC)和美国电科院(EPRI)、电气与电子工程师协会(IEEE)合作的成果，其目的是建立一个真正的全球性的标准，解决变电站自动化系统功能与通信的互联互通问题。IEC 61850第2版的内容已经扩展到变电站之外，作为电力系统自动化与智能设备的通信标准。

在配用自动化系统中，接入了大量的来自不同生产厂家的智能设备，采用传统的通信协议如IEC 60870-5-101/104，DNP 3.0等，难以做到互联互通与即插即用，安装调试和维护工作量大。遵循IEC 61850标准，使用统一的数据模型与信息交换模型，实现主站与智能终端以及不同智能设备之间的相互操作，是配用电自动化通信的发展方向。

7.5.1 主要技术内容

1. 面向对象的数据模型

传统的电力自动化通信协议，采用信息点表的方式组织数据，例如传输测量数据时，首先把测量数据转换为遥测、遥信等协议变量参数装入(映射到)协议数据包中；将数据包通过通信通道传输到主站，主站解开数据包取出测量数据并写入数据库中；然后，将测量数据以表格或图形的方式展示给用户。这些通信协议并没有对信息点表的构成做出统一的规定，在数据传输过程中，数据的来源以及与其他数据的关系若丢失了也不清楚，因此，需要有一个交叉映射关系表描述信息点表中数据的实际来源(例如描述某一个遥测数据是某变电站某个断路器的A相电流)。在系统安装调试时，需要根据交叉映射关系表人工配置现场电子智能设备(Intelligent Electronic Device，IED)与主站的信息点表，并且通过系统联调逐一核对所配置的信息点表是否正确。配电网自动化系统需要处理海量的测控信息，信息点表的配置与核对过程十分繁杂，工作量巨大，且很容易发生错误。

IEC 61850采用面向对象的数据模型解决上述问题，将需要交换的信息划分为不同的逻辑节点(Logical Node，LN)。逻辑节点是能够互相交换信息的最小功能实体，是变电站自动化应用功能中最基本的虚拟表示单元。每一个逻辑节点由代表特定应用功能的数据组成。按照定义好的通信服务方法，包含在逻辑节点中的数据能够同其他逻辑节点交换。用户可以比较容易地研究和浏览这些逻辑节点，提取出所需要的信息。

图7-18给出了一个叫XCBR的逻辑节点的例子。这个逻辑节点代表一个IED模型中的断路器对象。XCBR包含一个数据类Pos，表示断路器的位置。这个数据类被赋予不同的属性。例如，状态值stVal表示断路器的分合位置。这样，断路器的信息可以通过访问具体的逻辑节点XCBR获得。假设已知一个包含断路器的IED模型，数据类XCBR的实例叫做XCBR1，则访问XCBR1. Pos即可获得断路器所有的位置属性信息，而访问XCBR1. Pos. stVal就可以获得断路器的分合位置信息。

一组逻辑节点组合在一起，完成一个具体的应用功能，它们可能分布在变电站内若干个实际物理设备中。图7-19所示的保护功能为例，它包含三个逻辑节点(HMI，人机界面；

Pa,保护;XCBR,断路器)和一个独立的逻辑节点(TCTR,电流传感器),它们分布在断路器、电流互感器、保护装置三个具体的物理设备中。需要指出,在其他一些应用场合,这些逻辑节点有可能都集中在一个物理设备中。

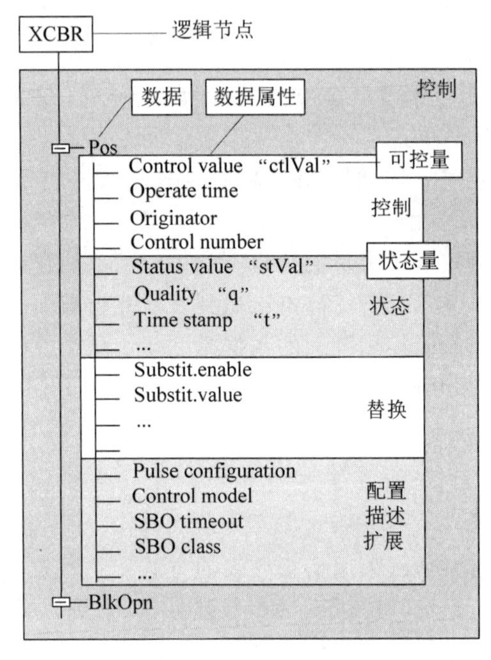

图 7-18 逻辑节点 XCBR 的数据和数据属性

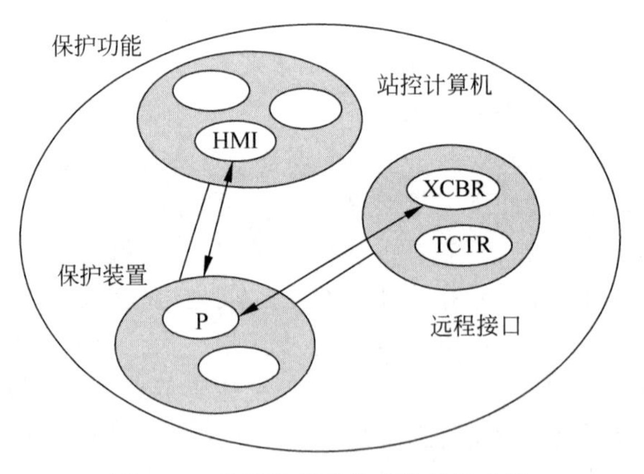

图 7-19 由逻辑节点构成的保护功能

一个物理设备可能包含多个逻辑节点。使用逻辑节点可以为一个具体的 IED(例如单元层保护装置)建模,这些 IED 与变电站内的其他物理设备相互作用,完成具体的功能。一些逻辑节点可以认为是代表变电站内物理设备(例如断路器或电流互感器)的逻辑对象。其他一些逻辑节点只完成一部分功能。以开关或断路器控制为例,控制逻辑节点和断路器逻辑节点相互作用完成断路器的操作。如此,一组逻辑节点可逐步地建立起描述单元层装置控制行为的模块。

2. 抽象通信服务接口

IEC 61850总结归纳出电力自动化必需的信息传输服务，设计出抽象通信服务接口ACSI(Abstract Communication Service Interface)，实现信息交换方法的标准化。

ACSI提供6种服务模型：连接服务模型、变量访问服务模型、数据传输服务模型、设备控制服务模型、文件传输服务模型和时钟同步服务模型。这些模型定义了不同的通信对象以及如何访问这些对象。这些定义由各种各样的请求、响应和服务过程组成。服务过程描述服务器如何响应某个具体服务请求，采样什么动作、在什么时候以及以什么样的方式响应。ASCI定义的服务、对象与参数通过特殊通信服务映射(Specific Communication Service Mapping,SCSM)绑定到底层的应用程序(协议)中，这使得ACSI定义的应用与实际的数据传输实现方法(通信协议)无关，因此，IEC 61850的应用可以适应各种网络，在底层网络以及采用的通信协议发生变化的情况下，只需要改变相应的特殊通信服务映射即可。

3. 面向设备的自描述与配置

IEC 61850提供的模型覆盖了变电站自动化领域几乎所有功能和数据对象，并提供了扩展机制。因而在传输数据时，通过附带数据自我描述信息的方法，实现信息的自描述，数据在传到主站系统后，可以直接通过软件解析获取其来源，简化了现场配置与安装调试工作，数据库维护的工作量大为减少。

因为IEC 61850建立了统一的模型体系和统一的ASCI接口，并且支持现场设备的直接访问，因此在设备配置发生变化的情况下，通过访问设备的描述文件可以很方便地得知配置改变情况。

4. 系统配置

因为IEC 61850建立了统一的模型体系和统一的ACSI接口，并且支持现场设备的直接访问，因而在设备配置发生变化的情况下，调度系统可以很方便地得知配置改变情况，并据此进行更改。

7.5.2 IEC 61850在配电网自动化中的应用

IEC 61850最初的目标是解决变电站通信与系统集成问题。2009年在制定第2版时将其扩展到变电站外，解决调度自动化与配电网自动化(包括低压配电物联网)的数据交换的标准化问题。本节介绍IEC 61850在配电网网自动化中的应用。

1. 配电网自动化信息模型

IEC 61850用于配电网自动化通信，一部分功能(如电压与电流测量、开关控制等)完全可以使用为变电站自动化系统定义的LN，而也有一部分功能如分布式电源监控、故障指示、FLISR(故障定位、隔离与恢复供电)等，需要扩展已有的LN或定义新的LN。

下面以配电网终端(故障指示器)的故障指示功能为例，介绍需要扩展或新定义的LN。

终端在检测到过电流现象后如果再检测到电压或电流消失，说明配电网发生了导致断路器跳闸的故障。给出故障指示，据此画出故障指示信息交互需求对LN的映射关系如图7-20所示，所需的LN的名称、功能及其是否为已有LN的情况如表7-2所示。

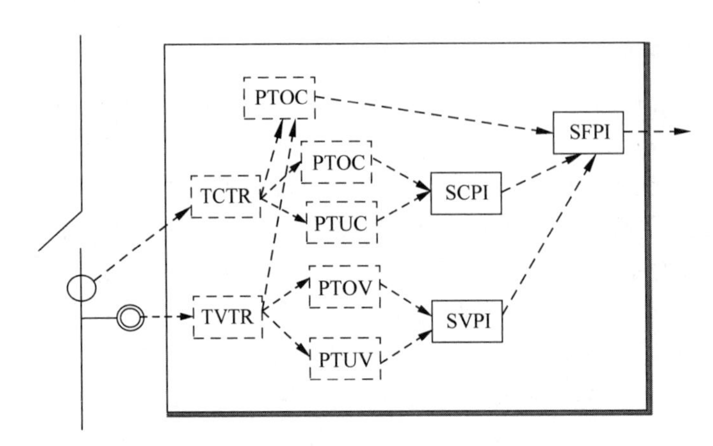

图 7-20 故障指示信息交互需求对 LN 的映射关系

表 7-2 故障指示功能信息交换所需的 LN

LN 名称	功　能	是否为已有的 LN
TCTR	电流互感器	是
TVTR	电压互感器	是
PTOC	过电流保护，在电流超过电流定值持续一段预定的时间后输出一脉冲动作信号	是
PTUC	零电流检测，在电流小于低电流定值持续一段预定的时间后输出一脉冲动作信号	是
PTOV	过电压保护，在电压超过过电压定值一段预定的时间后输出一脉冲动作信号	是
PTUV	欠电压保护，在电压小于欠电压定值持续一段时间预定的时间后输出一脉冲动作信号	是
SCPI	电流指示，用于判断故障是否已经被切除或已恢复供电	新定义
SVPI	电压指示，用于判断故障是否已经被切除或已恢复供电	新定义
SFPI	故障指示，根据 P 类 LN 与 SVPI 和(或)SCPI 判断是否有故障电流流过	新定义

2. 通信服务映射

IEC 61850 定义了六种 ACSI 通信服务模型，具体的模型信息需要通过 SCSM 绑定(映射)到具体的传输协议上，在 IED 与主站之间以及在 IED 之间交换。

目前变电站自动化系统中的通信服务主要采用 IEC 61850-8-1 定义的对 MMS(制造业报文规范)的映射。MMS 是一种为局域网定义的传输协议，不宜直接应用于配电网自动化这种广域通信系统。IEC 61400-25-4 提出了用于广域网中的 Web Services 映射方案，由于没有解决好信息安全问题，未得到业内的广泛认可。下面介绍几种用于配电网自动化的通信映射协议。

1) IEC 60870-5-101/104 的映射

IEC 61850-80-1 定义了公共数据类模型对 IEC 60870-5-101/104 的映射，可用于配电网 IED 远动数据的传输，具有简单、对硬件资源要求低、易于实施、传输效率高的优点，但只是实现了远动数据的映射，不支持对象模型描述数据的传输，难以实现即插即用。

2) XMPP 映射

IEC 61850-8-2 定义了对 XMPP 的映射。XMPP 是一种基于 XML(可扩展标记语言)的开源网络即时通信协议，常用的社交通信工具 QQ、微信就使用了该协议。XMPP 定义了服务器(Server)、客户端(Client)、网关(Gateway)3 个角色。服务器承担了客户端信息记录、连接管理与信息路由的功能。客户端与服务器连接,能够充分利用由服务器提供的应用功能。网关承担着与异构即时通信系统的互联互通功能,如 SMS(短信)等,完成不同系统之间的消息转换。它是一种特殊服务器,主要功能是将 XMPP 翻译成外部消息系统所使用的协议,也可将返回的数据翻译回 XMPP。

IEC 61850-8-2 给出的采用 XMPP 映射的 IEC 61850 通信系统架构如图 7-21 所示。它首先将 IEC 61850-7-2 定义的数据模型与通信服务依据 ISO 9506-1 与 ISO 9506-2 映射为 MMS 格式的消息,这一部分内容实际上与 IEC 61850-8-1 的定义是一样的。MMS 消息和依据 IEC 62351-4 形成的端对端安全加密信息组合,形成应用层协议消息。将应用层消息按照 ITUX. 693(XER)编码形成用 XML 表示的 IEC 61850-8-2 的协议数据单元(PDU)。PDU 附加上会话层的关联信息后,送入 XMPP 传输层。采用简单授权与安全层(SASL)协议和传输层安全(TLS)协议来保证信息传输的安全。

<table>
<tr><td>IEC 61850-7-3
公共数据类</td><td>IEC 61850-7-4
逻辑节点类</td></tr>
<tr><td colspan="2">IEC 61850-7-2 抽象通信服务接口(ACSI)</td></tr>
<tr><td colspan="2">MMS消息</td></tr>
<tr><td colspan="2">安全加密消息</td></tr>
<tr><td colspan="2">XML 消息</td></tr>
<tr><td colspan="2">会话层关联信息</td></tr>
<tr><td colspan="2">XMPP</td></tr>
<tr><td colspan="2">传输层安全协议(SASL/TLS)</td></tr>
<tr><td colspan="2">TCP</td></tr>
<tr><td colspan="2">IP</td></tr>
<tr><td colspan="2">链路层</td></tr>
<tr><td colspan="2">物理层</td></tr>
</table>

图 7-21 IEC 61850 模型映射到 XMPP 的结构

配电网中应用 XMPP 映射,需要单独架设 XMPP Server,如图 7-22 所示,其中主站和 IED 都属于 XMPP Client。因此,在 XMPP 通信系统中,IED 与主站之间以及 IED 之间的通信信息,都要经过 XMPP Server 转发。

由于端对端的通信需要通过 XMPP Server 的转发,因此 XMPP 通信速度较慢,不宜用于快速报文的传输。

3) MQTT 映射

MQTT 协议是为大量计算能力有限,且工作在低带宽、不可靠的网络的远程传感器和控制设备通信而设计的协议,特别适合于配电网自动化终端与主站之间的通信。

MQTT 协议是一种基于发布/订阅(Publish/Subscribe)模式的通信协议,在通信过程中,MQTT 协议中有三种身份:发布者(Publish)、代理(Broker)(服务器)、订阅者(Subscribe)。其中,消息的发布者和订阅者都是客户端,消息代理是服务器,消息发布者可以同时是订阅者。MQTT 传输的消息分为主题(Topic)和负载(payload)两部分。

IEC 61850 映射到 MQTT 时,在应用层将 IEC 61850 定义的分层模型和抽象通信服务

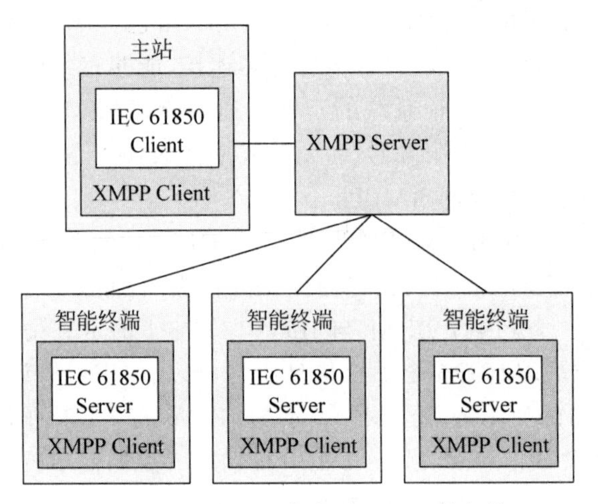

图 7-22 配电网通信应用 XMPP 的架构

和接口服务映射为 MQTT 协议的数据对象和服务(同 IEC 61850-8-1MMS 映射的定义);在表示层采用 JSON 数据格式进行编码,形成基于 JSON 的数据单元;在会话层管理通信实体,建立关联 ID 附加于 SPDU 中;然后进入传输层,MQTT 则根据服务类型的不同将消息封装到对应的 Topic 进行传输,并在应用层对通信双方进行身份验证,在会话层采用 SASL/SSL 加密规则对通信进行加密。映射过程如图 7-23 所示。

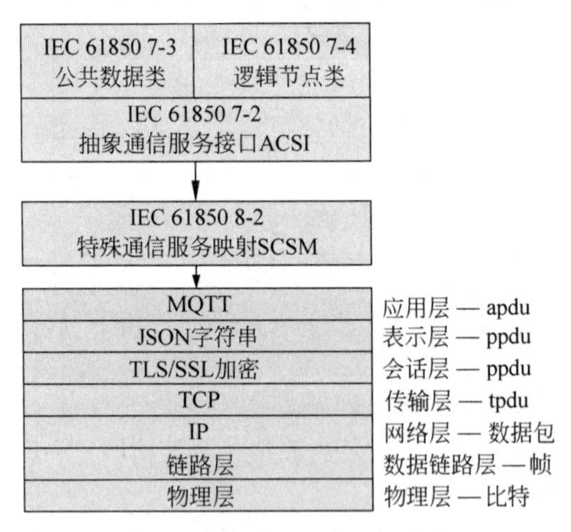

图 7-23 IEC 61850 对 MQTT 的映射

在 IEC 61850 已有的映射方案中,映射到 MMS 采用 ASN. 1 的基本编码规则(Basic Encoding Rules,BER),映射到 XMPP 协议采用 XML 编码规则(XML Encoding Rules,XER)。相比于 BER 和 XER 编码规则,JSON 数据格式简单、易于读写和解析、传输使用流量少,更适合配电物联网的应用环境。因此,映射到 MQTT 协议采用 JSON 的编码方式更合适。

MQTT 映射只是一些厂家在自己开发的产品中使用,还没有形成标准。

4) CoAP 映射

CoAP(Constrained Application Protocol)是一种在物联网世界的类 Web 协议,它的详细规范定义在 RFC 7252。CoAP 名字翻译来就是“受限应用协议”,顾名思义,使用在资源受限的物联网设备上。CoAP 映射特别使用于低压配电物联网中终端与融合终端之间的通信。

CoAP 是一种点对点协议,用于在客户端与服务器之间传输状态信息。遵循客户端/服务器模型,客户端向服务器请求,服务器回送响应。采用分块传输方法传输大量数据 CoAP 通过扩展协议方式也简单地实现了订阅与发布模型 CoAP 使用 DTLS 来做安全传输层,该层运行于 UDP 协议之上。

CoAP 映射中直接使用 ACSI 的对象和服务,包括对象名称、服务名称、服务参数、数据对象和数据属性。

CoAP 映射也是只在一些厂家在自己开发的产品中使用,还没有形成标准。

7.6 实际案例

7.6.1 城市小区配电网载波通信案例

东部某沿海城市小区配电网监控系统采用了电缆载波通信技术,通信系统的结构如图 7-24 所示。在变电站放置载波主站,每条出线电缆安装 1 个耦合设备,多个耦合设备接到 1 个配电网络上,然后,再接到主站载波机上;载波从站布置在监控站点,每个站点安装 1 台耦合设备和从站载波机。采用一点对多点的组网通信方式,通信协议采用轮询方式。

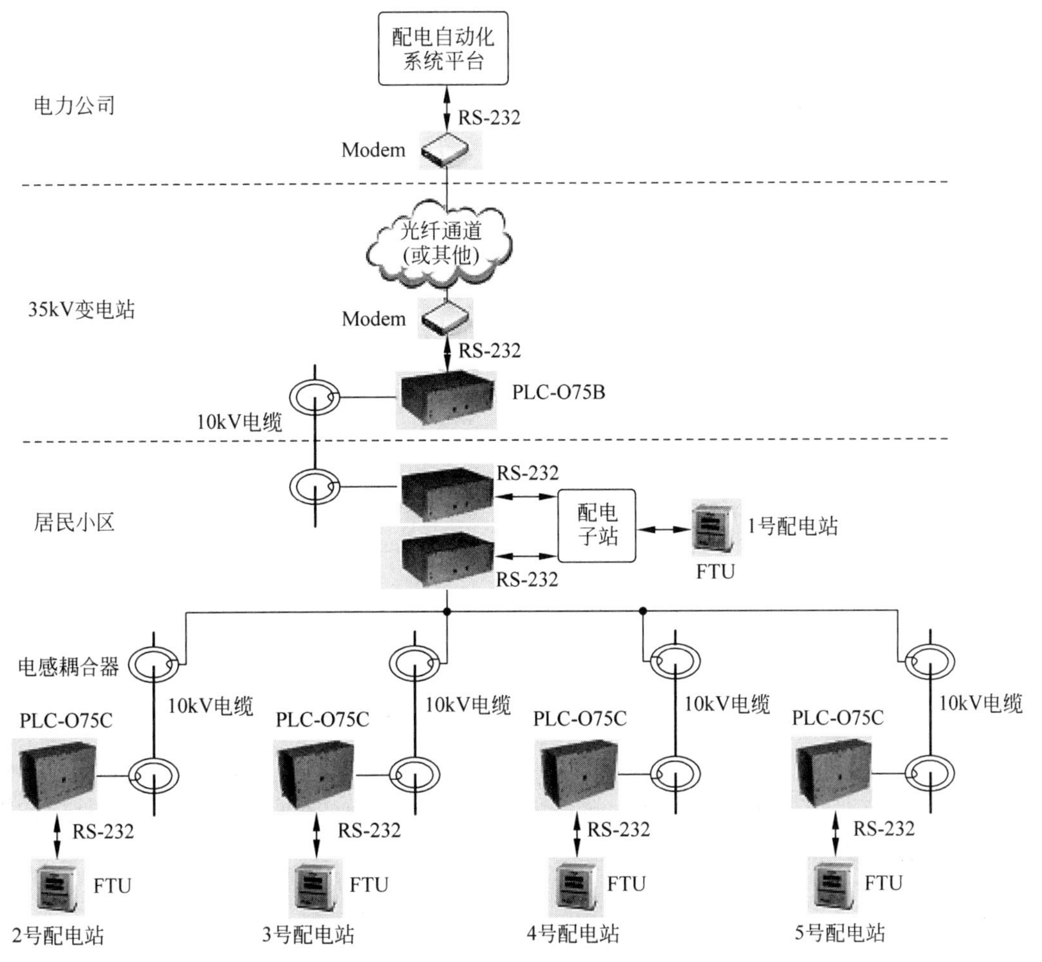

图 7-24 某城市居民小区载波通信方案

7.6.2 基于5G技术的配电网差动保护

配电网应用分布式差动保护可以克服分布式电源的相关影响，实现故障区间的快速定位与隔离，但差动保护对保护装置之间能实时快速通信要求较高，之前只有光纤能够满足，以往差动保护采用光纤通信敷设不仅成本高、难度大，还具有一定限制性，无法精准运用差动保护技术，线路故障隔离存在盲点，且无法满足日益增多的接入需求。

第五代移动通信技术(5th Generation Mobile Communication Technology，5G)相比于4G在速率、时延和可靠性等方面都有较为明显的提升。5G通信具有高速率、低时延、高可靠性和无线通信的优点。5G的带宽最低可以达到百兆赫兹，其接入容量可达每平方千米100万台设备。此外，5G通信应用网络切片技术，可以实现差动保护业务与其他类型业务在逻辑上隔离，在提供高可靠、低时延通信通道的同时，也为差动保护数据的传输提供了高安全性。

5G通信的性能特点与配网差动保护对通道的需求非常契合，有能力代替光纤成为差动保护新的通信通道，其同步授时能力也可以用来解决差动保护两端电流数据的同步问题。如图7-25所示5G与差动保护相结合，为配电网应用和推广电流差动保护提供了新的解决方案。5G差动保护试点运行后，5G通道代替光纤通道，基于5G边缘计算关键技术，可构建配网两端或多端的横向网络和终端到主站的纵向网络，5G基站授时实现时间同步，可将数据下沉至智能保护设备，进行实时处理和故障隔离，降低时延，解决新能源并网消纳难题，最大限度保障用户用电需求。

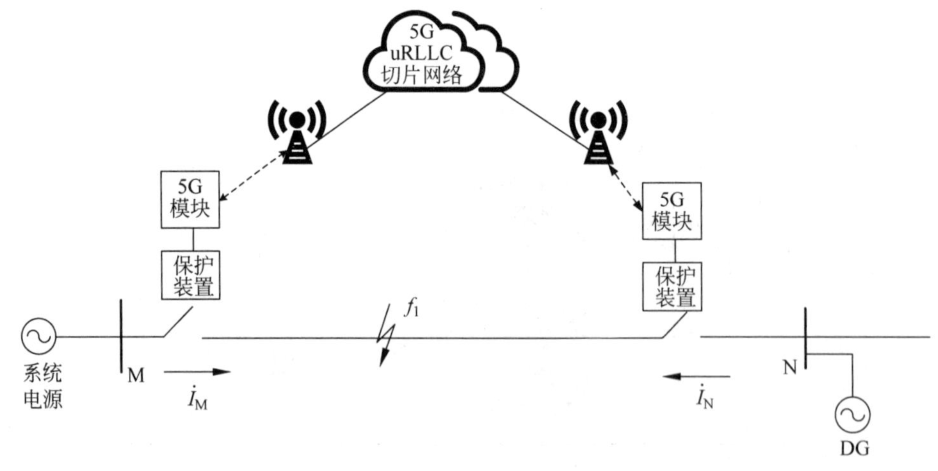

图7-25 基于5G技术的配电网差动保护示意图

2020年1月9日，南方电网联合中国移动在深圳完成首条5G SA网络差动保护配网线路测试应用。通过搭建真实复杂的实际网络环境，实现配网差动保护业务跨基站承载，同时利用网络切片保证电网业务与非电网业务安全隔离，验证5G满足电网控制类业务毫秒级低时延和微秒级高精度网络授时需求。

思考题与习题

(1) 谈谈光纤专线通道和光纤以太网的区别及应用场合。

(2) 低压载波通信系统的主要构成及应用。

(3) 5G 通信的特征及应用。

第8章

>>>>>>>>>>>

配电物联网

本章介绍物联网、配电物联网的基本概念及关键技术，通过电动汽车充换电运营管理系统和配电网断线故障识别与定位系统两个配电物联网的典型应用案例，方便读者更好地理解这方面的知识。

8.1 配电物联网的基本概念

8.1.1 物联网及其体系架构

物联网(The Internet of Things)的概念是由麻省理工学院 Auto-ID 研究中心(Auto-ID Labs)于 1999 年提出的，其最初的含义是指把所有物品通过射频识别等信息传感设备与互联网连接起来，实现智能化识别和管理。到了 2005 年，国际电信联盟(ITU)发布了一份题为 The Internet of Things 的年度报告，对物联网概念进行了扩展，提出了任何时刻、任何地点、任务物体之间互联(Any Time、Any Place、Any Things Connection)，无所不在的网络(Ubiquitous Networks)和无处不在的计算(Ubiquitous Computing)的发展远景，除 RFID 技术外，传感器技术、纳米技术、智能终端(Smart Things)等技术将得到更加广泛的应用。

物联网的体系结构一般分为感知层、网络层、应用层，如图 8-1 所示。具体是：

感知层：感知层的主要功能是识别物体和采集信息，与人体结构中皮肤和五官的作用类似。通过运用智能传感器技术、身份识别以及其他信息采集技术，对物品进行基础信息采集，同时接收上层网络送来的控制信息，完成相应执行动作。感知层分为数据采集与执行、短距离无线通信两个部分。

网络层：网络层是物联网的神经系统，主要进行信息的传递，包括接入网和核心网，网络层借助与已有的广域网络通信系统，把感知层感知到的信息快速、可靠、安全地传送到各个地方，使物品能够进行远距离、大范围的通信。

应用层：应用层实现物联网的信息处理和应用。应用面向各类应用，实现信息的存储、数据的挖掘、应用的决策等，设计海量信息的智能处理、分布式计算、中间件、信息等多种技术。感知层和网络层将物品的信息大范围地收集起来，汇总在应用层进行统一分析、决策，用于支撑行业、跨应用、跨系统之间的 信息协同、共享、互通，提高信息的综合利用度。

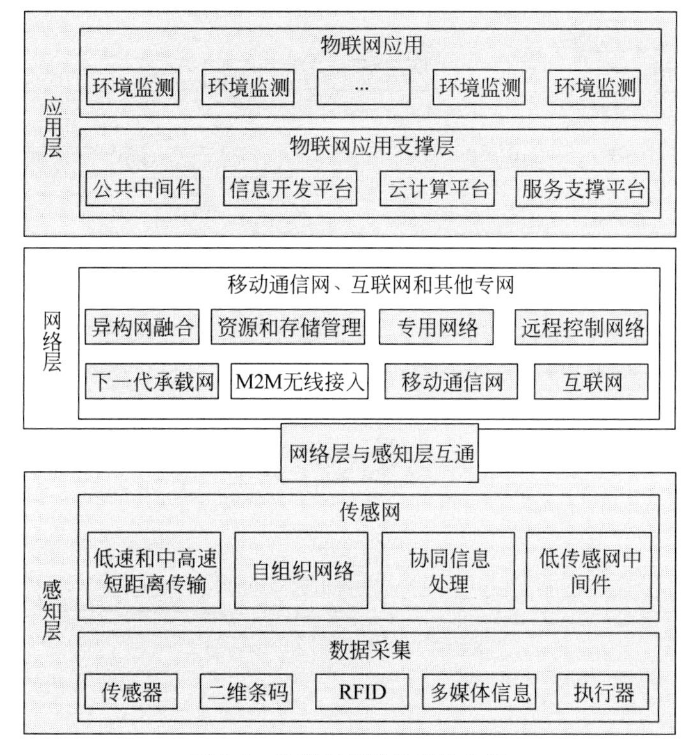

图 8-1 物联网标准体系结构图

8.1.2 电力物联网

电力物联网是指通过在电力系统中部署感知设备、智能终端和通信装置等，形成感知网络，实现有效的信息感知、获取和处理，经由无线或有线网络进行可靠信息传输，并对感知和获取的信息进行智能处理，实现针对性决策或精准控制的交互性网络。电力物联网在智能电网发电、输电、变电、配电、用电、调度等各个环节均有广泛应用。

智能电网的实现，首先依赖于电网各个环节重要运行参数的在线监测和实时信息掌控。电力物联网技术可有效整合电力系统基础设施资源和通信设施资源，促进先进信息通信系统服务于电力系统的运行，提高电网信息化水平和现有电力系统基础设施的利用效率，在电网建设、电网运行、生产管理、运行维护、信息采集、安全监控、计量及用户交互等方面发挥巨大作用，可以全方位提高智能电网各个环节的信息感知深度和广度，为实现电力系统的智能化以及信息流、业务流、电力流提供可靠支持。

与物联网架构类似，电力物联网由感知层、网络层和应用层组成，如图 8-2 所示。感知层部署在电力系统底层，实现对电力系统感知对象的智能感知识别、信息采集处理和自动控制，并通过电力专网（包括电力无线专网）、公网等通信系统组成延伸网络，完成电力系统物理空间到网络层和应用层链接。网络层主要是信息传递、路由和控制，包括接入网和核心网，网络层可依托公众电信网和互联网，也可以依托行业的专用通信网络。应用层为物联网应用提供信息处理、计算等通用基础服务设施、能力及资源调用接口。

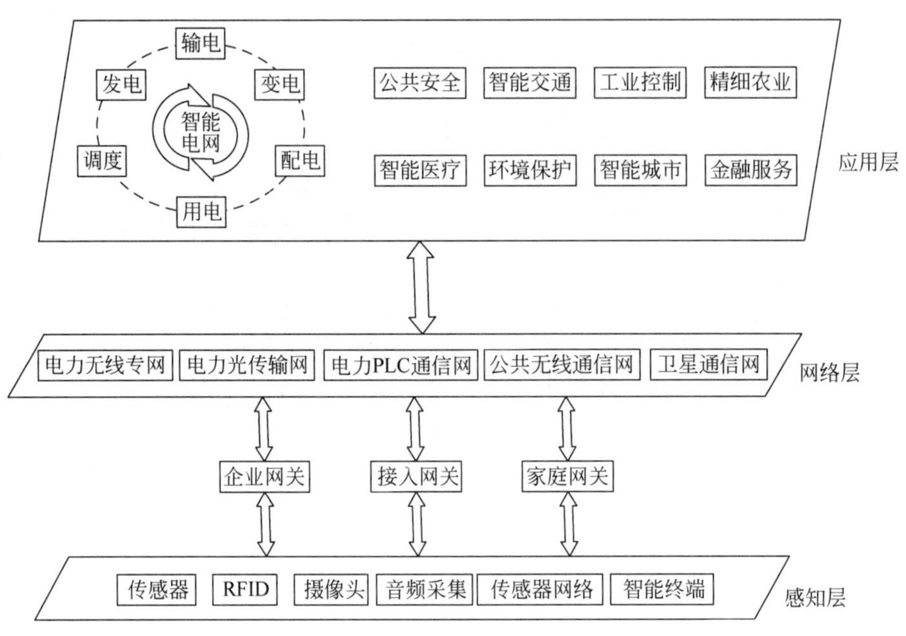

图 8-2 电力物联网三层架构

8.1.3 配电物联网

配电物联网是配电技术与物联网技术深度融合产生的一种新型配电网络形态。通过对配电网中低压设备的全域识别及设备间广泛互联，实现配电网的全面感知、数据融合和智能应用，进而推动配电侧能源流、业务流、数据流的“三流合一”，如图 8-3 所示。

配电物联网的体系结构一般分为感知层、网络层、平台层、应用层，具体是：

感知层主要实现对配电设备工作状态、线路运行数据的监测等，主要依托传感设备来采集信息，是物联网技术中重要的一环，为物联网各种功能实现提供数据基础。感知层面的关键技术主要包括传感技术、智能监测终端等。与配电网故障判断关系最为紧密的是电气运行数据采集类的监测设备，其数据处理能力是感知层面能否发挥良好信息采集功能的关键。

网络层是信息传输的通道，将感知层与平台层之间联系起来，具有多种传输形式，例如有线网/无线网、以太网以及专用网络等。网络层的关键技术包括光通信技术、无线通信技术以及电力载波通信技术等，将在配电物联网的技术发展中起到关键作用。

平台层从采集终端获得电气运行数据，结合云计算、人工智能、大数据分析应用等实现数据的分析处理、故障的识别与保护等。对各智能终端数据以及物联网网络进行管理，为应用实现提供基础。如何在保证效果的同时更大幅度地提高配电网运行问题的处理效率以及如何将各个终端数据在安全的前提下与各业务应用之间实现共享是关键所在。

应用层则将智能终端采集到的数据进行处理，开发实现特定功能。由已获得的数据，对数据信息进行分析处理以及深度挖掘，结合特定领域，解决行业问题。配电领域需要视物联网技术为基础，将物联网优势与配电网的特点有机结合起来，使物联网技术服务于配电网的智能化建设。应用层具体表现在服务和显示上，如将配电网运行数据转换为直观图像对用

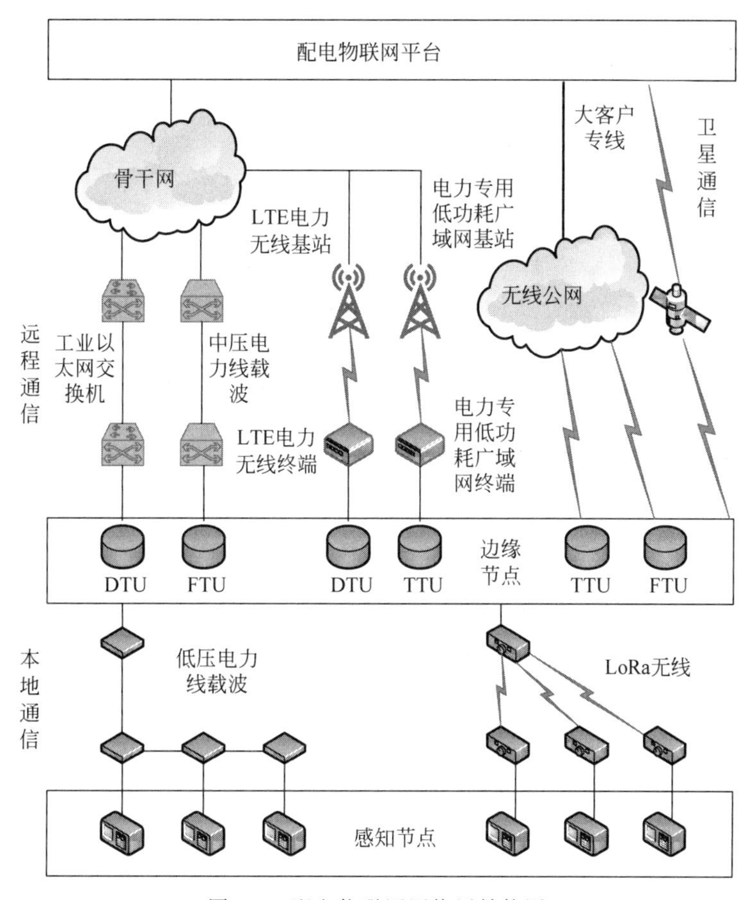

图 8-3　配电物联网网络层结构图

户进行显示等，因此一些可视化技术，将显得尤为重要。

配电物联网实现配电网运行、状态及管理全过程的全景全息感知、互联互通及数据智能应用，支撑配电网的数字化运维，概括起来配电物联网需具备设备广泛互联、状态全面感知、应用灵活迭代、决策快速智能和运维便捷高效的特征：

(1) 设备广泛互联。实现配电网设备的全面互联、互通、互操作，打造多种业务融合的安全、标准、先进、可靠的生态系统。

(2) 状态全面感知。对配电设备管理及用电环节的全面智能识别，在信息采集、汇聚处理基础上实现状态全过程、资产全寿命、客户全方位感知。

(3) 应用灵活迭代。以软件定义的方式在终端及主站实现服务的快速灵活部署，满足形态多样的配电网业务融合和快速变化的服务要求。

(4) 决策快速智能。综合运用高性能计算、人工智能、分布式数据库等技术，进行数据存储、数据挖掘、智能分析，支撑应用服务、信息呈现等配电业务功能。

(5) 运维便捷高效。基于统一的信息模型和信息交换模型实现海量配电终端设备的即插即用免维护。

8.2 配电物联网的关键技术

随着电力生产运营管理对象的日益庞大和业务系统的全面建设，应用于各环节的传感器、采集装置、智能终端等感知装置已具备一定规模；电力光纤骨干网已经形成，配用电侧GPRS/3G、4G、载波等信息网络初步建立；以集中式数据中心为核心的业务应用系统逐步完善，可视化技术、数据挖掘等信息化支撑技术逐步深入应用；现有的业务系统如配电自动化系统、用电信息采集系统和电动汽车运营管理等已具备物联网特征。最终形成覆盖配电、用电、调度及经营管理各环节的信息模型统一、通信规约统一、数据服务统一和应用服务统一的全景全息配电物联网。具体在感知层、网络层和应用层的关键技术介绍如下：

8.2.1 感知层关键技术

感知层利用各种传感识别设备实现信息的识别、采集和汇聚。配电物联网感知层关键技术主要有：

(1) 面向配电网的资产编码、统一标识体系及标识转换体系；

(2) 应用于配电设备全寿命周期管理和移动作业的 RFID 技术等；

(3) 分布式、智能化、多参量、现场无源的新型光纤传感和无线传感技术；

(4) 支撑北斗/GPS 等多模兼容和 3G/4G/WiFi/UWB 等多种无线通信方式的无盲区、高精度、低成本定位、导航、跟踪和同步技术；

(5) 传感器与配电一次设备的集成技术；

(6) 适用于恶劣环境条件下的抗干扰、高效微能源和能量获取技术。

8.2.2 网络层关键技术

网络层主要负责感知层信息的传输和承载。配电物联网网络层关键技术主要有：

(1) 面向状态监测、高级量测、配电网与用户交互的工业无线、微功率无线、个域无线电等短距离无线自组网技术；

(2) 适应智能配电网网架结构，支撑海量分散终端通信、上下行带宽非对称配比的电力无线宽带技术和光纤无线融合通信技术；

(3) 无线局域网、移动通信网、互联网、集群专网等异频异构网络柔性组网技术；

(4) 配电物联网网关互联互通、协议适配、数据融合技术。

8.2.3 应用层关键技术

应用层主要实现数据的接收、存储、智能处理以及提供高级应用功能。配电物联网应用层关键技术主要有：

(1) 海量信息网络/虚拟存储、混杂场景下数据分类机制、分布式文件系统、实时数据库技术；

(2) 基于大规模并行计算和图像处理技术的多维度图像视频智能分析技术，可视化数据表达、三维场景与视频图像的无缝融合与智能识别技术；

(3) 基于数据挖掘和智能决策，面向对象、面向业务的高级数据耦合和分层析取技术；

(4) 隐私保护、节点的轻量级认证、访问控制、密钥管理、安全路由、入侵监测与容侵容错等安全技术；

(5) 网关安全接口及标准化、安全加密模块的组件化技术；

(6) 配电物联网安全等级保护和安全测评技术；

(7) 基于智能视频的智能巡检技术；

(8) 配电电力物联网测试评估与仿真技术。

8.3 配电物联网的典型应用

8.3.1 电动汽车充换电运营管理系统

利用物联网先进传感、全球定位、射频识别、通信等技术，可以实现电动汽车及充换电设施运行状态感知与综合监测分析，有助于实现电动汽车运行管理系统的智能化、互动化，保证电动汽车、电池及充换电设施稳定、经济、高效的运行。基于配电物联网的电动汽车运营管理系统可实现对电动汽车、电池、充换电设施的实时监测、一体化集中管控和资源优化配置。

电动汽车充换电设施及运营管理系统体系架构借鉴物联网，提出感知层、传输层、应用层分层网络架构，其示意图如图 8-4 所示。

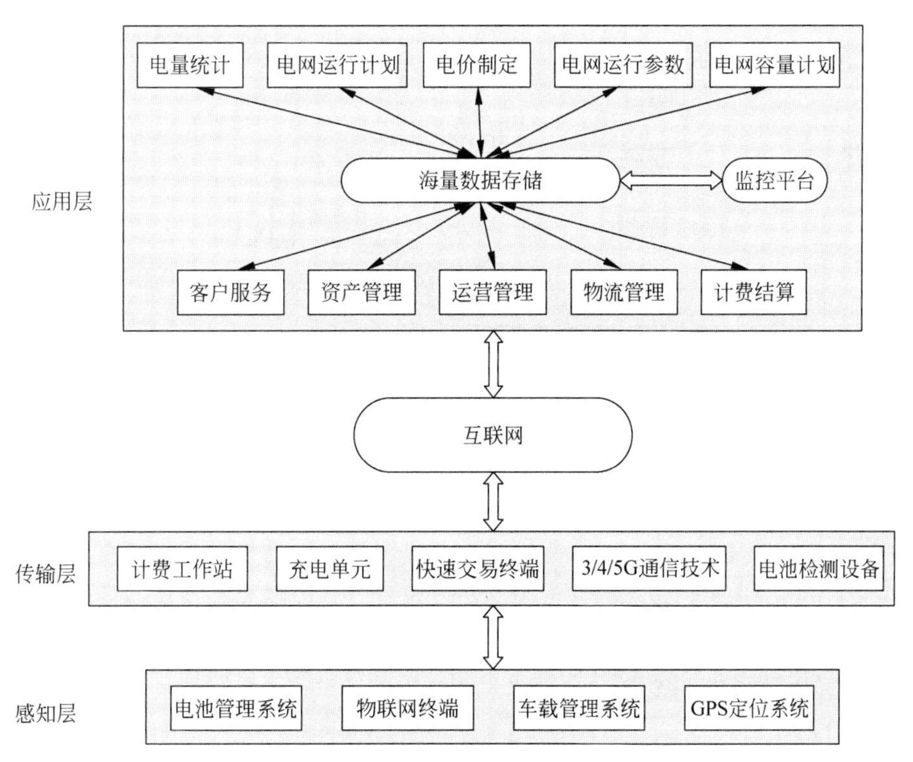

图 8-4 电动汽车充换电设施及运营管理系统架构示意图

1. 感知层

包括动力电池电子标签、电动汽车电子标签等传感器。

在动力电池箱装设由物联网电子标签，该电子标签可标识该组电池的物理及电气特性，且编码唯一，实现充换电服务网络中的动力电池实时在线监测、全生命周期管理等高级应用。同时，在换电设备上安装电子标签识别设备、通过该设备读取动力电池的身份编码，可实现动力电池的性能监测、巡视维护等高级应用。

在电动汽车上装设可唯一标识其身份编码的电子标签，可表示该辆汽车的基本特性，实现充换电服务网络的车辆在线监测功能。在充换电工位安装车辆物联网标签设备，用于对车辆标签编码的编写及读取，与监控系统配合，可以完成车辆的进展导引、换点过程等全方位全过程监视。

2. 传输层

通过配置智能就地单元，一方面与监控系统通过 TCP/IP 协议通信；另一方面与物联网设备通过 TCP/IP 协议通信，也可以通过无线通信技术与主站进行联系。

3. 应用层

配置有数据库服务器和应用服务器，实现电动汽车充换电设施的充换电和运营管理。

8.3.2 配电网断线故障识别与定位系统

基于配电物联网技术的断线故障识别保护系统如图 8-5 所示。

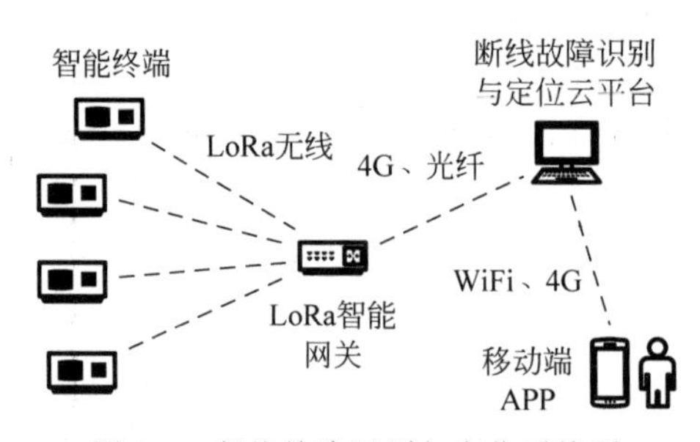

图 8-5 断线故障识别与定位系统图

系统主要包括智能终端(IED)、LoRa 智能网关、断线故障识别与定位云平台以及移动端 App。利用 IED 实现对判据所需电气数据的高精度采集，各 IED 依靠 LoRa 无线通信技术组成区域无线自组网络，LoRa 智能网关处理 IED 上送的数据并同云平台进行信息交互，同时故障判据可以集成到报警系统中，实现断线故障的快速识别定位、实时报警。

低压配电线路分支众多且支线较长时，如图 8-6 所示，将配电台区分成 3 段，依次是变压器低压侧出线到支路开关进线段、支路开关出线到户用电表进线段以及户用电表出线到家庭用电负荷段，其中后两段为断线故障的高发位置。首先需要在变压器低压侧出线处安装 IED，当主干线较长时，可在线路中段增设一台。若分支线路较长则需在支路出线处安装 IED，最后在户用电表处安装一台，能够基本实现配电线路的全段防护。

1. 配电物联

(1) 系统感知层设备。在该基于物联网技术的断线故障识别与定位系统中，核心的感知层设备即为采集线路运行数据的 IED。分布在低压配电网各处线路的 IED，实现对线路首端以及各分支线路节点等多个关键位置负序电流、零序电流、相电流以及线路电压等电气运行数据的同步采集。通过内置 LoRa 无线通讯模块接入无线自组网络，各级 IED 可实现

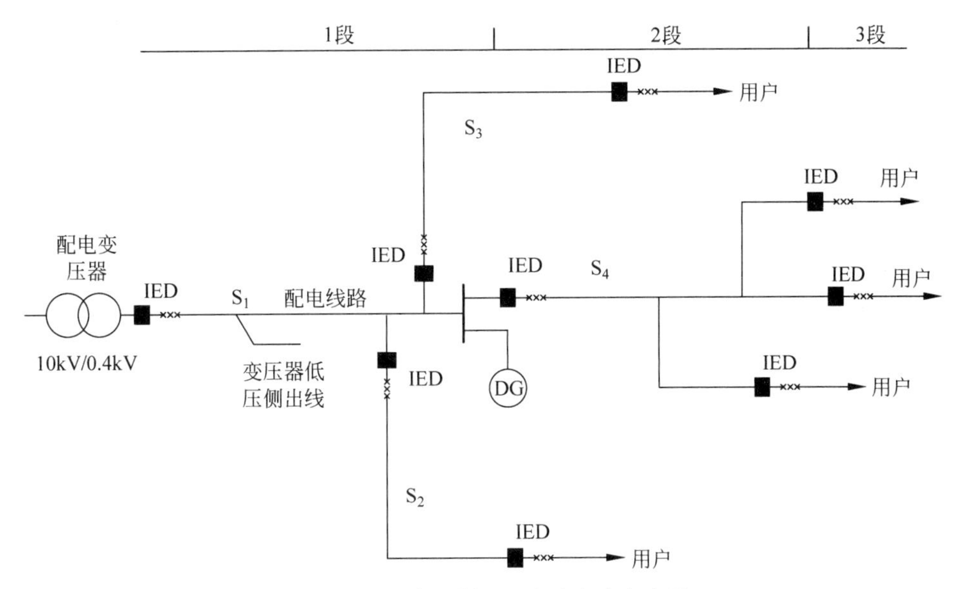

图 8-6　配电台区低压三段式布点方案图

低延时无线通信功能，采集的信息经无线自组网络上传到 LoRa 智能网关，为后续功能的实现提供数据基础。

IED 作为可控元件，可以集成故障保护功能，在断线故障确认并且准确定位的情况下，接收主站或平台发出的跳闸指令，执行保护动作，以实现断线故障区段的隔离。

(2) 系统网络层设备。该系统的网络层主要以 LoRa 智能网关作为中继节点，应用 LoRaWAN 协议标准，将 IED 组成的局域无线自组网络与公共网络进行有效连接，组成广域网络 LPWAN。LoRa 智能网关汇集处理各 IED 上送的运行监控数据，并通过 4G 或者光纤等方式和平台进行数据交互。

在实际的应用中，LoRa 网关能够实现和各种网络终端设备的路由握手功能。当智能终端与 LoRa 网关的距离较远时，还可以通过 LoRa 补盲模块来进行扩展，保证更大面积的信息传输。

(3) 云平台及应用。断线故障识别与定位云平台主要包括通信单元、数据处理、实时监控以及智能报警等功能模块。通信单元能够获取源数据，同时能够向各功能模块传递数据。数据处理模块能够识别 LoRa 智能网关上传的故障信号，或者通过集成断线故障判据和区段定位方法，自主进行断线故障的识别与定位，并发出指令使相应的 IED 动作，实现断线故障的隔离保护。所得数据、结果可以及时传递到监控和智能报警模块，实时监控和报警模块能够将获取的数据进行可视化展示并发出报警信息。

在此基础之上，进一步开发移动端 App 软件，安装软件的移动终端能够通过互联网接入云平台，实现线路状态的实时监测，同时能够实时接收云平台发送的断线警报信息，便于工程技术人员及时处理响应。

2. 网络拓扑与故障识别

1) 配电网络拓扑识别

智能 LoRa 网关除了充当网络层的信息中继节点之外，还发挥主站作用。在智能 LoRa

网关的控制下，节点处的IED向系统注入识别信号，信号经配电线路逆向流入配电变压器。如图8-7所示，位于末端的终端I_8向系统注入检测信号，信号流经I_8、I_4、I_2、I_1最终流入配电变压器，在此过程中信号路径上的IED识别到检测信号时，将信息上传至智能LoRa网关，智能LoRa网关根据上传的信息，模拟出注入信号的流经路径。

配电台区所有位于末端的终端重复上述过程，最终识别出终端节点的网络拓扑结构如图8-8所示。

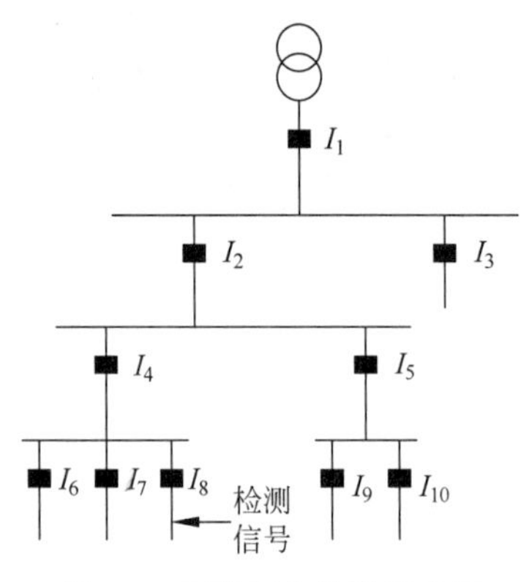

图8-7 网络拓扑识别示意图

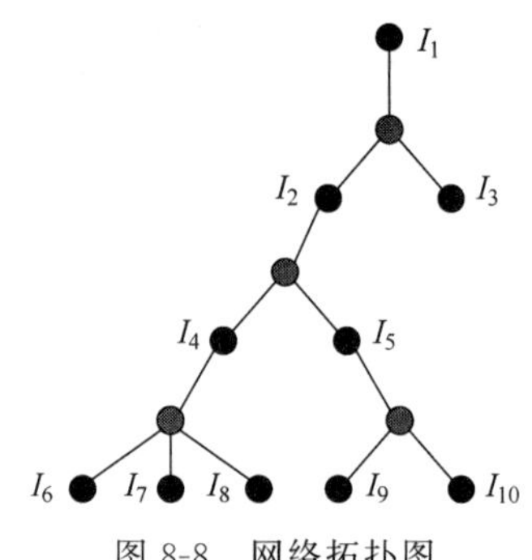

图8-8 网络拓扑图

在实现低压有源配电网断线故障识别与定位的过程中，为了方便信息处理，需要依据配电网的网络拓扑图对其节点以及线路区段进行编号。节点与线路区段编号方法如下所述：

（1）设定由系统侧电源指向负荷侧的潮流方向为正方向，由负荷指向系统侧电源的方向则为反方向。

（2）系统电源首端IED节点编号为1，其下游各节点编号顺着正方向依次递增。主干线节点和分支线节点的编号顺序无特别要求，只需保证对于同一条路径来说，沿着正方向编号值增大。

（3）配电线路各区段无需进行单独编号，可以与其上游终端节点编号保持一致。

（4）分布式电源接入低压配电网后，其支路首端节点同样需要编号。

2）故障识别与定位工作流程

利用物联网技术实现断线故障识别与定位属于主站集中式的方式，能够对台区内的数据信息进行联合处理，有利于台区全局信息的综合分析。LoRa智能网关发挥主站作用，各IED将采集的运行数据传送到LoRa智能网关，并由智能LoRa网关对各IED上送的信息进行分析运算，判断断线故障发生的区域。以下是单相断线故障的识别与定位工作流程。

LoRa智能网关汇集处理各IED上送的运行监控数据。当发现某一终端监测负序、零序电流大于整定值时，启动断线故障判据，其基本工作流程如图8-9所示。

流程中判断是否满足电压验证判据时，需要对线路电压整定值U_ε进行调整。基于低压有源配电网的拓扑信息，依据故障位置下游分布式电源的接入情况对U_ε进行自适应整定，如无分布式电源接入时将U_ε设定为接近于0的定值，有分布式电源接入时则对接入点的电压进行迭代计算，并给出自适应的整定值。

如对图8-6所示配电系统发生断线故障进行识别与定位，首先利用物联网技术进行网络拓扑识别，并对每一个终端节点进行编号，结果如图8-10所示图中，数字1～9表示终端节点；$n_1 \sim n_3$ 表示线路节点；D_1 表示分布式电源。

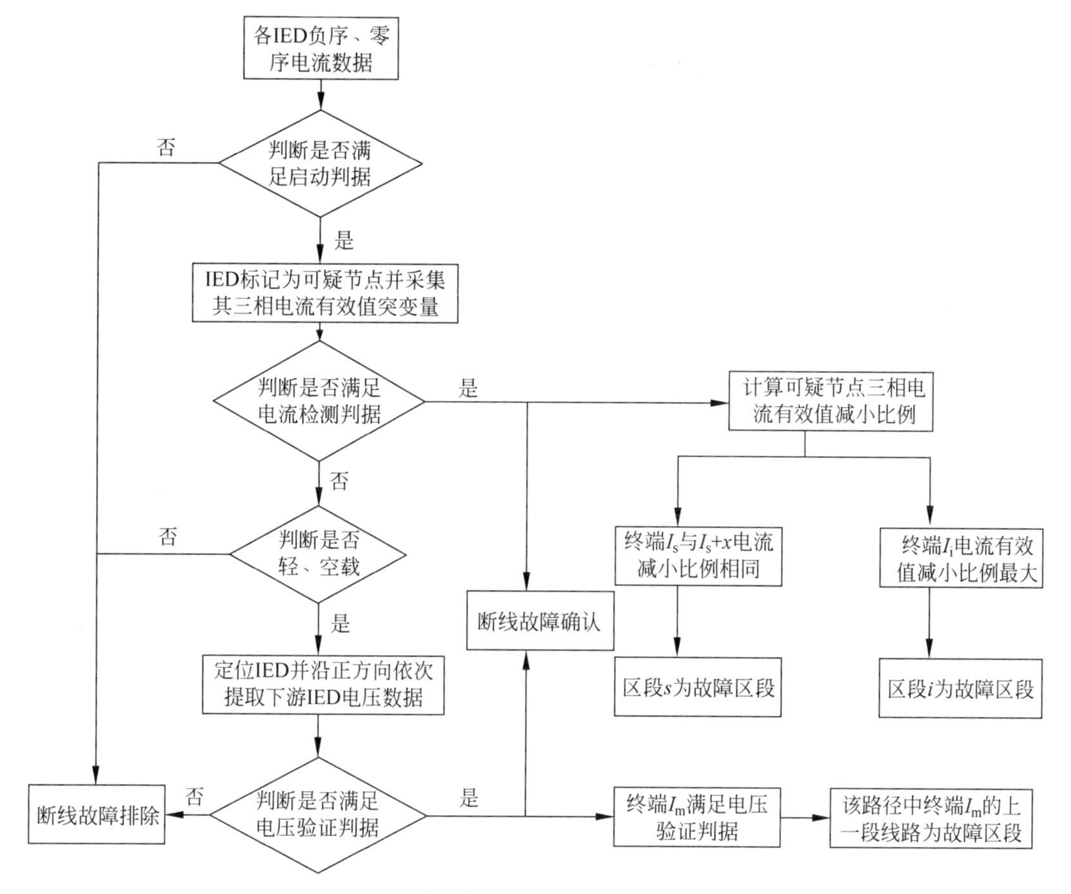

图 8-9 单相断线故障识别与定位流程图

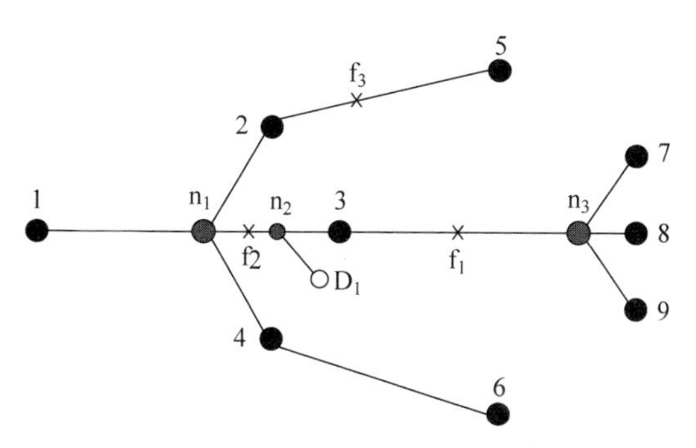

图 8-10 含分布式电源网络拓扑示意图

主干线路 f_1 处发生断线故障，整条主干线以及故障点下游的支路电流都将具有故障特征，节点 1、3、7、8、9 被标记为可疑节点，在节点线路相电流判断过程中，LoRa 智能网关计算出节点 3 和节点 6、7、8 电流减小比例最大，则最上游节点 3 线路为故障区段，即编号最小的节点线路为故障区段。若节点线路处于轻空载状态，由可疑节点 1，沿正方向依次遍历下游终端 3、7、8、9 终端电压数据，节点 7、8、9 均满足验证判据，则三者路径的上一级线路 3 为故障区段。

分支线路 f_3 处发生断线故障,整条故障支路和故障支路上游主干线路中具有故障特征,节点 1、2、5 被标记为可疑节点,其中节点 2 和节点 5 电流减小比例最大,编号小的节点 2 线路为故障区段。节点线路轻空载的情况下,由节点 1 沿正向依次向下遍历,节点 5 满足验证判据,其上一级线路 2 为故障区段。

思考题与习题

(1) 配电物联网的体系架构,并分别简要说明。

(2) 配电物联网的主要感知技术。

(3) 说明基于配电物联网技术的配电网络拓扑识别过程。

第9章

>>>>>>>>>>>

综合能源服务

综合能源服务是新兴项目，涉及技术经济问题。本章首先概念性地介绍综合能源服务定义、主要业务及发展前景，重点介绍综合能源服务平台的相关内容，再以两个实际案例来阐述综合能源服务的实际操作，使读者更容易理解这方面的知识内容。

9.1 综合能源服务概述

综合能源服务的定义比较广泛，整个综合能源业务可分为综合能源系统和综合能源服务。从概念上说，综合能源系统更贴近有形的集成化工业系统，而综合能源服务更贴近无形活动，指可单独或同能源产品一起出售，通过跨种类或跨性质的组合，使能源系统相关主体的收益或满足感得到提升。

综合能源系统主要是为综合能源服务提供的一种偏向于工程和硬件的系统建设。综合能源系统目前在国内外尚无统一的定义，其涵盖集成了供电、供气、供暖、供冷和电气化交通等能源系统，以及相关的通信和信息基础设施。综合能源系统泛指在规划、设计、建设和运行过程中，通过对各类能源的产生、传输与分配（供能网络）、转换、存储、消费等环节进行有机协调与优化后，所形成的社会综合能源产供销一体化系统；其多种能源的源、网、荷深度融合、紧密互动，需使用系统化、集成化和精细化的方法提高整个能源系统的可持续性、安全可靠性并降低能源价格。现如今，综合能源系统研究面临的主要问题是如何理解、量化进而优化多种能量流动的融合和互动。

而综合能源服务是一种新型的、为终端客户提供多元化能源生产与消费的能源服务方式，其涵盖能源规划设计、工程投资建设、多能源运营服务以及投融资服务等方面。综合能源服务主要包含两方面的内容：一是涵盖电力、燃气和冷热等系统的多种能源系统的规划、建设和运行，为用户提供“一站式、全方位、定制化”的能源解决技术方案；二是综合能源服务的商业模式，涵盖用能设计、规划，能源系统建设，用户侧用能系统托管、维护，能源审计、节能减排建设等综合能源项目管理运营全过程。总体上，综合能源服务是围绕国家和政府的能源方针和政策，以实现“清洁、科学、高效、节约、经济”用能为宗旨，通过综合能源系统，为用户供应综合能源产品或提供能源应用相关的综合服务。因为综合能源服务涵盖内容多，所以商业模式多样，其最关键的一条是用户黏性。

9.1.1 综合能源服务业务

综合能源服务市场具有如下业务特征：一是涉及领域广、业务种类多。综合能源服务业务面广，既包含电、气、热、冷等基础能源销售，也包含规划设计和建设运行分布式光伏、天然气冷热电三联供、生物质锅炉、储能、热泵等基础分布式能源项目建设，以及提供能效服务、需求响应、设备租赁、项目运营运维等深度服务。二是对信息化、数字化程度要求高。随着能源政策与市场不断发展，虚拟电厂、售电市场交易、需求侧响应、多能互补、储能等新型综合能源服务业务脱颖而出，这些新业务普遍需要信息化、数字化的支撑，这也是当前综合能源服务市场发展面临的要求和挑战。三是客户与数据资源是获取市场的关键。传统能源服务业务在市场中存在大量的同质化竞争，而新型综合能源服务业务需要信息化、数字化支撑，二者都需要解决信息对接、供需匹配问题。为传统业务提供数字化支撑服务、为新型业务提供数据挖掘找出潜在客户，是解决这些问题的关键。

2019 年 2 月，国家电网有限公司关于《推进综合能源服务业务发展 2019—2020 年行动计划》提出将统筹布局综合能效服务、供冷供热供电多能服务、分布式清洁能源服务和专属电动汽车服务等四大重点业务领域。结合综合能源服务业务实践，归纳出以下 4 类相关的关键技术，如表 9-1 所示。

表 9-1 国家单位综合能源服务四大重点业务领域

类　别	名　称
综合能效服务	照明改造技术
	电动机变频技术
	空调节能改造
	锅炉节能改造
	配电网节能改造
	余热余压利用
	客户能效管理
供冷供热供电多能服务	冷热电三联供技术
	太阳能光热发电技术
	生物质发电技术
	水源、地源、空气源热泵技术
	工业余热热泵技术
	低温供热堆技术
	碳晶电采暖技术
	蓄热式电锅炉技术
	蓄冷式空调技术
分布式清洁能源服务	分布式光伏发电
	光伏幕墙
	分布式风力发电
	燃气轮机发电
专属电动汽车服务	电动汽车租赁服务
	充电站建设服务
	充电设施运维服务

综合能效服务的定义是以提升客户能效、降低用能成本为目标，基于电力物联网技术应用，实施传统节能方式变革，实现由单一设备级节能改造向系统级、平台级综合能效提升方式的转变。具体涉及的细分业务包括照明改造、电动机变频、空调节能改造、锅炉节能改造、配电网节能改造、余热余压利用、客户能效管理等。

多能供应服务即满足用户对电、冷、热及生活热水等不同能源需求的能源供应。主要指的是冷热电三联供技术的应用，具体则包括太阳能光热、生物质供热/发电、天然气三联供、水源/地源/空气源热泵、工业余热利用、地热、电采暖、蓄热、蓄冷等。

在清洁能源服务层面，光伏发电、风力发电、生物质能等清洁能源的利用均涵盖在内，因地制宜地开展清洁能源集中式或分布式项目的规划、投资和建设，提供100%的清洁能源供给服务。

专属电动汽车服务应属于新兴用能服务的一个主要部分，专属电动汽车服务包括电动汽车的租赁、充电桩建设、运维等服务内容。对新兴用能服务目前同样没有明确的定义，除了电动汽车服务之外，应当还包括对其他各类耗能设备的智能化运维管理服务。

南方电网综合能源股份有限公司则着力打造“3＋N”业务体系，“3”是节能、新能源、分布式能源及能源综合利用，“N”是“互联网＋能源服务”，包括电动汽车充电运营服务，南度度节能服务、南电商城、购售电服务以及需求侧管理服务等，如表9-2所示。其中节能业务主要针对工矿企业，聚焦城中建筑、道路轨道交通、道路照明等节能改造和能源托管，开发利用生物质、风电、光伏等可再生能源，并构建南度度电商平台，为企业提供优化的综合能源解决方案。节能业务整体规模相对较小，具有很大的发展空间；新能源和可再生资源开发业务在现有业务所占比重最大，以光伏项目为主，包括屋顶光伏、地面光伏，以及海上风电开发。能源综合利用业务主要是煤矿瓦斯综合利用和工业企业余热余压综合利用，此类业务由于技术限制，业务比重有待进一步提高。

表9-2　南方电网综合能源股份有限公司3＋N业务体系

3＋N	业务类型	
3	节能服务	工业节能
		建筑节能
		照明节能
	分布式能源及能源综合利用	天然气分布式能源开发
		生物质综合利用
		工业企业余热余压综合利用
		煤矿瓦斯综合利用
	新能源	光伏开发
		海上风电开发
N	互联网＋能源服务	电动汽车充电运营服务
		南度度节能服务网
		南电商城
		购售电服务
		需求侧管理服务

从国内两大电网企业上述的业务体系来看，综合能效服务可以看作是对节能服务的一次升级，多能供应服务是从供应侧对冷、热、电三种主要能源方式的整合利用，清洁能源服务亦是从供应侧实现100%的清洁能源供应，新兴用能服务则更多地是从需求侧去实现对用能设备的智慧管理。需要特别指出的是，无论是国家电网的"四大业务"，还是南方电网的"3＋N"业务，无一例外地都包括"服务"二字。当前，能源的世界正在发生革命性的重大转变，能源供应企业正在快速演变为能源服务型公司。拓展包括上述业务在内的综合能源服务市场，对"服务"二字的内涵应重新审视、格外重视，如此，才能适应能源行业的发展变局。

9.1.2 综合能源服务对象

综合能源服务的面向对象非常广泛，重点包括园区、工业企业、建筑物等三大类重点服务对象。

(1) 园区。我国产业园区数量众多，根据工业园区所属级别不同，可分为国家级工业园区、省级工业园区和其他工业园区。截至2018年，我国共有国家级和省级工业园区2543家。市、县的各类产业园区更是数以万计。

园区是未来能源消费的增长引擎，将成为开展综合能源服务的主战场。首先，园区有大量的用能需求，是拉动各地经济的增长点。另外，园区的用户用能方式多元化，具备形成综合用能增值服务的条件。园区配电网范围清晰，社会资本进入容易。从另一个角度看，园区管理者可以通过降电价增强招商引资优势，体现改革成果。

园区客户的需求可大致分为三类：一是经济高效。园区对电、热等需求量大，且随着生产要素成本增加，园区内企业如果产生高昂的电力、热力等能源成本，就难以发挥自身优势参与全国同业竞争，因此园区内企业对能源价格、能效水平极为敏感，经济性和高效性成了大部分园区的迫切需求。二是安全。安全是企业生存发展的必要条件，对于园区来说，安全性在企业发展的过程中占有举足轻重的作用。三是环保。园区另一个最大的压力是环保和碳排放问题。原来粗放、高增长、高耗能的生产管理模式要朝着低碳、高效方向转型升级。

(2) 工业企业。我国高耗能行业主要有"石油加工行业、化学原料制品行业、非金属制品行业、黑色金属加工业、有色金属加工业"等行业。工业企业用能量大，高耗能设备多，节能改造和余热余气余压利用潜力较大。工业用能占我国终端能源消费的70%，以煤、焦炭和电力为主。随着工业企业未来将朝着低耗能、低排放的方向发展，近年来工业能源消费结构呈现清洁化特征，同时专家推测，钢铁、石油与化工、水泥、煤炭等高耗能行业可回收利用的余热资源约为消耗能源总量的10%～40%，因此面向工业企业开展节能改造、余热余气余压利用，具有较大的综合能源服务市场空间。

(3) 建筑物。我国建筑面积和能耗逐年增长，公共建筑能耗占比大。2018年，我国建筑面积总量约为601亿平方米。其中，公共建筑、城镇住宅、农村住宅建筑面积分别为128、244、229亿平方米。建筑能源消费总量为10亿吨标准煤，占全国能源消费总量的22%。公共建筑单位面积能耗为26.2kg标煤/平方米，显著高于城镇住宅的9.8kg标煤/平方米和农村住宅的9.4kg标煤/平方米。根据国际能源署(IEA)报告统计，我国建筑终端能耗中，供暖、供冷、热水约占62%，照明、炊事、插座设备等其他类别约占38%。我国建筑能耗随着生活水平的提高，建筑用能中的智能、照明、家庭电器等能源需求快速增长。

9.1.3　综合能源服务发展前景

从政策、技术、市场需求三个维度综合分析和判断，我国综合能源服务市场需求巨大且发展前景广阔，并将呈现加快发展的趋势。

（1）政策环境方面。在能源发展相关规划方面，“十三五”时期里，我国先后出台了能源、电力、油气、可再生能源发展、北方地区清洁供暖等阶段性专项规划。这些规划类、指导类政策文件，提出了能源消费总量和强度双控、电气冷热等能源输配网络基础设施建设、热电冷三联供等各类分布式能源发展、电能替代、智慧能源发展、储能发展等方面的阶段性目标、重点领域和工作任务以及综合保障措施，不仅为综合能源服务指明了具体发展方向和重点发展领域，同时为综合能源服务创造了巨大的市场需求。

“十四五”时期开始，中国将逐步实现2030碳达峰目标和2060碳中和愿景，能源消费节能高效、生产清洁低碳成为能源行业一项长期任务。我国能源发展已进入从总量扩张向提质增效转变的全新阶段。在能源变革新时代发展背景下，电能占终端能源消费比重将逐步提高，其中制造业、交通运输业、商业和生活领域已成为终端电气化的重点领域。

（2）技术支撑方面。能源技术方面，我国的光伏技术、风电技术的发展日新月异，成本快速下降，光伏发电、风电已实现平价上网。储电、储冷、储热、储氢等各类储能技术的研发方兴未艾，可靠性、储能容量、储能密度、设备寿命、储能成本等技术指标不断改进，渐渐步入商业化示范应用。快充、慢充、无线充电等多种电动汽车充电技术的发展迅猛，电动汽车单次充电续航里程超越常规燃油车。这些新技术的快速发展与应用，势必为分布式能源开发利用有望、综合能源服务的发展提供越来越坚实的技术支持。

（3）市场需求方面。近年来，综合能源服务业务发展成效显著，市场规模快速扩大，业务体系不断完善，技术装备加快研发，生态圈初步建立，运营机制正在调整优化。综合能源服务商着眼国家中长期战略重点，因地制宜开展示范项目建设。2020年12月营业收入达到10 000亿元，营收占比逐步提升，服务模式也不断创新发展。

预计“十四五”期间，电能占终端能源消费比重将逐步提高，其中制造业、交通运输业、商业和生活领域已成为终端电气化的重点领域。中国各行业碳排放量如图9-1所示，从图中可以看出，在民用和燃油用车中，碳排放量的百分比接近10%；在工业生产制造领域中，二氧化碳的排放量达到50%，不同行业领域中的碳排放量有所不同。有效的二氧化碳利用途径必须满足两个条件：一是保证持续的可再生能源供给，二是能从非碳资源获得氢气。因此，未来的电力和工业行业蕴含着对综合能源服务的巨大市场需求。

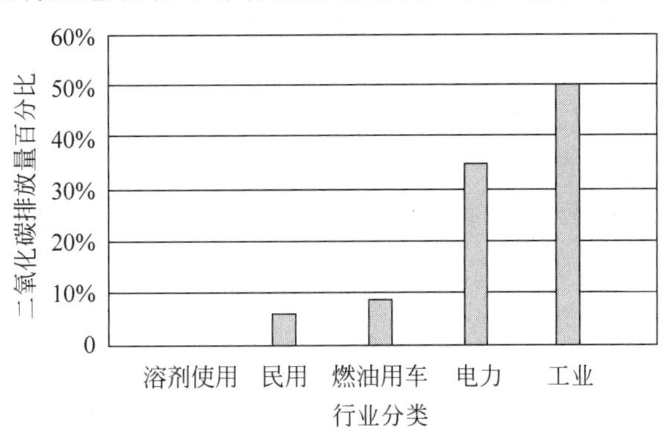

图9-1　2020年各行业碳排放量

在能源革命与数字革命相互交融，以及碳达峰、碳中和目标的背景下，综合能源系统正在发生前所未有的变化。使碳中和向零碳化方向发展，实现清洁和循环经济。

9.2 综合能源服务平台

开展综合能源服务已经成为提升能源效率、降低用能成本、促进竞争与合作的重要发展方向。面对综合能源服务的巨大市场，包括中央企业在内的国内大型企业纷纷构建综合能源服务平台，通过应用"大（大数据）、云（云计算）、物（物联网）、移（移动互联）、智（人工智能）"等新技术，打造综合能源数据信息网络，掌握和运营用户数据，挖掘和创新综合能源服务产品，更好地满足客户需求，提升市场核心竞争力。

现有综合能源服务平台主要包括能效物联网平台，能源服务电商平台、混合型服务平台三种类型，如表 9-3 所示。其中，能效物联网平台数量最为常见，主要开展在线用能监测服务，但提供用户增值服务质量不高，用户黏性缺乏，该类平台难以建立产业生态，连接主体类型单一；能源电商平台主要提供项目供需对接的撮合交易服务，但缺少吸引力强的服务产品，且存在"既当裁判又当运动员"的问题，对各类服务商和用能主体缺乏聚合力。

表 9-3 综合能源平台类型

平 台 类 型	功 能 特 点
能效物联网平台	以大数据、云技术和物联网等技术为支撑，提供设备用能状态在线监测等服务
能源服务电商平台	提供项目撮合、方案推介、广告以及产品线上交易等电子商务服务，搭建供需双方的交易桥梁
混合型服务平台	集用能监测、能效诊断、电力需求响应、撮合交易等物联网服务和电子商务混合于一体

总体而言，现有平台涉及领域众多而资源整合能力有限，没有很好地解决生态圈各主体痛点问题，大多把业务焦点放在可以快速变现的服务上，比如在线监测、撮合交易等，不愿意做短期内难以变现的基础性数据分析能力和技术能力建设，没有真正从用户需求出发扎实做好平台服务。

9.2.1 平台的架构

综合能源服务平台应构筑具有"集中＋分散"分层的逻辑结构，如图 9-2 所示。其中分散式的多能互补网络面向区域能源生产、传输、消费、储存等环节，采用"全局管理、分布自治"的管理思想，实现对区域能源系统的全面感知，互联互通，高效利用，优化共享，实现能源的宏观调控和微观干预，打造以电为中心，跨域平衡、绿色低碳、智能互动的区域能源体系。综合能源平台技术架构可分为设备层、网络层、服务层、高级应用层及展示层，如图 9-3 所示。

(1) 设备层。设备层主要采集分布式发电、热泵机组、储能、采暖、供冷等系统主要设备的重要参数，例如，光伏发电的逆变器运行参数和运行状态、热泵机组的供回水温度及功率等。通过对关键节点加装智能采集装置，实现水、电、天然气等计量设备的实时在线监测，实现能源信息标准化采集。

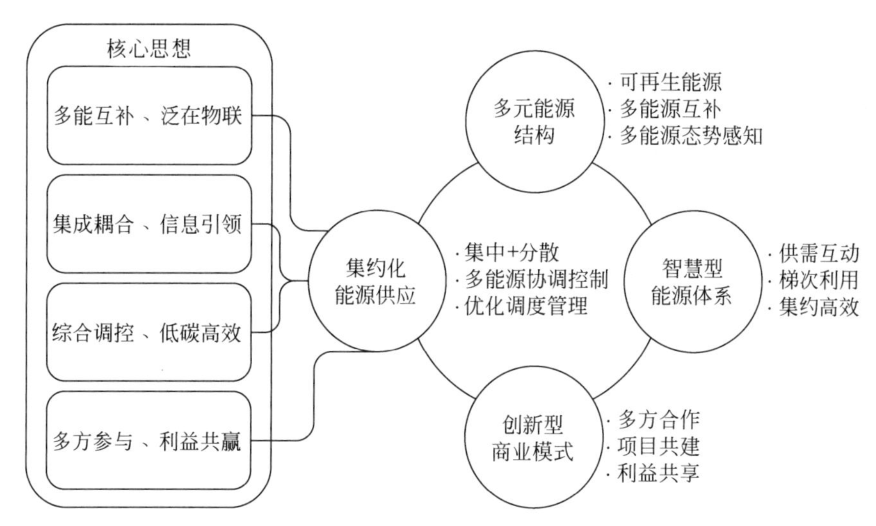

图 9-2 综合能源服务平台特征示意图

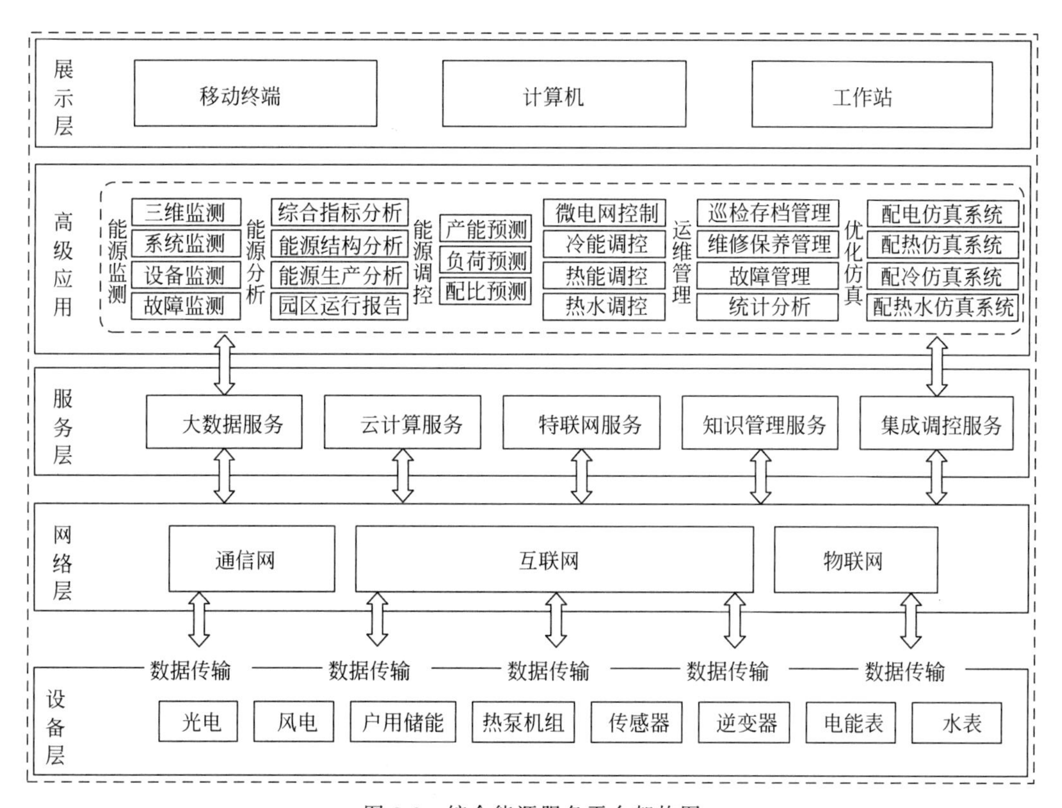

图 9-3 综合能源服务平台架构图

设备层负责感知外界信息和响应上层指令，是综合能源服务平台的基础，利用传感器、信号采集设备等在内的各种手段，采集电、热、冷、水、气等能源状态；同时将上层发来的指令转发设备执行，做出制定的动作，是直接与物理设备打交道的一层。

（2）网络层。网络层综合利用了计算机技术、控制技术、通信与网络技术、对综合能源系统内重要设备及各子系统进行自控对接，并将相关数据实时准确的传输至监控平台。例如平台通过MODBUS485协议链接风力发电系统的输出功率和电机温度；通过以太网，PROFIBUS通信总线管控地源热泵系统的整体运行等。也可通过电力专网、第三方蜂窝移动通信网、窄带通信网及5G通信网实现业务系统、设备等数据安全传输。

(3) 服务层。服务层通过全业务统一数据中心对前段采集的电、热、冷、水、气数据进行汇总。对各系统实时运行参数进行数据的统合，提供数据统一存储、数据计算、数据管理等功能，为安全生产、调度、优化和故障诊断提供必要和完整的数据基础。同时通过大数据、云计算、物联网等技术，为系统提供用能监管及服务管理支撑。

(4) 高级应用层。高级应用层包含能源检测、能源分析，能源管控、运维管理、优化仿真等功能，通过多种客户端为用户提供智能化、人性化的智慧综合能源信息化应用，实现电、热、冷、水、气等多种能源的综合高效利用以及与用户的智能互动。满足不同业务及提供个性化、特制化的高级智能服务和各种用途的功能要求，为相关行业应用提供数据支撑和决策支持。

(5) 展示层。通过对综合能源系统在各个环节的转换应用进行标准化处理，在工作站、大屏、云平台、手机移动终端等界面上展示出综合能源系统内电、热、冷、水、气等各类能源的流向走势、能源消耗、能源转化及能源利用等信息，直观地展示出综合能源整体情况，辅助能源管理。

9.2.2 平台的主要功能

综合能源服务平台建立能源的检测采集系统，实现能源实时监测和展现，通过分层、分类的方式部署多级采集模块和关键数据采集技术监测区域内电、燃气、冷热、水等能源情况以及公共楼宇、企业、园区等多元用户用能情况，并通过能量平衡、能效对比等多维度指标分析，对综合能源系统进行优化调度。多能源优化调度控制是实现智能化能源管控的最核心功能，其在考虑经济和用户舒适度约束等基础上，通过电、燃气、冷热、水等系统地优化耦合，调整能源供需的最优化，保证能源调控的及时性、可靠性和安全性，实现分布式能源的有效消纳、峰谷电价的充分利用、降低负荷峰值、提高能源使用效率等。

(1) 能源监测。对接入单位的各种计量点的关键参数进行监测、报警及可视化展示，对用户用能基本情况、负荷检测情况和能耗监测趋势图等进行展示。

综合能源信息数据监测综合利用了计算机技术、控制技术、通信与网络技术，主要是对综合能源系统内的分布式发电、燃气热机、储能、采暖、供冷、充电桩等系统进行测控点、各种过程和设备的实时数据采集，并对本地或远程的自动控制状态、生产过程中的全面实时监控，为安全生产、调度、优化和故障诊断提供必要和完整的数据及技术手段。

(2) 能源分析。能源分析是基于云平台获取的海量能源数据资产，利用大数据分析等技术手段，对数据进行多维立体化统计、归类和分析，从能源容量、产能和用能、用能行为、能效管理、节能服务等全局统筹分析，同时建立涵盖电、气、冷、热各环节的一套综合评价指标体系。

(3) 能源调控。能源调控是实现能源经济运行的核心功能，包含多能流实时建模与态势感知、多能流优化调度控制、多能流安全分析与预警、能量调度控制等。分维度的对多能流负荷进行多时间尺度预测(日前、短期和超短期)，分区域的支撑全局互联互济，分行业的能源供、需合理优化。

能源调控目标是实现支持电、热、冷、气、水等多种能源形式的综合能源管理与调度，通过日前机组组合、日中经济调度、实时调节组成系统的多时间尺度调度，逐级消除预测的误差，提高经济性和稳定性。实现分布式发电系统的消纳、与电网的友好互动、调节负荷峰值，保证不同能源类型的耦合互补与最优流动，实现能源系统安全高效运行和最佳经济效益，为海量终端用户提供“虚拟能量管理中心”，提升能源管理水平和竞争力。

(4) 能源交易。能源交易是在一定的门槛准入条件和辅助服务机制下，为区域内分布式能源(储能)和能源用户在统一平台上提供冷、热、电等多种能源的一站式交易服务，支持基于区块链技术的交易模式，体现能源交易公正透明、有序协同的特征。主要包括能源结算、电能交易和区域能源配额交易等功能。

(5) 能源生态。类似打造一个能源市场的“淘宝”，发挥用户发布需求、市场服务对接的纽带作用，吸引全社会能源用户和各类能源服务商在此开展服务，使能源用户能够快速找到能源服务商，能源服务商也能精准定位目标客户。其中包括产品发布、上下游厂商管理、资讯发布、智库咨询平台等功能模块。

(6) 能源发展规划。对区域、行业产业、城镇居民、单位能耗、小微工业企业、存量增量市场，以及工业企业等的用能数据进行分析，结合经济与能耗的耦合关系，建立分行业负荷模型和特性分析方法，从能源资源、能源结构、能源布局、供需平衡等纬度，分析能源格局的影响因素，指导能源布局和发展；深入挖掘经济因素、社会因素、政策因素等不同因素的影响机理及效果，结合能源分析数据，有效实现能源与发展相融合的耦合方法，为能源发展和未来趋势提供分析依据。

9.2.3 平台的业务场景

如图 9-4 所示，图中描述了能源服务平台的运作模式，通过综合能源服务平台(s)集合并赋能各类服务商及社会服务平台(b)，共同深度服务于终端用能客户(c)，c 端的需求和用能状态连接反馈给 s 端，在 s 端和 c 端构成双闭环，简称“s2b2c”双闭环结构的运作模式。以 s2c 为基础设施和底层规则的双闭环结构中催生出了一系列能源服务商(b)和多样化的社会服务平台(b)。“s2b2c”有利于激活平台网络效应，推动形成综合能源服务产业协同网络，实现价值创造从封闭的价值链向开放的价值网络拓展。

(1) 信息服务生态。通过开放共享，提供高价值数据信息产品和服务，连接各类服务商和用能主体，发现、撮合需求和商机，解决综合能源基础信息缺乏、供需信息不对称等问题，降低交易成本。典型服务场景如下：一是基础信息服务。提供能源地理信息、综合能源资讯、综合能源服务案例等基础信息服务。二是交易撮合服务。提供用能诊断分析，挖掘潜在需求；匹配符合条件的服务商(组合)或服务产品(套餐)，满足用户一站式服务需求；提供信息发布、广告投放等服务。三是数据产品服务。提供细分行业定制化数据产品，分析用户用能特性，发掘潜在需求；为政府提供基于平台数据的专题研究。四是征信和金融服务。基于企业用能和经营数据开展征信服务；根据融资需求匹配金融机构及服务方案，提供融资担保、租赁等服务；跟踪融资企业生产运营状况，提供贷后风险管控信息服务。五是发布综合能效评价报告。按区域、行业、用户等类别发布能效排行榜或白皮书，让社会各界更加重视能源管理与能效提升。

(2) 知识服务生态。随着业务场景的增加，能源服务商和用户对云平台、大数据、微服

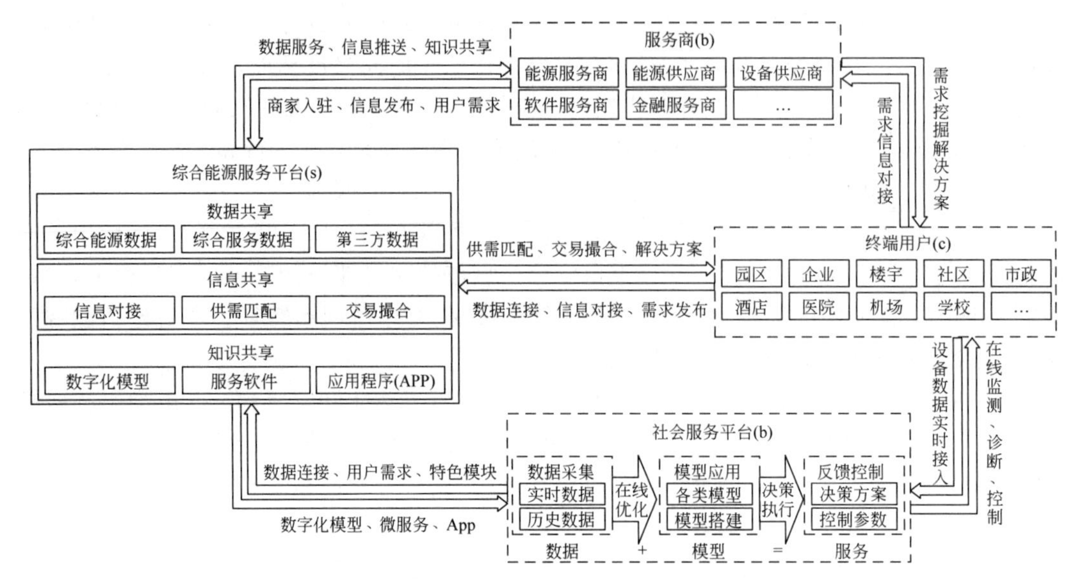

图 9-4　综合能源服务平台运作模式示意图

务的需求将会日益增长。通过开发平台即服务(Platform as a Service),提供 App 开发环境、组件化的 API 接口、建模引擎等,支持各类市场主体开发和共享 App,实现知识复用。典型服务场景如下:一是模型算法服务。提供高质量、广覆盖、易应用的模型库、算法库、算法组件等工具资源,提升应用程序开发效率,推动综合能源服务知识的开放共享。二是 App 商店服务。为客户提供面向不同应用场景的各类软件和应用服务,支持 App 的有序交易和规模应用,使得用户能够自主选用各类适合的应用分析模型。三是开源社区服务。为 App 开发者提供应用程序的编程接口、存储计算资源等支持服务,构建开放共享、创新活跃的开发者社区。

综上,上述两个阶段并不是依次递进的替代发展关系,而是同步推进、逐步叠加的过程,只是两类生态发展速度不同。信息服务生态是平台的基础服务,以公共服务的定位为主;知识服务生态是上层的变现服务,以商业经营的定位为主。

9.2.4　平台的发展路径

综合能源服务平台的发展路径可以划分为三个阶段:一是项目服务阶段,综合能源服务商利用各类能源管控平台与用户能源终端建立连接,以项目为中心开展能源服务;二是信息服务阶段,在项目服务平台发展到一定规模之后,通过建立连接各类服务商和终端用户的信息共享平台,为供需双方提供交易撮合类服务;三是知识服务阶段,在信息服务平台的发展过程中,通过网络效应的逐步激发,形成基于综合能源服务行业知识的解决方案能力,为服务商和终端用户提供高阶赋能。

总体来看,当前综合能源服务市场已拥有一定规模数量的能源管控平台,尚未出现用户聚合力强、连接各类服务商和终端用户的信息共享平台,由此,综合能源服务平台市场正在从第一阶段向第二阶段跨越。

为了完成综合能源服务平台从项目服务阶段到信息服务阶段或知识服务跨越,需要完成综合能源服务企业业务体系的设计创新,一般的作法是:

（1）需求调研。深入能源管理现场，了解能源管理痛点与用户的提升需求。在绝大多数情况下，用户只能阐述生产用能过程中的痛点，无法告知解决方案。至于提升需求，由于有一定的专业性，绝大多数用户所知甚少。

（2）业务创新。基于需求创新，面向多种能源及设备的智慧性综合化服务内容，不仅仅是针对传统能源管理的优化服务，还需要设计基于数字化技术的新型服务。这是最关键的一步，需要结合能源专业与数字化专业，以提升能源管理为目标，还需要在客户现场进行沟通与验证，从而确保业务设计是有实效的。

（3）模式创新。基于服务内容与公司诉求，再创新或设计合适的商业模式、渠道合作策略与生态合作模式。

（4）流程设计。进一步梳理、规范综合能源服务业务流程，并提出信息化或数字化管理需求。

（5）产品研发。围绕信息化需求，开展IT与物联产品集成研发，确保物联网（IoT）平台产品符合业务需要，"物"和"网"技术协调一致。

（6）组织优化。优化公司的组织架构与人员团队，健全完善公司的治理体系。

9.3　综合能源服务项目的实际案例

9.3.1　福建某金属制品公司光储项目

1. 公司用电概况

该公司的电气接线图如图9-5(a)所示，公司配电房变压器容量为315kVA。厂房内有较规律的日间生产用电负荷约250kVA左右。但在大型金属板材加工工艺中，需要额外不定期启动37kW或144kW直流电动机进行冷轧金属切削。144kW大功率直流电机启动瞬间产生较大的启动冲击电流导致配电线路频繁跳闸。因此，大功率直流电机启动前需关停部分设备，主动降低用电负荷以避免配电线路过流保护动作。用电需求特点如下：

（1）工业生产一般负荷需求高、用能质量要求高，由于生产工艺需要负荷具有一定的周期性与规律性。

（2）为适应金属制品生产工艺要求，需要定期启动大功率直流电机，从而引起较大的启动冲击电流导致配电线路过流跳闸以及变压器过负荷运行。

（3）工业企业具有能效提升、节能降耗需求。改进工业企业的生产工艺与合理安排用电就是其能效提升与节能得重要途径。

（4）工业企业电力需求量日益增大，配电房变压器及配电设备需要进行增容改造。

2. 综合服务技术方案

（1）利用该公司大面积厂房屋顶安装分布式光伏309kW，如图9-5(b)所示，以降低日间电力负荷。使得大功率设备启动时无须强制关停部分设备，提高设备利用率，实现节能降耗需求。

（2）安装50kW/100kWh储能系统，实现峰谷电价套利。夜间低谷电价时期，储能系统运行在充电模式。日间高峰电价时期，储能系统运行在放电模式，以减少市电用电电量，利用峰谷电价差降低用电成本。

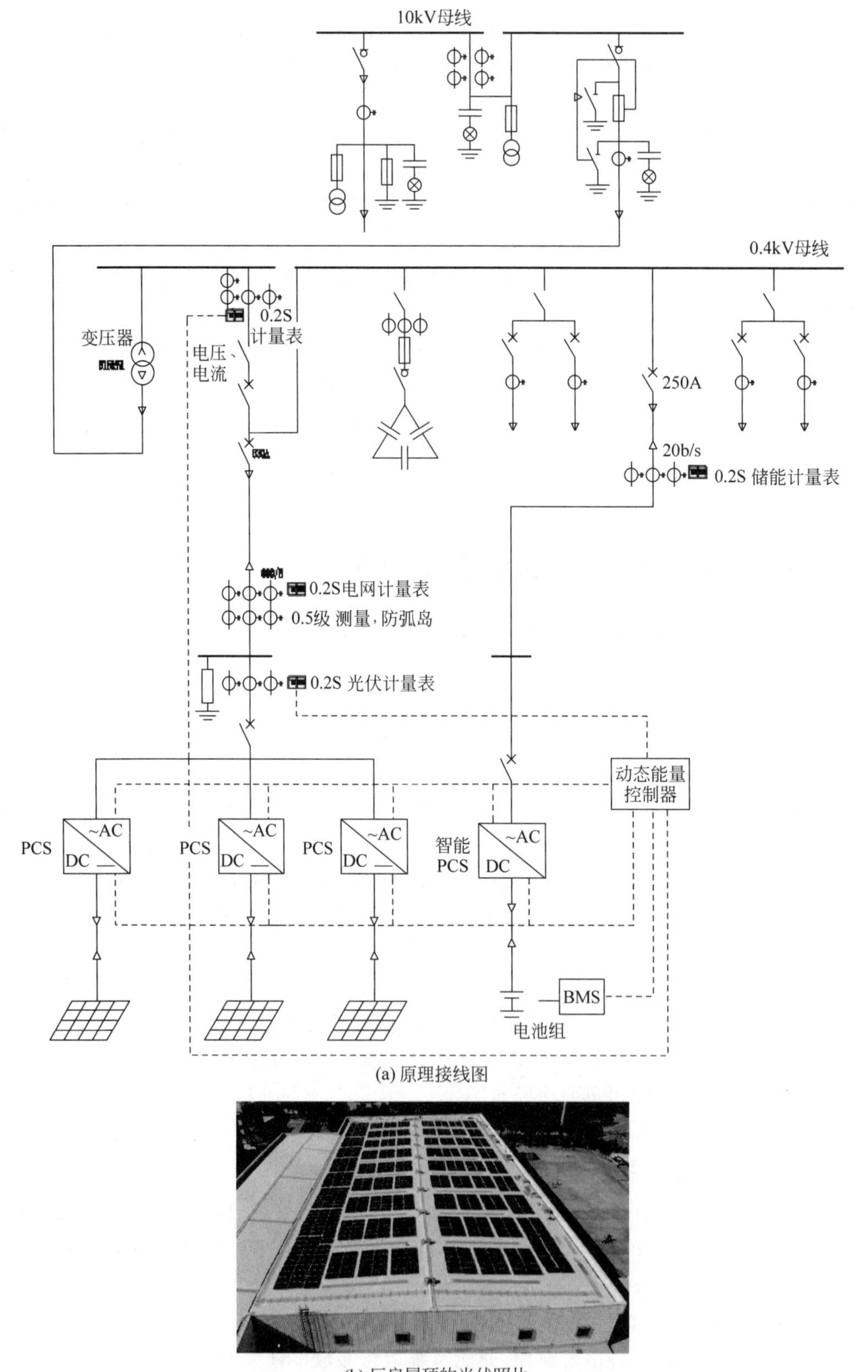

(a) 原理接线图

(b) 厂房屋顶的光伏照片

图 9-5　福建某金属制品公司光伏储能项目

(3) 在光伏输出受影响且厂房用电需求较大时,可启动储能系统,保证大功率直流电机可正常启动。

(4) 安装限流电阻或电容装置,抑制直流电机启动冲击电流。

(5) 通过光储互补、能源调配,降低厂区用电负荷水平,实现节能降耗的需求。

3. 项目商业模式

该项目总投资约140万元,由综合能源服务企业投资运营20年,项目内容中光伏的投资回收期约为7年。经与厂房所有者协商,光伏发电通过收取打折电费(自发自用+余电上网)获得经济效益;储能与管控平台通过峰谷电价套利及提高光伏消纳率产生经济效益。该综合能源服务项目通过安装光储联合控制系统解决企业用电需求中的可靠性难题,避免了配电系统增容的投资,在中小工业企业具有示范推广意义。

4. 项目效果分析

该项目新能源可满足约2/3的企业日间用电需求,分布式光伏可产生年发电量约为35万度,折算年节约标准煤100余吨,每年可减少CO_2排放270余吨,减少SO_2排放2吨,具有良好的经济和社会效益。

5. 案例小结

该案例中的光伏储能项目虽然体量较小,但是进行项目技术方案设计时仍需仔细考察项目现场,充分了解用户的用电需求、变压器容量及电能质量等情况。在综合能源项目谈判中了解到,用户的主要关切点在于生产过程中的用电可靠性、电能质量问题,以及变压器容量无法满足日益增长的用电负荷需求。能否解决这两个关键问题是本综合能源服务项目能否成功实施的关键要素。

在项目现场实地调研过程中发现,厂区内生产区域安装有较多直流电动机,部分装有软启动控制柜的大功率电机启动过程中不会引起配电线路过流保护动作,而功率最大的一台144kW直流电机未安装任何软启动装置,从而在启动过程中频繁引起线路跳闸。因此,综合能源技术方案中建议对电机控制系统进行改造,加装限流电阻或电容装置以抑制直流电机启动冲击电流,提高用户的用电可靠性和电能质量。

由于该厂房配电室变压器有潜在的增容需求,该综合能源技术方案建议结合储能控制策略对厂区电力负荷进行需量管理,以及根据新能源发电输出特性,合理地设计生产用电策略,最终实现全部减免外部电力工程建设费用,吸引用户采用新能源+储能的综合能源方案替代额外的配电室增容投资。

厂房内有较规律的日间生产用电负荷约250kVA左右,安装300kWp的分布式光伏可能出现光伏所发电量无法就地消纳的情况。针对厂区内发电和用电特性进行分析,设计储能充放电策略,提高光伏电量的消纳率。另外,在周末及假期用电负荷较小的情况下,使储能运行在峰谷电价套利模式,低电价充电高电价放电,降低企业用电成本。

该综合能源服务项目从测算的光储容量配置、能量管理系统、节能降耗、用电可靠性这几个维度进行了技术和管理方面的创新,基于合理的效益机制和科学的容量配置,使得该项目在工业企业中具有很好的推广价值。

9.3.2 某大学的综合能源服务项目

1. 项目概况

某大学新建校区占地面积960亩(1亩=666.7平方米),一二期建筑面积总计25.8万m^2,全日制在校生10 000余人。该校区由某综合能源服务有限公司投资,建设智能微电网综合能源服务项目。该建设项目包括1套智慧能源管理系统(由智能能源管控系统总平台、智能微网子系统、建筑群能耗监测管理子系统等组成)、装机容量2 000kW左右的光伏发电系统、300kW风力发电系统、总容量500kWh多类型储能系统、49kW光电一体化充电站、10套太阳能+空气源热水系统以及部分风光互补型智慧路灯。

2. 用能需求特点

学校用能需求主要为电、热水、冷、热。该校区用冷与供暖需求在学校工程建设中已同时建设了中央空调,因此该项目设计时主要满足学校用电与用热水的需求。

(1) 用电负荷。经测算,学校假期用电负荷最小,日最高负荷约为2 500kW左右,因此配置约2MW的光伏发电系统,所发电量基本可在校园配电网内消纳。

(2) 用热水负荷。该校师生约为12 000人,按照每天60%的学生使用淋浴器,每人平均每天消耗热水60L,约需要400t。根据公寓楼屋面布局,配置了日储480t热水的能力。

3. 综合能源技术方案

为了满足大学校园多种能源需求,所设计校园微能源网及其智慧管控系统配置如下:

(1) 分布式光伏发电系统,分布于全校21栋建筑屋面及一个光电一体化充电站车棚棚顶,安装总装机容量2 061kW。光伏组件采用单晶、多晶、建筑光伏蜂窝模块(BHPV)、切半、叠片等多种组件形式,供应清洁电力的同时为学校师生免费提供了研究新能源技术的场所。

(2) 风力发电系统,采用一台300kW水平轴永磁直驱风力发电机组,与光伏发电系统、储能系统组成微电网系统。

(3) 储能系统,系统配置有容量为100kW×2h的磷酸铁锂电池、150kW×2h的铅碳电池与100kW×10s的超级电容储能设备.三种储能设备与学校的不间断电源相连,一并接入微网系统。

(4) 太阳能空气源热泵热水系统,分布于10栋公寓楼屋面,为了提高能效,每栋楼采用空气源热泵及太阳能集热器组合形式。33台空气源热泵满负荷工作运行,晴好天气充分利用太阳能,全天可供应热水800余升,保证全校10 000余师生得生活热水使用需求。

(5) 智能微网。采用光伏发电、风力发电等发电及储能技术、智能变压器等智能变配电设备,实现用电信息自动采集、供电故障快速响应、综合节能管理、智慧办公互动、新能源接入管理。在切断外部电源的情况下,微电网内的重要设备可离网运行1~2小时。

(6) 智慧能源管控系统。该系统主要监测风电、光伏、储能、太阳能+空气源热泵热水系统的运行情况,实现与智能微网、智能热网、校园照明智能控制系统的信息集成及数据共享,满足学校对新能源发电、校园用电、供水等综合能源资源的动态实时监控与管理,通过对数据分析与挖掘,实现各种节能控制系统综合管控,是整个项目的智慧大脑。

4. 项目商业模式

该项目总投资3 500万元左右，运营20年。项目内容中风机的投资回收期最长，热水投资回收期最短。项目中的热水收益主要来自热水供应收费，光伏发电与风力发电通过收取电费(自发自用＋余电上网)获得经济效益，而储能与管控平台不能直接产生经济效益。由于学校为公共事业单位用能稳定，风险很小，尽管收益率不是很高，但收益稳定，因此具有示范推广意义。

5. 项目效果分析

项目实现年发电量2 452.1MWh，新能源可满足约1/6的用电需求；太阳能空气源热泵热水系统年供应热水14万吨。折算年节约标准煤900余吨，每年可减少CO_2排放2 500余吨，减少SO_2排放60余吨。

6. 案例小结

作为公用事业单位，学校具有用能需求稳定、投资风险低等特点，用能需求主要为电、热水、冷、热、气。该校区智能微电网综合能源服务项目方案就是与整个校园建设一同整体策划，高度关注客户的需求，规划时重点梳理了校区的用能特点与当地能源资源，经过多轮技术论证与经济性评价最终得出可行性研究报告，目的就是确保项目的示范性与实用性，实现“技术适度超前、工程经济可行”的目标。

该项目主要满足了用户三个层面的需求：一是基本用能需求，即满足学校师生用电、用热水需求；二是潜在需求，即教学、科研、培训需求，如光伏发电、风电、储能等系统都可以理论结合实践进行案例教学，开展科研工作等；三是增值需求，即在申请一级学科博士点、申请高水平应用大学等方面，该试点项目为其加分不少。

整个项目的作用与价值是以满足客户需求为关键。将客户需求分为显性需求与隐性需求，显性需求即满足学生用能(电、热水等)以及学校节能约束需求，隐性需求即满足教学、科研需求及增值需求。从项目本身来说，大部分收益来自热水系统与新能源发电。学校用能稳定，采用单一电价，没有峰谷电价，因此储能系统并无收益，主要用于平抑风力发电负荷波动以及教学、科研。其中，布置超级电容就是为了平抑风力发电产生的冲击，特别是启停时的冲击。锂电池与铅炭电池储能主要用于教学、科研，可以对比两者得功效。

思考题与习题

(1) 综合能源服务主要业务领域有哪些？

(2) 阐述综合能源服务平台架构及其主要功能。

(3) 设计综合能源服务技术方案需要考虑哪些因素？

第10章

>>>>>>>>>>

电力市场

本章首先讲解电力市场的基本概念，介绍欧美国家的典型电力市场，在此基础上介绍我国的电力体制改革及电力市场运营，使读者对电力市场及相关知识有个基本的了解。

10.1 电力市场概述

在电力工业的早期，各发电厂及其供电用户自成系统，电厂的运营与一般工厂没有太大的区别，竞争是不言而喻的。自 20 世纪 30 年代开始，伴随着交流输电技术、变压器以及汽轮机技术的出现和发展，电力工业的规模经济优势逐步显现，大多数工业国家开始建立基于大规模电力系统的发、输、配一体的垄断式电力工业。发电厂互联后，系统就有了统一调度的可能，电力工程师面临着如何实现系统最优调度的挑战。

20 世纪末，在西方经济全面解除管制的大背景下，电力工业的垄断变得格外引人注目，其弊病饱受争议；同时计算机、通信等相关技术也日益进步，进一步动摇了电力工业垄断的基础。一些经济学家注意到这些问题，并开始投身电力系统领域的经济现象和经济规律研究。许多国家的电力工业开始进行打破垄断、解除管制、引入竞争的电力体制改革，目标是建立电力市场，即建立通过市场竞争确定电力供需价格和数量的机制。毫无疑问，电力市场能够更合理地实现资源配置，提高资源利用率，对于促进电力工业与社会、经济、环境的协调发展作用巨大。

10.1.1 电力市场的基本概念

电力市场是采用经济、法律等手段，本着公平竞争、自愿互利原则，对电力系统中发电、输电、供电和用电等环节组织协调运行的管理机制、执行系统和交换关系的总和。可见，电力市场的基本概念包含有以下含义：

(1) 电力市场是一种管理机制。

(2) 电力市场基本原则是公平竞争、自愿互利。

(3) 电力市场是一个执行系统，包括贸易场所、计算系统和通信系统。

(4) 电力市场体现买卖双方交换关系的总和。

1. 电力市场基本特征

由于电力生产具有的瞬时性、平衡性和经济性等特点，决定了电力市场具有以下基本特征：

（1）电力市场具有开放性和竞争性。

（2）具有计划性和平衡性。

（3）电价作为经济杠杆是电力市场的重要内容。

（4）电力客户具有能动性。

（5）电力商品生产者具有双重性，即又是供应者。

2. 电力市场基本形式

电力市场有国家级电力市场、区域网级电力市场、省级电力市场和地市级电力市场。

3. 电力市场运行的基本原则

（1）公平性。

（2）公开性。

（3）市场参与者具有自由选择权。

（4）市场运行应具有法律保障。

电力市场除具有一般市场的属性和特征外，还具有电力商品固有的特殊性，主要有：

① 电力商品不可存储性。电能的不可存储性决定了电力的生产要求时刻同电力的消费需求相平衡。

② 电力商品运输专用性。即自然垄断性，电能只能依赖电力网络进行传输，而电力网络又具有损耗和阻塞的特点。

③ 电力需求的随机性。人们对电力的需求具有普遍性，而用户对电力的需求具有较大的随机性，这种随机性给电力生产带来很大的困难，要求电力系统必须保持一定的生产和输送余量。

④ 电力商品的基础性。电力不仅仅是人们的日常消费商品，更是国民经济生产部门的重要能源，电力商品的供应直接影响着国家的政治和经济安全。

⑤ 电力产业具有一定的规模经济性。电力建设具有投资资金规模大、工程建设周期长的特点，对进入和退出电力系统具有一定的壁垒，不利于吸引投资。市场需求弹性小，一旦出现电力供应不足很难短期得到改善，要求电力建设具有超前性。

10.1.2　电力市场的参与实体

由于每个国家与地区的电力工业有着不同的运营模式、发展方向和发展速度，因此这些实体类型不一定会同时出现在同一市场中，而且在有些情况下，一些公司或机构也会同时兼具多个实体的功能。

（1）垂直一体化集团（Vertically Integrated Utilities）：在一定地理区域内，垂直一体化地从事发电、输电及配电业务的电力公司。在传统管制方式下，这些公司建设自己的发电厂，协调计划发电量和输电量，在所辖区域内实施电力工业的垄断服务。当所在区域的电力工业引入竞争后，这些电力公司的结构必然要进行调整，不同业务环节将加以分离；或者在更大范围的市场上，这些公司可作为市场一员参与竞争。

（2）发电公司（Generating Companies，Gencos）：生产并出售电力的公司。另外也出售如系统频率调节、电压控制以及备用辅助服务，以使系统能保持运行的安全稳定并保证电力供应的质量。发电公司可以拥有一个或多个发电厂。在发电与输电没有完全分离之前，独立于垂直一体化电力公司的发电公司又被称为独立发电商（Individual Power Producer，IPP）。

（3）配电公司（Distribution Companies，Discos）：拥有并运营配电网的公司。在传统模式下，配电公司对某一地域具有供电垄断权，接入该地域网络的用户只能接受本地配电公司的默认服务。在配电业务解除管制后，电力销售将从配电网的运行、维护及规划中分离出来，当地配电公司的销售子公司会称为零售商之一，与其他由资质的零售商一起加入电力销售竞争。

（4）零售商（Retailers）：从批发市场上购买电力并销售给不愿意或者不被允许在批发市场参与交易的用户。零售商不必拥有发电、输电及配电资产，但部分零售商可能是发电公司或配电公司的附属公司。零售商的业务没有地域限制，它可以同时为接入不同配电网络中的用户提供服务。

（5）市场运营机构（a Market Operator，MO）或电能交易所（Power Exchange，PX）：负责组织供求双方实施电能交易的市场机构。他们运用计算机系统，根据买方和卖方提交的投标，匹配合适的交易量，并对成交的交易进行结算。一般情况下，MO 或 PX 运作的是独立的以盈利为目的的非实时市场，发电与用电瞬时平衡的实时市场则由独立系统运营机构（ISO）负责运营。

（6）独立系统运行机构（Independent System Operator，ISO）：负责电力系统的安全稳定运行并向所有输电系统用户提供服务。之所以称其为独立的，是指在竞争环境下，他必须公开地对待每一个市场参与者，不从发电和供电市场中获得经济利益。ISO 一般仅拥有计算机与通信设备，用以实现对电力系统的监控。在某些市场模式下，ISO 在承担系统运行任务的同时也充当市场运营机构的校色。

（7）输电公司（Transmission Companies，Transco）：拥有输变电设备，如输电线路、电缆、变压器以及无功补偿设备等的公司。他们按照 ISO 的指令来管理这些设备。输电公司有时也拥有发电子公司，而没有自己发电厂的独立输电公司（ITC）可担任 ISO 的角色。

（8）监管部门（The Regulator）：政府机构，负责保证电力市场运营的公平、公正、公开。它们决定市场的运行规则，调查、监督滥用市场力的可疑行为，同时也为垄断部门（输配电网）所提供的产品和服务设定价格。

（9）用户（Consumers）：在市场环境下，用户被按照用电量的规模分为小用户（Small Consumers）和大用户（Large Consumers）。小用户接入当地配电公司的网络，从零售商那里，购买电力，当市场上多家零售商时，他们有权进行选择。而大用户在电力市场中被赋予更多权利，可以直接从批发市场上购买电力。有些大用户直接与输电系统相连，并具备控制自身负荷的能力，可成为 ISO 用来控制系统运行的一种资源。

10.1.3 电力市场的结构

电力市场是由多级市场组成的交易体系，不同国家和地区，结合各自的电力发展情况，设置了不同的市场交易体系。电力市场的结构可以根据时间、市场性质和交易对象有不同的划分。

（1）按照交易对象，电力市场可以分为容量市场、电量市场、辅助服务市场和输电权市场。各个国家或者地区的电力市场并非同时拥有上述全部交易对象，而是根据各自国情来做不同市场规划与设计。

（2）按时间划分，电力市场可分为中长期市场、日前市场和实时市场。

① 中长期市场即合约市场，是电能市场重要组成部分。制定中长期市场不仅能够有效避免发电商利用其市场力操纵电价，且有利于现货市场的发展。用户只有在中长期市场中对价格波动做出反应，这样现货市场中用户需求即为刚性需求。除此之外，中长期市场由于其签订时间较长，可以反映电能的中长期供需关系，提供长期经济信号。中长期市场的交易量一般占到电力市场总交易量的70%以上。

② 日前市场对实际运行前一天的电量进行交易与结算。通过日前电量市场的交易，电力系统调度机构可以确定次日系统的运行方式和计划调度，发电厂可以调整机组的处理，获得更多的电量，用户可以购买合同电量之外所需电量。

③ 实时市场在实际生产前几十分钟到几小时，根据系统负荷的不平衡而实施电力交易。实时市场能够依据超短期负荷预测结果和最新电网运行方式，调节实际所需发电曲线和日前交易结果的偏差，实现电力实时平衡和电网安全运行，实时市场的优化电量一般只占到市场总交易量的1%～2%。

现货市场作为电力市场体系结构的重要部分，包含了日前市场和实时市场。对于电力市场的有序运行、开放和竞争都起到了至关重要的作用，同时也是电力系统安全运行与市场交易稳定进行的关键环节。

（3）按市场属性划分，电力市场可分为物理和金融市场。其中物理市场包括中长期物理合同、电能量现货市场、辅助服务市场和容量市场；金融市场包括中长期金融合同、电力期货市场、金融输电权和虚拟投标。

10.2 典型国家和地区的电力市场

世界电力市场化改革是在20世纪90年代初始于英国，在这之前世界各国大多都对电力行业实行价格和市场准入的严格管制。通常是授权单一国有企业垄断整个电力产业，并实行政府管制来维持其在市场上的垄断地位。

10.2.1 英国的电力改革

英国的电力系统分为三大独立部分，即英格兰和威尔士、苏格兰及北爱尔兰。自1990年以后，英国的电力工业从分解垂直一体化的电力体制开始，通过变革，英国政府将私有化和竞争引入了电力行业的每个部门。整个改革过程中有两个突出的创新，第一是首次在电力行业将垄断业务（输配电）与竞争业务（发电和供电）分离，第二是给每一个用户提供了选择供电商的权利和条件。

英国首先将原来的发电、输电、配电统一经营的中央电力局（CEGB）分解成三个部分，即分解垂直一体化和私有化改革。

（1）发电部分建立了三个独立经营的发电公司，即国家电力公司（NP）、国家发电公司

(PG)、国家核电公司(NE)和一些独立的私人发电企业(IP)。其中，国家电力公司拥有约占总装机容量50%的火力发电厂、国家发电公司拥有约占总装机容量30%的火力发电厂、核电公司拥有约占总装机容量20%的核电站。国家电力公司和国家发电公司为私营股份制公司，由政府发行电力股票，将国有资产半数以上出售，进行独立核算，自负盈亏。国家核电公司由于成本较高，不具备竞争力，仍归国家所有。

(2) 输电部分建立了国家电网公司(NGC)，主要是掌握275kV、400kV的输电网和调度中心，并控制与法国、苏格兰电网的互联工程以及两个抽水蓄能电站。NGC在运行上是完全独立的，通过价格来协调供电的平衡，同时以文件的形式公布自己的运营情况，以增加透明度易于大众监督。与此同时建立了一个电力市场交易机构，名为电力联合运营中心(称Power Pool或P001)，由国家电网公司负责运行。

(3) 配电部分组建了12个地区性独立经营的电力(配电)公司(Regional Electric Company，REC)，拥有132kV及以下的配电网络，并完全私有化，负责将电卖给终端用户。部分地区性电力公司还有发电厂，具备发电能力。各配电公司的主要业务是电力供应和运行维护。电力供应是指向用户供电的零售业务，分为一般电力供应和第二种电力供应。其中，一般电力供应是指对本公司供电区域内的用户承担供电义务，提供电价表，并根据用户申请提供供电合同。第二种电力供应是指向本公司所辖区域以外提供电力，各公司持许可证向区域外供电。各配电公司还负责所属的132kV以下的配电设备的运行和维护工作。对本公司的电力供应以及区域外的电力供应都一视同仁提供配电设备并按同一标准收取配电线路使用费。各配电公司在配电网工程建设和出租电气设备基础设施的同时也参与了煤气供应和有线电视等业务。在一些地区还存在一些独立(私营)的供电公司，直接从事售电业务。

10.2.2 北欧区域的电力市场

北欧地区已经形成了除冰岛外的四个国家，即挪威、瑞典、芬兰、丹麦的电网互联，四个国家统一运行北欧区域电力市场，该电力市场作为世界上第一个跨国的区域电力市场，经过多年来的不断摸索改进，其技术发展与市场机制得到了世界上大多数国家的认可。由于北欧地区资源分布不均，这几个国家如果作为独立的区域不能够很好地进行发电计划协调，导致资源浪费。而区域电力市场的开放共享使得北欧地区各国发电资源形成互补，极大改善了因为季节而导致的发电资源过剩或者匮乏的问题。

(1) 现货市场。北欧地区的现货市场目前的市场模式为：日前市场、日内市场和实时市场共同运行，以最大程度的规避风险。其中日前市场成立于1993年，由北欧电力交易所(Nord Pool)负责，是一个集中式物理交易市场，采用“集中竞价，边际出清”的方式。该市场将每一天分为24个竞价时段，每小时为一个竞价时段。市场参与者可以在前一天对第二天的传输电量进行报价，既可以对各个小时灵活报价，也可以对一段时间整体报价，之后Nord Pool将所有上报的售电报价和购电报价汇总，二者曲线的交点则为系统电价。

日内市场是日前市场的补充市场。日内市场的主要作用即为在日前市场关闭后，使交易者可以在实际传输发生时刻的一小时之前继续对交易电量进行调整和修改。竞价仍然以小时为单位，市场参与者通过实时电子交易系统进行报价，由系统自动处理来保证联络线上不发生阻塞。

因为电力系统运行中存在各种不确定性和偶然性，实际传输的电量和计划电量不可能完全相同，为解决该差异实现电力平衡，引入实时市场作为补充。实时市场的首要目的是为输电运营商(Transmission System Operator，TSO)保障实时电力平衡，并且为市场交易成员的不平衡电量提供结算电价，由各个国家TSO各自负责。

(2) 辅助服务市场。为保证电能质量和安全，TSO需要进行辅助服务市场交易。辅助服务产品主要包括调频、调峰、调压、各种备用、黑启动等，其中调频和备用是最主要的两种服务，经过较长时间发展，市场也较为成熟。而其余几种服务市场手段相对不成熟，但是北欧地区仍在积极努力将各种辅助服务产品纳入市场。

(3) 金融市场。北欧电力金融市场能够进行远期期货、期货、期权和差价合同的交易，与现货市场相辅相成，互相促进。金融市场的交易活跃度以及产品多样性可以帮助市场成员规避现货市场价格波动的风险，与此同时，现货市场的价格稳定、高效运作也提高了金融市场的产品流量，有利于金融市场的发展。

10.2.3　美国区域的电力市场

作为电力大国，美国电力工业的组织模式经历了过去百年的演化，各地都建立了包含现货产品的现代电力交易机制。这既包括州级和跨州市场区域所属的集中式电力市场(Run Centralized Market)模式，也包括传统批发市场(Traditional Wholesale Market)模式。在这众多的区域电力市场中，PJM(宾夕法尼亚、新泽西、马里兰)是北美区域的典范。

PJM区域电力市场的构成有现货市场、辅助服务市场、备用市场、调频市场、容量市场和金融输电权市场等几个部分。从交易时长划分，PJM运行的市场包括中长期市场、日前市场、日内市场，其中中长期市场包括双边市场、容量市场和金融输电权拍卖市场；日前市场包括电能市场和计划备用市场；日内市场包括调频市场和同步备用市场；日内市场推进到运行时，就成了实时市场。

(1) 现货市场。PJM的现货市场包括日前市场和实时市场，日前市场和实时市场的交易标的均包括电能和辅助服务（备用与调频）。将实际的物理网络模型考虑在内，并要求发电商申报其机组运行的物理参数，包括启停参数、爬坡速率、额定容量等。日前市场的交易本质上是一个安全约束机组组合(Security Constrained Unit Commitment，SCUC)问题，而实时市场的交易本质上则是一个安全约束经济调度(Security Constrained Economic Dispatch，SCED)问题，充分考虑了电能、调频、备用资源之间相互的耦合关系。因此，美国PJM现货市场即可形成可执行性较好的发电计划，实际运行过程中与发电计划之间的差异较小，有利于确保电网运行的安全性。

(2) 容量市场。容量市场为签订供电可靠性协议的供电企业提供了买卖容量的机会。能够推动容量拥有者参与基本拍卖市场，增加市场的活力和供给量，降低了卖方的市场力，保证了市场的公平性。

(3) 辅助服务市场。辅助服务主要是电能备用，PJM主要运行五种类型的辅助服务产品，包括调频服务、备用服务、黑启动服务、无功电压控制服务和不平衡电量服务。其中市场化运营的有调频服务、备用服务中的初级备用服务和黑启动服务。参与辅助服务市场的机组在日前14:15前递交投标信息，市场在运行前60min关闭。在市场关闭前，PJM将辅助服务市场中的调频服务和备用服务与实时电能进行联合优化，目标是为电能和辅助服务购买总成本最小化。

(4) 金融输电权市场。金融输电权市场主要是金融输电权的交易,金融输电权实质上是一种财务权利,每一个金融输电权包含数量、时段、路径和有效期等信息。当电网运行产生阻塞时,金融输电权的拥有者可以从中获得收益,即阻塞租金,用来对冲由于系统阻塞造成的阻塞成本。

10.3 国内的电力市场及运营

10.3.1 电力市场化改革

2002 年 2 月国务院颁布了《电力体制改革方案》(国发〔2002〕5 号)标志我国电力市场化改革的开始,改革的目标是打破垄断,引入竞争,提高效率,降低成本,健全电价体制,优化资源配置,促进电力发展,推进全国联网,构建政府监管下的政企分开、公平竞争、开放有序、健康发展的电力市场体系。实行网厂分开,将国家电力公司管理的资产按照发电和电网两类业务划分,并分别进行资产、财务和人员的重组。将原国家电力公司管理的发电资产,按照建立现代企业制度要求组建五大独立发电集团。重组电网资产,设立国家电网公司负责原国家电力公司管理的电网资产,组建中国南方电网公司负责原国家电力公司管理的云南、贵州、广西的电网资产和广东和海南的地方电网资产。设置华北、东北、华中、华东、西北区域电网公司,改组省级电力公司。建立国家、区域和省级三级电力交易市场,设立国家电力监管委员会。逐步形成了以合约交易为主、现货交易为辅的电力市场交易模式。积极探索发电企业向较大电压等级或较大用电量的用户和配电网直接供电的试点工作。

2015 年 3 月,中共中央国务院发布《关于进一步深化电力体制改革的若干意见》中发〔2015〕9 号文,标志着新一轮电力体制改革大幕开启。新一轮电力体制改革主要对竞争领域建立市场,在自然垄断领域实施有效监管而展开,核心涉及到输配电价改革、电力市场建设、电力交易机构组建和运行、放开发用电计划、售电侧改革 5 个领域。明确了此次电力体制改革方案"三放开、一独立、三强化"的总体思路,即有序放开发用电计划、配售电业务和竞争性环节,电力交易机构独立,强化电力统筹规划、政府监督和电力安全高效运行。

本次改革不再以拆分来实现市场化,而是构建有效竞争的市场结构和市场体系,形成主要由市场决定能源价格的机制。在电价方面,改革之后,电价将主要分为发电价格、输配电价、售电价格,其中输配电价由政府核定,分步实现发售电价格由市场形成,居民、农业、重要公用事业和公益性服务等用电继续执行政府定价。因此,本轮电改放开了占到全国用电量 80%左右的工商业用电交易市场。

10.3.2 市场化售电

市场化售电业务区分于传统的非市场化售电业务,是售电侧改革的核心。市场化售电业务中用户可直接向发电企业购电,或由售电公司代理向发电企业购电,电价通过电力市场交易形成。电网企业提供输配电服务和用电服务,还需承担保底义务和普遍性服务责任。

1. 电力市场成员

市场成员包括参与市场交易的市场主体和市场运营机构。市场主体包括发电企业、售电公司、电力用户、电网企业等，其中电网企业指运营和维护输配电资产的输配电服务企业。市场运营机构包括电力交易机构和电力调度机构。发电企业、售电公司、电力用户等市场主体均需在电力交易中心进行市场注册后，方能开展相关市场业务。售电公司与代理电力用户需在电力交易中心交易平台完成代理关系的绑定。

2. 电力市场的购售电结构

电力市场的运营主体主要由发电公司、电网公司、电力交易中心、售电公司和用户等构成。这些市场主体之间将存在复杂的购售电关系，形成图10-1所示的电力市场购售电结构，图中的A/B/C类售电公司和D类代理公司见10.3.3小节的介绍。

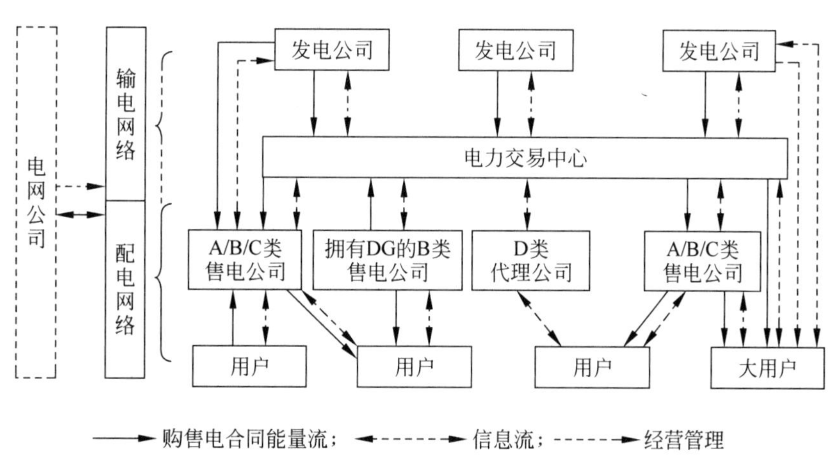

图10-1　电力市场购售电结构

3. 电力市场交易的类型

如10.1.3小节的介绍，按照交易周期的长短，电力市场交易可分为中长期交易(多年、年、季、月、周等日以上的交易)和短期交易(又称现货交易，主要指日前、日内、实时交易)。按交易方式的不同，电力市场交易可分为双边协商交易、集中竞价交易和挂牌交易。现阶段双边协商交易以年度双边协商交易为主，集中竞价交易主要开展月度集中竞价交易。

4. 电力市场交易的组织方式

(1) 年度双边协商交易。每年年底，组织开展次年度双边协商交易，交易规模为次年度全年交易电量的70%至80%。批发市场用户或售电公司需将参与年度双边协商交易所购入的年度合约电量分解至每个月，制订月度用电分计划。

双边交易模式是电力批发市场中常见的一种交易模式，大用户直购电是这种双边交易模式的最具有代表性的模式。国内各省区市逐步开展电力市场化交易，其中交易电量占比最大的就是双边交易模式。双边交易模式的特点是在市场化电量范围以内，售电公司或者大用户可以直接与发电企业进行协商，建立双边自主式的购售电交易，并同时核算相关的输配电费，最后报相关电力交易中心和调度中心进行安全校核，从而实现最终的交易达成。

双边交易模式是一种应用广泛的交易模式，具有交易简单、灵活和实用性较强的特点，发电企业和售电公司或者大用户可自由选择交易价格以及规定范围内的交易电量，交易流程简单，不需要过于复杂的系统平台支持，交易成本较低。但是，也正是由于双边交易的这种便捷性是建立在购售电双边直接谈判协商基础上的，就存在交易价格不透明的问题，对于市场自由竞争化的推动是一个阻碍因素，尤其是对市场中新成立的售电公司，无法获取往年双边交易数据来规划自己的交易策略，从而极大影响了市场新血液的注入；此外，双边交易模式中交易双方数量较少，甚至是一对一模式，这种模式会极大影响市场竞争力，从而无法推动市场交易效率的提高。

双边交易模式既可以在省内完成，也可以扩展到省外交易，如图 10-2 所示。

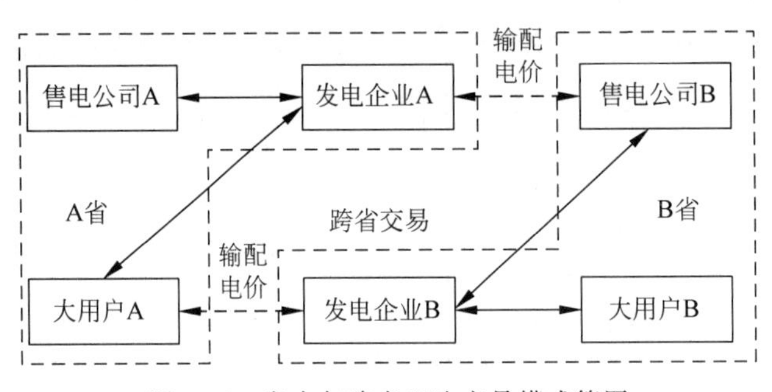

图 10-2　省内与跨省双边交易模式简图

(2) 月度集中竞价交易。一般是每月中旬，组织开展次月度集中竞价交易，全年月度集中竞价交易的总规模为全年交易电量的 20%至 30%。批发市场用户或售电公司参与月度集中竞价交易购入的电量，加上该月度年度双边协商交易的分月合同电量，即为该批发市场用户或售电公司该月的总购入电量。

集中竞价交易模式是电力批发市场中另一种竞价模式，该模式下的购售电双方通过在集中平台上申报电价和电量，并按照一定的成交规则进行交配，采取向对应的市场出清价格作为成交价格，根据规定的结算方式对双方进行交易结算。目前在国内各省出台的集中竞价交易规则中，基本都是采用价差模式的报价规则，发电企业在上网电价基础上申报电价，售电公司和大用户在目录电价基础上申报价差，这种模式的优点在于该方式没有摒弃传统的上网电价和目录电价标准，而只是在各自的基础上进行调整，降低市场电价波动过大的风险，属于向自由竞争市场的过渡方式。然后根据高低匹配的方式对申报电价和申报电量进行匹配，在成交规则内完成购售电双方电量匹配，并按照边际价格或申报价差进行出清价格的核算，最后进行安全调度校核等，依据考核机制和结算机制，由电网公司对发电企业/售电公司和大用户进行最终结算，具体流程如图 10-3 所示。

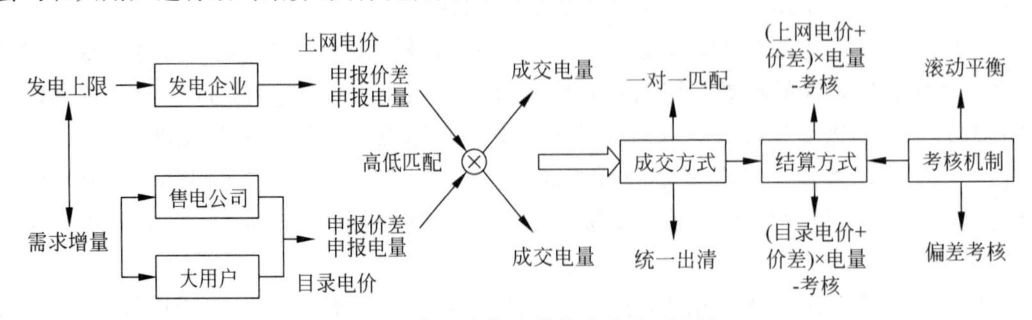

图 10-3　集中竞价交易模式流程概况图

(3) 挂牌交易。各市场主体将要购买或出售电量的数量和价格等意向交易信息提交给电力交易机构,通过挂牌方式进行交易。电量超过单月以上挂牌交易还应提交分月电量计划。

10.3.3　售电公司

在新电改背景下,传统发电公司以及社会资产企业等均可申请和投资成立售电公司,开展售电业务、附加增值服务等。售电公司作为新的市场主体,不断探索和适应新的市场机制和运营模式,并独自承担由于供给侧和需求侧波动带来的市场风险。

售电公司是将电力商品由发电公司或批发市场销售至终端用户的中间商,是电力零售市场中购售电环节的主要承担者,为终端电力用户提供电力业务及相关增值服务。根据售电公司的组建来源及资质能力,一般将其分为A类(配电型)、B类(发电型)和C类(社会型)。此外,D类(中间代理商)本身不具备购售电资质,不属于售电公司的范畴,但在条件成熟后,仍可转变成为售电公司。售电公司(包括中间代理商)的分类如表10-1所示。

表10-1　售电公司分类

类别	性　质	条件与资质
A类	配电型零售商	符合市场准入条件;具备(输/配)电网运营权;有零售资质
B类	发电型零售商	符合市场准入条件;具备发电能力;有零售资质;经过批准和授权可具备新增配网运营权
C类	社会型零售商	符合市场准入条件;不具备电网和发电资产;有零售资质
D类	中间代理商	通过工商注册;具备代理服务资质

1. 购售电途径及其特点

拥有售电资质的A、B、C类售电公司需要同时承担购电和售电业务。在购电方面,售电公司可以与发电公司签订合同进行双边交易,也可以在交易中心通过竞标方式集中交易。在售电方面,用户自由选择售电公司签订合同进行交易。

各类售电公司由于组建资质各不相同,因而具有不同的购售电途径及特点。具体如下:

(1) A类售电公司。在购电方面,经验丰富、资源广泛,更容易与发电公司开展双边交易。在售电方面,拥有大量用户基础,提供所在区域的保底供电服务,售电量稳定可观。

(2) B类售电公司。在购电方面,可将所属发电企业生产的电力通过内部协调后直接销售,因此价格浮动幅度灵活,购电过程简单易行。在售电方面,少部分拥有DG的B类售电公司可将发电余量上网销售。对于具备新增配网运营权的B类售电公司,可自建电网直接向用户售电,进一步扩大盈利空间。

(3) C类售电公司。在购电方面,由于用户群体具有相对不确定性,需要灵活把控双边交易和集中交易的比例,尽可能降低购电风险。在售电方面,创新意识和市场竞争意识强烈,服务内容丰富,具有较大的竞争潜力。

(4) D类中间代理商。因不具备售电资质,无法直接参与电力交易。但是掌握市场上的电价信息和供求信息,可以为其他3类售电公司或用户提供中间代理服务,撮合各方主体顺利完成市场交易。

2. 经营模式

在"多买多卖"市场格局竞争形势下，售电公司需要制定科学有效的市场经营方案，开展多样化和新颖化的服务业务。各类售电公司的经营模式如图 10-4 所示。从盈利的角度看，一般是以基本电力销售模式为主，以附加增值服务模式为辅。两种经营模式相辅相成、相互促进，提升售电公司的市场竞争力。

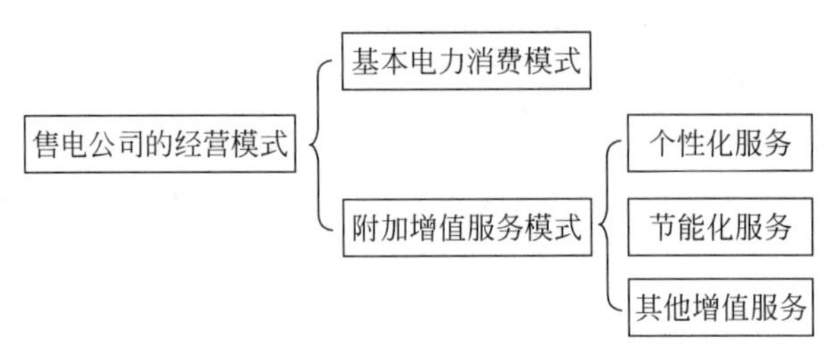

图 10-4　售电公司的经营模式

(1) 电力销售。电力销售服务是售电公司的立足之本，也是与用户开展交易的基础。在该经营模式下，售电公司掌握大量的区域用能数据，可以为发电公司、电网公司、配电公司等开展负荷预测，协助完成电力系统的经济调度。同时，售电公司可以协助开展需求侧管理，将需求意向直接体现在电价或者合同中，广泛引导用户参与。对于大型工商业用户，其签订的电力交易合同最为复杂，对电能质量要求最高，因此售电公司还可以提供合同管理及电能质量分析等服务。

在基本电力销售服务模式下，影响售电竞争力的关键因素是售电价格。因此，售电公司在制定销售电价时，可以采用会计成本或边际成本的定价方法，涵盖购电成本、输配电分摊费用、售电利润以及税收和政府性基金等，针对不同用户分别制定销售电价、保底电价、封顶电价等售电方案。售电公司只有提出健康、合理、详尽的销售电价方案，才能更好地拓展核心售电业务。

影响售电业绩的另一个重要因素是售电量。用户群体数量将直接影响售电量，因此，应当建立用户偏好和需求模型，从市场销售的角度，对售电价格、合同类型、企业口碑、消费观念等因素进行系统性分析和研究，吸引更多用户，增加售电量，扩大市场份额。

售电公司在竞争过程中，应制定有效的竞争策略，控制购电成本，最大限度减小市场风险。第一，售电公司应具有精确负荷预测的能力，根据负荷量确定与发电公司或用户签订的交易量和合同类型。负荷预测越精准，售电风险越小，可以最大化创造利润，从而减少不必要损失。第二，售电公司应根据市场均衡理论制定有效的竞价方案，实施正当的价格竞争。

(2) 附加增值服务。售电公司是服务型企业，除了本职的售电业务之外，应根据自身特点及优势开展有差异的增值服务，最大化地满足不同类型用户的用能需求。

① 个性化服务。售电公司可以根据用户需求，开展个性化服务。首先，售电公司可以根据工商企业等大型用户的需求，开展用电管理服务，为其统计历史负荷数据，分析电能消耗水平，制定合理的用电方案。其次，根据中型用户及小型家庭用户的用电习惯，提供设备及整体的用能分析，帮助节省用电支出。此外，售电公司可以研发用能监测平台，开展能耗监测服务，对上述个性化方案的实施效果进行追踪。

② 节能化服务。为了促进电力行业低碳化发展，售电公司可以提供节能化服务。一方

面，售电公司根据用户的用电习惯，进行节能方案设计与节能技术咨询，制定经济有效的节能计划，改善用户的用电消费行为。另一方面，售公司根据业务范围，加强节能技术研发和节能电器设备供应，提供设计、安装、维修、保险等配套服务。

③ 其他增值服务。如在电动汽车服务方面，可建设电动汽车充电桩，有效解决电动汽车的充电问题。对于拥有 DG 的售电公司，可以销售风力发电、光伏发电等分布式电源设备，提供相应的使用培训及维修咨询，帮助用户利用新能源技术解决部分用电、用热等日常消耗。此外，在技术成熟和条件允许的情况下，售电公司可以代理执行分布式电源并网业务，提高分布式能源的利用效率。

另外，为了促进资源整合，公共服务行业组建的售电公司可以开展综合化服务业务。售电公司可以向用户提供销售、咨询、优化等"一站式"综合能源管理。对于同时使用多种能源的企业和家庭，售电公司可以通过经济性分析，为其制定最优综合能源使用方案。此外，售电公司利用电能的经济性和环保性，开展"电采暖""油改电""煤改电"等电能替代项目。

思考题与习题

(1) 电力市场的交易对象主要有哪些？并分别作简要介绍。

(2) 简要描述市场化售电与传统售电的区别。

(3) 售电公司的类型及其购售电模式有哪些？

参考文献

［1］ 李天友，等.配电技术［M］.北京：中国电力出版社，2008.

［2］ 徐丙垠，等.配电网继电保护与自动化［M］.北京：中国电力出版社，2017.

［3］ 马钊，周孝信，等.能源互联网概念、关键技术及发展模式探讨［J］.电网技术，2015(11)：3014-3022.

［4］ 周莉梅，范明天.城市电网用户停电损失估算与评价方法研究［J］.中国电力，2006.39(7)：70-73.

［5］ 李天友，赵会茹等.短时停电及其经济损失的估算.电力系统自动化［J］.Vol.36 No.20，2012年10月25日，59-62，98.

［6］ Shawn Mcnulty. The Cost of Power Disturbance to Industrial and Digital Economy Companies. Report for CEIDS，2001.

［7］ Angelo Baggini.电能质量手册［M］.肖湘宁，陶顺，徐永海，译.北京：中国电力出版社，2010.

［8］ HEINE P，POHJANHEIMO P，LENTONEN M，et al. A Method for Estimating the Frequency And Cost of Voltage Sags［J］. IEEE Trans. on Power Systems，2002，17 (2)：290-296.

［9］ 肖湘宁.电能质量分析与控制［M］.北京：中国电力出版社，2004.

［10］ 李天友，林秋金.中低压配电技能实务［M］.北京：中国电力出版社，2012.

［11］ 盛万兴，等.智能配用电技术.［M］北京：中国电力出版社，2014.

［12］ IEEE PSRC Report，Impact of Distributed Resources on Distribution Relay Protection［R］，August，2004.

［13］ GIRGIS A，BRAHMA S. Effect of distributed generation on protective device coordination in distribution system［J］. Proceedings of 2001 Large Engineering Systems Conference on Power Engineering，Jul 25-28，2002，Halifax，Canada：115-119.

［14］ 刘健，同向前.配电网继电保护与故障处理［M］.北京：中国电力出版社，2014.

［15］ 黄伟，雷金勇，夏翔，等.分布式电源对配电网相间短路保护的影响［J］.电力系统自动化，2008，32(1)：93-97.

［16］ 林霞，陆于平，吴新佳.分布式发电系统对继电保护灵敏度影响规律［J］.电力自动化设备，2009，29(1)：54-59.

［17］ 孙鸣，余娟，邓博.分布式发电对配电网线路保护影响的分析［J］.电网技术，2009，33(8)：104-107.

［18］ JENKINS N，ALLAN R，CROSSLEY P，et al. Embedded Generation［M］. London：The Institution of Electrical Engineers，2000.

［19］ Nouredine Hadjsaïd.有源智能配电网［M］.陶顺，肖湘宁，彭骋，译.北京：中国电力出版社，2012.

［20］ BLACKBURN J L，DOMIN T J. Protective Relaying，Principles and Applications［M］. Third Edition. CRC Press，2007.

［21］ VIAWAN F A，K ARLSSON D，SANNINO A，etal . Protection scheme for meshed distribution systems with high penetration of distributed generation/ / Power Systems conference：Advanced Metering，Protection Control ，Communication，and Distributed Resources［C］，March 14- 17，2006，Clemson，SC，USA：99- 104.

［22］ 徐丙垠，李天友，薛永端.智能配电网与配电自动化［J］.电力系统自动化，2009，33(17)：38-41.

［23］ 徐丙垠，薛永端，李天友，等.智能配电网广域测控系统及其保护控制应用技术［J］.电力系统自动化，2012，36(18)：5-9.

［24］ 王海柱，赵瑞锋，郭文鑫，等.基于物联网平台的低压配电台区数据采集方案［J］.电气技术，2021，22(03)：80-83+93.

[25] 欧阳森,杨家豪,耿红杰,等.面向台区管理的台区状态综合评价方法及其应用[J].电力系统自动化,2015,39(11):187-192+207.
[26] 马益民.东京配电网配网管理与配电自动化[J].浙江电力.1998(2):42-45,56.
[27] SATORU K,MUTSUMU O,TORU Y. Application and Development of Distribution Automation System in TEPCO[C]. IEEE Power Engineering Society General Meeting,2005.
[28] BERN A,Integrating AMS and Advanced Sensor DataWith Distribution Automation at Oncor[C]. IEEE Transmission and Distribution Conference,2010.
[29] 高厚磊,徐彬,向珉江,等.5G通信自同步配网差动保护研究与应用[J].电力系统保护与控制,2021,49(07):1-9.
[30] 吕军,盛万兴,等.配电物联网设计与应用[J].高电压技术,2019(6):1681-1688.
[31] 李天友,等.基于物联网技术的低压配电网单相断线故障识别研究[J].供用电,2020(12):01-07.
[32] 代红才,汤芳,陈昕,等.综合能源服务——能源产业新时代的战略选择[M].北京:中国电力出版社,2020.
[33] 范星宇,刘继洋,刘成运,等.双碳下综合能源服务体系的技术发展趋势与展望[J].仪器仪表用户,2021,28(11):97-101.
[34] 国网天津市电力公司电力科学研究院,国网天津节能服务有限公司.综合能源服务技术与商业模式[M].北京:中国电力出版社,2020.
[35] 刘晓静,王汝英,魏伟,等.区域智慧能源综合服务平台建设与应用[J].供用电,2019,36(06):34-8.
[36] 买亚宗,石书德,张勇,等.关于以平台模式推进综合能源服务产业发展的建议[J].国有资产管理,2020,(10):59-62.
[37] 全英灵,吴焰龙.面向能源互联网的工业园区智慧用能共享服务平台建设方案研究[J].中小企业管理与科技(中旬刊),2021,(12):191-3.
[38] 王晓辉,刘鹏,季知祥,等.能源互联网共享运营平台关键技术及应用[J].电力信息与通信技术,2020,18(01):46-53.
[39] 赵亮.综合能源服务解决方案与案例解析[M].北京:中国电力出版社,2020.
[40] 周伏秋,邓良辰,冯升波,等.综合能源服务发展前景与趋势[J].中国能源,2019,41(01):4-7.
[41] 谭忠富,喻小宝,鞠立伟.电力市场下新型购售电模式理论分析与应用[M].北京:科学出版社,2020.
[42] 张利.电力市场概论[M].北京:机械工业出版社,2014.